计算机网络原理基础教程

王　雷　魏焕新　聂清彬　主　编
匡林爱　周　维　副主编

北京理工大学出版社
BEIJING INSTITUTE OF TECHNOLOGY PRESS

内 容 简 介

本书是从计算机网络的基础知识与网络新技术的发展现状相结合的角度,结合目前计算机网络的实际教学需要与特点,组织编写的一本计算机应用技术与通信技术方面的专业教材。

全书共分为 8 章。第 1~6 章构成了本书的第一部分,重点介绍了计算机网络的定义与分类、演变与发展,以及计算机网络的体系结构,这是计算机网络的基础知识部分;第 7 章为本书的第二部分,重点介绍了 P2P 网络、移动通信网络、无线传感器网络、社交网络,以及物联网等现代计算机网络及其网络新技术,这是网络新技术的发展现状部分;第 8 章为本书的第三部分,重点介绍了网络中的传统加密技术、现代分组密码加密技术、公开密钥加密技术、信息认证技术、远程接入控制技术、Web 安全机制等基于加密技术的安全保障机制以及防火墙技术与网络入侵检测技术等其他安全保障机制,这是计算机网络的安全技术部分。

本书适用于计算机应用技术与通信技术相关专业的大专生、本科生与研究生使用,同时,也可供其他专业的学生、计算机网络技术的爱好者,以及计算机应用技术相关的工程技术人员参考。

图书在版编目(CIP)数据

计算机网络原理基础教程 / 王雷,魏焕新,聂清彬主编 . —北京:北京理工大学出版社,2016.2(2017.8 重印)

ISBN 978-7-5682-1778-1

Ⅰ . ①计… Ⅱ . ①王… ②魏… ③聂… Ⅲ . ①计算机网络-教材 Ⅳ . ①TP393

中国版本图书馆 CIP 数据核字(2016)第 011502 号

出版发行 / 北京理工大学出版社有限责任公司

社　　址 / 北京市海淀区中关村南大街 5 号

邮　　编 / 100081

电　　话 / (010)68914775(总编室)
　　　　　　(010)82562903(教材售后服务热线)
　　　　　　(010)68948351(其他图书服务热线)

网　　址 / http://www.bitpress.com.cn

经　　销 / 全国各地新华书店

印　　刷 / 三河市天利华印刷装订有限公司

开　　本 / 787 毫米×1092 毫米 1/16

印　　张 / 15

字　　数 / 352 千字

版　　次 / 2016 年 2 月第 1 版 2017 年 8 月第 4 次印刷

定　　价 / 38.00 元

责任编辑 / 王玲玲

文案编辑 / 王玲玲

责任校对 / 孟祥敬

责任印制 / 李志强

前　　言

背景动机

现代社会是信息社会，随着 Internet 在全球范围内的迅速普及，网络对人们的学习、工作、生活以及对社会的影响越来越大。计算机网络技术被誉为"近代最深刻的技术革命"，人们用"网络时代"、"网络经济"等术语来描述计算机网络对社会信息化与经济发展的影响。

社会的信息化、数据的分布式处理、各种计算机资源的共享等应用需求，推动着计算机网络的迅速发展，各种网络新技术，如 4G 技术、无线传感器网络技术、P2P 网络技术、物联网技术等层出不穷。虽然目前已有大量的相关专业书籍与文献对上述网络新技术进行了分门别类的深入介绍，但综合介绍这些网络新技术的教材却不多见。

传统的教材主要是以 OSI 参考模型与 TCP/IP 参考模型为出发点，重点介绍计算机网络的体系结构与协议等计算机网络的基础知识，而忽略了对当前计算机网络的发展现状与网络新技术的全面介绍与分析，因此，难以让学生通过计算机网络这门课程的学习真正了解或掌握现代的计算机网络技术。

上述这些构成了本书的一个主要编写目的。另外，大学生所处的年龄阶段是人生中的一个黄金阶段，很多伟人都是在这个年龄阶段做出了杰出的成就，例如：伽罗华 19 岁提出了群论、牛顿 22 岁发现了二项式定理、爱因斯坦 26 岁提出了相对论。与前人相比，现代大学生不但具有更广博的知识，同时也不缺乏研究的激情，因此，引导学生在掌握已有技术的基础之上进一步学会思考与研究，也是本书的主要编写目的之一。

目标读者

本书的目标读者包括计算机相关专业的大专生、本科生与研究生，计算机网络技术的爱好者，以及计算机应用技术相关的工程技术人员。

组织结构

考虑到读者在阅读本书之前对计算机网络的了解程度不尽相同，为此，本书主要分为以下三大部分，其中：

① 第一部分为计算机网络技术基础，重点介绍计算机网络的定义与分类、演变与发展，以及计算机网络的体系结构。

② 第二部分为现代计算机网络技术概述，重点介绍 P2P 网络、移动通信网络、无线传感器网络、社交网络，以及物联网等现代计算机网络及其网络新技术。

③ 第三部分为计算机网络安全技术概述，重点介绍计算机网络中的传统加密技术、现代分组密码加密技术、公开密钥加密技术、信息认证技术、远程接入控制技术、Web 安全机制等基于加密技术的安全保障机制以及防火墙技术与网络入侵检测技术等其他安全保障机制。

编者

CONTENTS 目录

第1章

计算机网络概述

本章将从以下三个方面深入介绍计算机网络：首先，将对计算机网络的定义进行全面剖析，并进而基于不同的分类标准，分别介绍计算机网络的不同分类方式；其次，在回顾计算机网络的演变历程基础上，分析探讨了计算机网络的未来发展趋势；最后，将对 OSI 参考模型与 TCP/IP 参考模型这两类目前最主要的计算机网络参考模型进行分析比较，分析两者之间的异同与各自的优缺点。此外，还对当前流行与常用的现代网络术语进行简要介绍。

1.1　计算机网络的定义与分类

1.1.1　网络改变世界

1969 年 9 月 2 日，当加州大学洛杉矶分校的研究人员开始早期的网络数据传输试验时，他们可能没有预料到，世界将会因计算机网络（Computer Network）的诞生而发生巨变。如果说蒸汽机是 18 世纪最伟大的发明，发电机是 19 世纪最伟大的发明，那么网络则无疑是 20 世纪最伟大的发明。前两者都只是解决了人类生产生活中的动力问题，而网络的诞生则是在人类政治、经济、文化、社会等各个领域都掀起了一次全方位的革命。

2002 年，全球网民超过 5 亿，2006 年，全球网民超过 10 亿，2008 年，全球网民超过 15 亿，2014 年，全球网民超过 30 亿。现在，互联网业已成为全球各个角落各种信息的汇聚之地，也成为全球用户了解世界、接触世界的最广阔平台。

几内亚有一名雕刻家，他所雕刻的红木制品融非洲土著传统和东方艺术于一炉，深受市场欢迎。但实际上，他只到中国学习了半年，后来则主要是从互联网上所看到的众多实物图片中学习雕刻技法。如今，他为自己的作品开设了一个网店，客户遍及全世界。2009 年，瑞士伯尔尼的居民苏珊，则通过互联网与住在澳大利亚悉尼的坎贝尔达成了"换房旅游"协议，这样的方式如今在西方国家的年轻人中非常流行。

生活在偏远地区的农民第一次发现世界是如此的小，也开始鼓起勇气用习惯干农活的双手去敲打键盘，上网查询粮食、土地价格和医疗保健信息，把自己的土豆、郁金香或是灰天鹅卖到省外甚至邻国。对于众多非洲小商人来说，互联网使他们可以直接登录厂家的网站——这个厂家也许在德国、马来西亚或者中国大陆，并选择自己中意的式样，在网络和电话的帮助下完成大部分磋商，从而可以大幅度缩短交易的周期。

生活在喜马拉雅山脉贫困地区的印度妇女们，也学会了使用电子邮件给在遥远的大城市打工的丈夫写信，或者通过网络给政府部门提出建议。在一些沿海地带，年轻的姑娘们则已开始靠互联网挣钱，她们通过网络为一些公司打字，每页可以挣到 22 美分，而她们的父母，则热衷于在网上为女儿在全国范围内寻找夫婿，并检索男方的星象。

时光荏苒，如今，计算机网络已经完全改变了人们的日常生活，从高官到贫民、从精英到草根，世界各地各阶层的人们都在使用互联网，网络的影响力业已超过人类历史上任何一个发明所带来的变革。其中，网络对人类社会的主要影响大致体现在以下几个方面：

（1）网络金融：网络金融是传统金融行业与互联网相结合的新兴领域，网络金融模式包括第三方支付、在线理财产品的销售、信用评价审核、金融中介、金融电子商务等。网络金融模式在未来将成主流。移动支付替代传统支付业务、P2P 小额信贷替代传统存贷款业务、众筹融资替代传统证券业务，是网络金融业已呈现的三个重要发展趋势。

（2）网络支付：网银、第三方支付、移动支付是目前互联网支付的主要表现形式。随着传统的现金支付逐渐退居二线，各种在线支付方式（如支付宝、微支付等）业已成为人们日常消费的主要支付方式。银行推出的网银以及民营企业推出的各种各样的第三方支付平台大大方便了人们的生活，网络支付终端也从桌面电脑扩展到了移动终端和电视终端等多种形式的终端之上，网络支付正变得无处不在。

（3）网络购物：网购正在改变人们的购物模式，淘宝、京东等购物网站的出现，让人们再也无须为是去沃尔玛、巴诺书店还是百思买购物而感到纠结。据统计数据显示，2013 年美国人的网购总金额达到了 2 700 亿美元，而 2014 年淘宝仅仅在"光棍节"一天的交易额就高达 600 亿元人民币。

（4）在线教育：在线教育可以突破时间和空间的限制，提升了学习效率，还可跨越因地域等方面造成的教育资源不平等分配，使教育资源共享化，从而降低了学习的门槛。据统计数据显示，2014 年中国在线教育领域投融资金额已超过 44 亿元人民币。

（5）在线旅游：依托互联网，以满足旅游消费者信息查询、产品预订及服务评价为核心目的，囊括了包括航空公司、酒店、景区、租车公司、海内外旅游局等旅游服务供应商及搜索引擎、OTA、电信运营商、旅游资讯及社区网站等在线旅游平台的新产业正在改变着传统的旅游方式。据调查显示，2014 年全球有超过 70%的旅游者都是通过利用在线方式来制订自己的出行计划，包括酒店和机票的预定。

（6）在线医疗：从前，人们在看病时不得不提早前往医院排队等待，现在则可在诸如WebMD（美国最大的医疗健康服务网站）、梅奥诊所等在线医疗网站上上传自己的病征，也可以在专门为病人和医生之间提供视频服务的 MDLiveCare 平台上进行医生和患者之间的视频问诊。

（7）网络犯罪：据知名安全软件厂商赛门铁克发布的调查报告显示，目前每天大约有 150万人成为网络犯罪的受害者。网络犯罪手段主要包括：黑客通过网络病毒方式盗取别人虚拟财产；网友通过网上交友方式来进行欺诈，利用网络结识，待被盗者信任后再获取其财物资料；此外，骗子还可通过互联虚假宣传，组织没有互联网工作经验的人员，以刷网络广告等手段为噱头，收敛会费进行诈骗。

（8）视频通话：现在，视频通话已经不仅仅是只在科幻影片之中才会出现的场景，包括 Skype、谷歌 Hangouts 和 FaceTime 这些服务的出现，使我们对视频通话服务已经非常熟悉。

（9）在线交友：现在，年轻人无须再等待阿姨叔叔级的家人、朋友、媒人为他们安排约会对象了。据统计数据显示，目前已经有超过 4 000 万美国人在诸如 Match.com、eHarmony 等在线交友网站上上传了自己的个人信息，而世纪佳缘交友网的注册会员数更是高达 1.26 亿人。

（10）新闻传播：在互联网出现之后，消息传播的速度变得更加快捷。现在网络新闻完全取代了电视新闻频道或者报纸头条，已经成为人们获取最新消息的最便捷渠道。此外，得益于 Youtube、新浪微博等大众传播平台的存在，几乎任何人都有可能在一夜间成为国际巨星。

（11）工作求职：在互联网的应用范围逐渐扩展之后，人们或许无须与自己的同事在一间办公室工作，甚至无须和他们见面，因为电子邮件、即时消息服务和远程接入软件完全可以满足人们的日常工作需要。此外，人们也无须再为了参加一场大型招聘会而特地去理发、擦亮自己的皮鞋了，因为根据 Beyond.com 公布的数据显示，目前已经有超过 90%的求职者在网上求职。

（12）网络游戏：在互联网出现之后，大型游戏的联网对战模式已成为一件再普通不过的事情。

（13）信息检索：得益于谷歌翻译等服务的存在，人们现在可以毫不费力地看懂多国文字内容。而且随着谷歌、百度等搜索引擎的出现，向陌生人问路的现象已大幅减少，因为诸如谷歌地图这些应用已经足够强大。此外，人们还可以如 NASA 宇航员一样自行展开宇宙探索，因为网络上拥有众多从国际空间站传回的高清航拍数据、照片。

（14）网络社交：是指人与人之间的关系网络化，在网上表现为以各种社会化网络软件，例如 Blog、WIKI、Tag、SNS、RSS 等一系列 Web2.0 核心应用而构建的社交网络服务（Socail Networking Service，SNS）平台。目前，社交网站主要包括以下四种类型：娱乐交友型（如 Facebook、YouTube、猫扑网、优酷网等）、物质消费型（主要涉及各类产品与休闲消费、生活百事等，如口碑网、大众点评网等）、文化消费型（主要涉及书籍、影视、音乐等，如豆瓣网等）以及综合型（话题、活动都比较杂，广泛涉猎个人和社会的各个领域，公共性较强。如人民网的强国社区、天涯社区、百度贴吧等）。

（15）网络舆情：是指在互联网上发表对社会问题不同看法的网络舆论，是社会舆论的一种表现形式，是通过互联网传播的公众对现实生活中某些热点、焦点问题所持的有较强影响力、倾向性的言论和观点。网络舆情形成迅速，对社会影响巨大。其表现方式主要包括：新闻评论、BBS（Bulletin Board Service，公告板服务）论坛、博客、播客、聚合新闻（Really Simple Syndication，RSS）、新闻跟帖及转帖等。

如上所述，计算机网络虽然可以为社会发展带来有利的方面，但如果不加以正确利用，同样也会给社会发展带来许多的危害。例如：由于目前网络技术还没有发展到一个比较完善的阶段，网络还存在着很大的虚拟性和不真实性，从而导致在网络上思想和政治领域的斗争有了发展条件。由于目前网络管理还存在着很大的不规范性，网络正成为许多组织和个人宣传自身理论和思想的地方，甚至成为一些政治团体和个人用来抨击对手的工具。此外，由于网络可以打破时间与空间上距离，可以让每一个人不出门就与世界各地联系在一起，这样也可能会导致人们的集体意识变得越来越淡薄，人们的社会意识也会随之慢慢降低。

1.1.2　计算机网络的发展历史

自从 1946 年 2 月 15 日世界上第一台计算机 ENIAC（埃尼阿克）在美国宾夕法尼亚大学投入运行以来，随着计算机技术和通信技术的发展及相互渗透结合，促进了计算机网络的诞生和发展。到目前为止，计算机网络的发展经历了面向终端的远程联机系统、计算机互连网络、标准化计算机网络、网络互连与高速网络以及移动互联网五个阶段，其中：

第一阶段（面向终端的远程联机系统阶段）：在计算机网络出现之前，信息的交换是通过磁盘进行相互传递资源的，20 世纪 50 年代，人们开发出了一个以单个计算机为中心的远程联机系统，开创了把计算机技术和通信技术相结合的尝试，构成了计算机网络的雏形，也称为第一代计算机网络。如图 1.1 所示，在面向终端的远程联机系统阶段，主要是以一台中心主计算机来连接大量的在地理上处于分散位置的终端，其中，所谓的终端，通常是指一台计算机的外部设备，仅包括显示器和键盘，但无中央处理器和内存等。因此，从严格意义上来说，第一代计算机网络和现代计算机网络之间存在着根本的区别，因为面向终端的远程联机系统除了一台中央计算机外，其余的终端设备没有独立处理数据的功能，还不能算是真正意义上的计算机网络。典型的第一代计算机网络范例为美国航空公司与 IBM 公司在 20 世纪 60 年代联合开发的飞机订票系统 SABRE-I，当时在全美广泛应用。

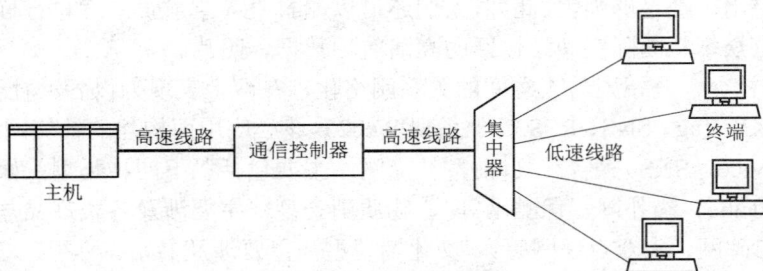

图 1.1　第一代计算机网络拓扑结构

第二阶段（计算机互连网络阶段）：为了提高网络的可靠性和可用性，人们开始研究将多台计算机主机相互连接起来的方法。20 世纪 60 年代中期开始，出现了计算机主机通过通信线路互连的系统，开创了计算机-计算机通信时代。如图 1.2 所示，在计算机互连网络阶段，主机之间不是直接通过线路相连，而是通过接口报文处理机（Interface Message Processor，IMP）转接后再互连在一起。IMP 与通信线路一起负责主机间的通信任务，构成"通信子网"。经由通信子网互连起来的主机负责运行程序，提供资源共享，组成"资源子网"。典型的第二代计算机网络范例为美国国防部高级研究计划局协助开发的 ARPA（Advanced Research Projects Agency，高级研究计划局）网络。

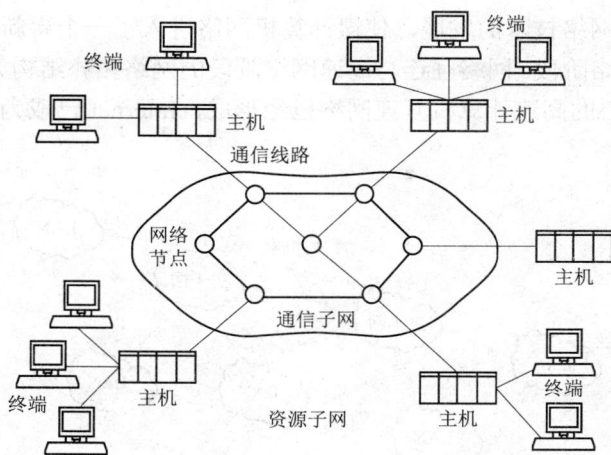

图 1.2　第二代计算机网络拓扑结构

　　第三阶段（标准化计算机网络阶段）：随着计算机与网络的应用发展，为了霸占市场，各大厂家先后提出了基于自己独有技术的不同的网络体系结构，例如 IBM 提出了 SNA（System Network Architecture，系统网络体系统结构）、DEC 公司提出了 DNA（Digital Network Architecture，数字网络体系统结构）。但是，由于这些不同的网络体系结构之间互不兼容，从而导致不同厂家的设备之间也无法实现互连，这样就阻碍了大范围网络的发展。20 世纪 70 年代中期，为了实现不同厂家的设备之间互连，计算机网络开始向体系结构标准化方向迈进。1983 年，国际标准化组织 ISO（International Standards Organization）颁布了一个称为"开放系统互连参考模型（Open System Interconnection Reference Model，简称为 OSI/RM 标准）"的国际标准 ISO 7498，即著名的 OSI 七层参考模型，从此，网络产品有了统一标准，计算机网络也正式步入了标准化阶段，从而加速了计算机网络的发展。标准化计算机网络阶段的网络体系结构如图 1.3 所示，其中，通信子网的交换设备主要包括了路由器和交换机，通信子网的功能是把消息从网络中的一台主机传送到另一台主机。

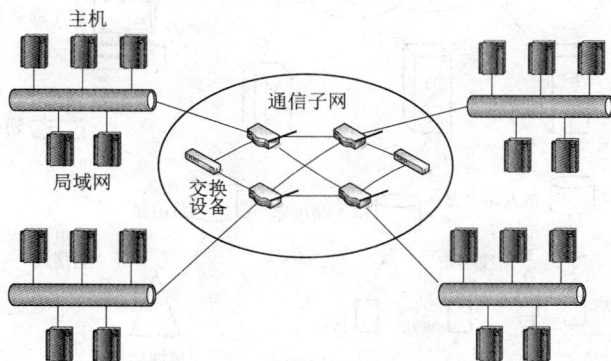

图 1.3　第三代计算机网络拓扑结构

　　第四阶段（网络互连与高速网络阶段）：进入 20 世纪 90 年代，随着局域网技术的发展成熟以及光纤与高速网络技术的出现，特别是 1993 年美国宣布建立国家信息基础设施 NII（National Information Infrastructure）之后，全世界许多国家纷纷制定与建立本国的 NII，从而极大地推动了计算机网络技术的发展，使得计算机网络进入了一个崭新的阶段，这就是计算机网络互连与高速网络阶段。网络互连与高速网络阶段的网络拓扑结构如图1.4所示。目前，全球以 Internet 为核心的高速计算机互连网络已经形成，Internet 已成为人类社会中最重要与最宏大的知识宝库。

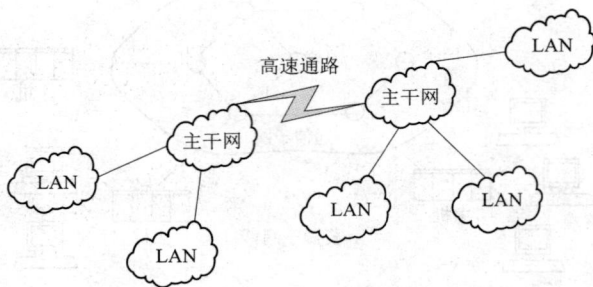

图 1.4　第四代计算机网络拓扑结构

第五阶段（移动互联网阶段）：进入 21 世纪以来，随着宽带无线接入技术和移动终端技术的飞速发展，人们迫切希望能够随时随地乃至在移动过程中都能方便地从互联网获取信息和服务，移动互联网应运而生并迅猛发展。与传统的互联网不同，移动互联网具有开放性、互动性和大数据三大显著特性，且包含无线宽带、移动智能终端以及基于云计算的大数据平台三个要素。移动互联网阶段的网络拓扑结构如图1.5所示。2014 年，4G 牌照的发放，标志着移动互联网时代的正式到来。

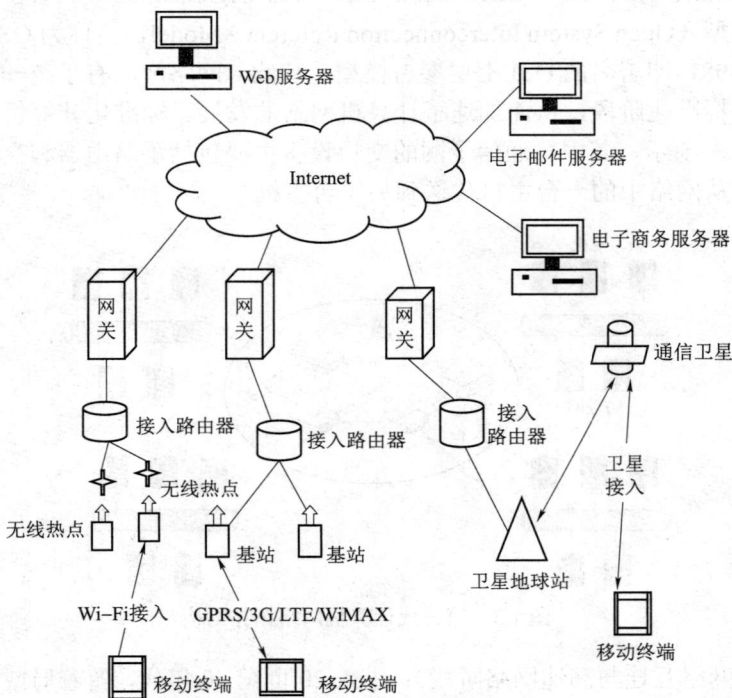

图 1.5　第五代计算机网络拓扑结构

1.1.3　计算机网络的拓扑结构

计算机网络的拓扑（Topology）结构，就是指计算机网络中的通信线路和结点（包括计算机、通信设备等）的相互连接的几何形式。计算机网络的拓扑结构主要包括：总线型拓扑、环型拓扑、星型拓扑、树型拓扑、网型拓扑、蜂窝型拓扑和混合型拓扑七种。

（1）总线型拓扑：如图 1.6 所示，在总线型网络拓扑结构中，所有的计算机共用同一条通信线路。总线型网络的特点是安装简单方便，需要铺设的通信线路短，成本低，且单台计算机的故障不会影响整个网络的运行，但其主要不足在于通信线路的故障会导致整个网络瘫痪。

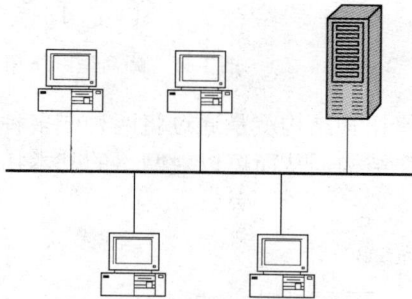

（2）环型拓扑：如图 1.7 所示，在环型网络拓扑结构中，所有的计算机通过通信线路连成一个封闭的环。环型网络的特点是容易安装和监控，但其主要不足在于网络的容量有限，网络建成后，难以增加新的结点。

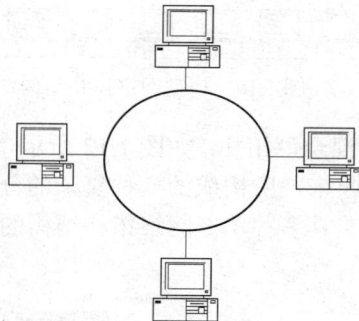

图 1.6　总线型网络拓扑结构　　　　　图 1.7　环型网络拓扑结构

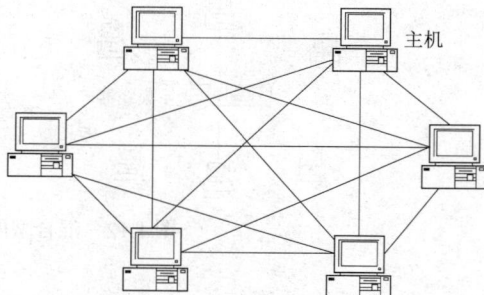

（3）星型拓扑：如图 1.8 所示，在星型网络拓扑结构中，每台计算机使用单独的通信线路连接到网络之中，因此，若一台计算机出了问题，不会影响整个网络的运行。

（4）网型拓扑：如图 1.9 所示，在网型网络拓扑结构中，由于结点之间有多条通信线路相连，因此网络的可靠性较高，其主要不足在于网络的拓扑结构比较复杂，因此建设成本较高。

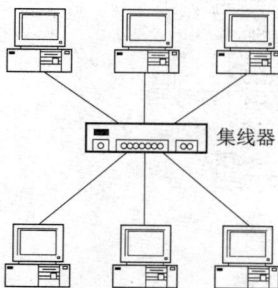

图 1.8　星型网络拓扑结构　　　　　图 1.9　网型网络拓扑结构

（5）树型拓扑：如图 1.10 所示，树型网络拓扑结构是一种分级结构，在树型拓扑结构的网络之中，任意两个结点之间不产生回路，且每条通信线路均可支持双向传输。树型网络拓扑结构的特点是扩充方便、灵活，成本低，易推广，适合于分主次或分等级的层次型管理系统。

（6）蜂窝型拓扑：蜂窝型网络拓扑结构是无线局域网中常用的一种网络拓扑结构，蜂窝型拓扑被无线局域网广泛采用的原因是源于一个数学结论，即以相同半径的圆形覆盖平面，当圆心处于正六边形网格中每个正六边形的中心时，所用圆的数量将达到最少。在无线通信中，显然使用圆形来表述无线结点的通信范围是合理的，因此，出于节约成本考虑，无疑正六边形网格是构建无线局域网的最好选择。如图 1.11 所示，这样一些基于正六边形网格所形成的无线网络覆盖在一起，由于其形状非常像蜂窝，因此又被称作蜂窝型网络。

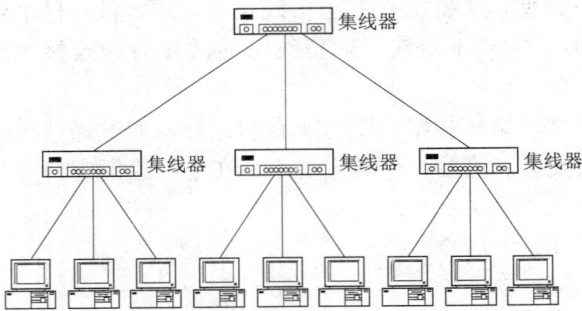

图 1.10 树型网络拓扑结构

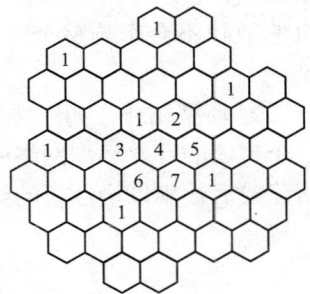

图 1.11 蜂窝型网络拓扑结构

（7）混合型拓扑：如图 1.12 所示，混合型网络拓扑结构就是通过将两种或多种单一拓扑结构混合起来，所构成的一种复杂的分级网络拓扑结构，从而可以对网络的基本拓扑取长补短，同时兼具多种单一网络拓扑结构的优点。

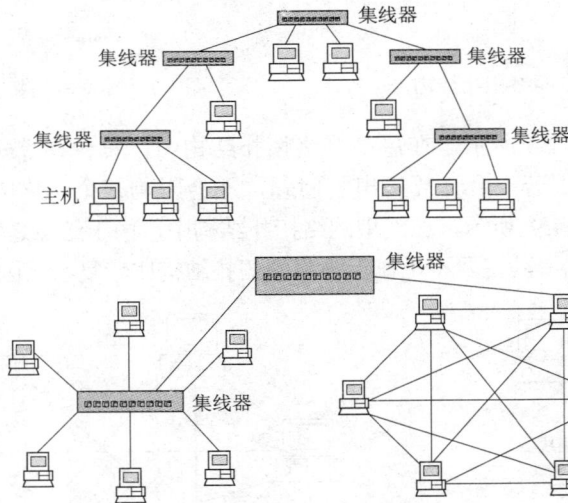

图 1.12 混合型网络拓扑结构

1.1.4 计算机网络的分类

计算机网络的分类方式有很多种，例如：可以按照网络的覆盖范围、传输介质、传输技术、服务方式、网络管理性质以及入网计算机的统一性等不同方式来进行分类。

1. 按覆盖范围（Coverage）分类

计算机网络中的主机设备之间的通信距离可近可远，即计算机网络覆盖的地域面积可大可小。按照计算机网络中主机之间的通信距离与网络的覆盖面积不同，一般可将计算机网络分为局域网 LAN（Local Area Network）、城域网 MAN（Metropolitan Area Network）和广域网 WAN（Wide Area Network）三种。

（1）LAN：主要用于连接公司办公室或工厂、学校校园内的个人计算机与工作站等，以便共享资源（如：打印机等）和交换信息。传统的 LAN 是指处于同一建筑、工厂、大学或方圆几千米远地域内的专用网络，其数据传输速率一般为 10～100 Mbps，传输延迟约为几十毫秒。而现在的 LAN 则可以覆盖几十千米的范围，其数据传输速率可达数百兆比特每秒。

如图 1.13 所示，LAN 一般采用环型或总线型的拓扑结构。其中，典型的基于环型的局域网为 IBM 令牌环网，其 IEEE 标准编号为 802.5。而具有代表性的基于总线的局域网则包括以太网（Ethernet）和令牌总线网（Token Bus），其中，Ethernet 由美国施乐公司于 1975年研制成功，其 IEEE 标准编号为 802.3，Ethernet 上的计算机在任何时刻都可以发送信息，如果有两个或更多分组发生冲突，则计算机将等待一段时间，然后再次试图发送。Token Bus 则是在总线的基础上，通过在网络节点之间有序地传递令牌（一组特定的比特模式）来分配各节点对共享型总线的访问权，其 IEEE 标准编号为 802.4。

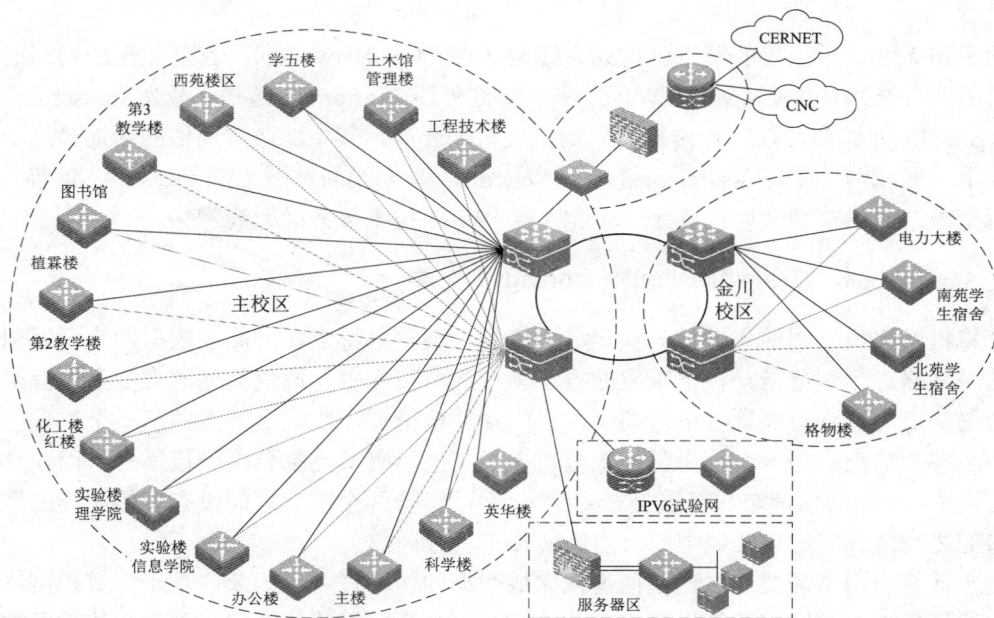

图 1.13　内蒙古大学校园网络拓扑结构

（2）MAN：是介于广域网与局域网之间的一种高速网络，MAN 设计的目标是满足几十千米范围内（一个大城市）的大量企业、机关、公司的多个局域网互连的需求，以实现大量用户之间的数据、语音、图形与视频等多种信息的传输功能。目前，MAN 的 IEEE 标准编号为 802.6，称为分布式队列双总线 DQDB（Distributed Queue Dual Bus），DQDB 由两条单向总线（电缆）组成，所有的计算机均连接在上面。DQDB 的拓扑结构如图 1.14 所示。

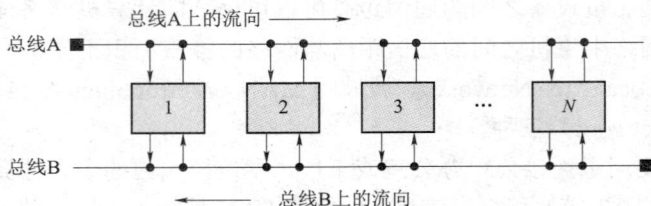

图 1.14　DQDB 双总线拓扑结构示意图

（3）WAN：又称远程网，其作用范围通常为几百到几千千米以上，目前广域网的主干线路传输速率已可达 2.5 Gbps，是一种可在一个广阔的地理范围内进行数据、语音、图像信号传输的通信网络。在广域网上一般连有数百、数千、数万台各种类型的计算机和网络，并提供广泛的网络服务。最具代表性的 WAN 为 Internet。

2. 按传输介质（Transmission Medium）分类

传输介质是指数据传输系统中发送装置和接收装置间的物理媒体，按其物理形态可划分为有线和无线两大类。其中，传输采用有线介质连接的网络称为有线网（Wired Networks），常用的有线传输介质包括双绞线（Twisted Pair）、同轴电缆（Coaxial Cable）和光导纤维（Optical Fiber）等。

而采用无线介质连接的网络则称为无线网（Wireless Networks）。目前，无线网络的传输主要采用四种技术：微波（Micro-Wave）通信、红外线（Infrared）通信、激光（Laser）通信、卫星（Satellite）通信。这四种传输技术均以大气为介质，其中，微波通信的用途最广，目前的无线个人区域网（Wireless Personal Area Network）与无线局域网（Wireless LAN）等，均为采用新型微波通信技术（如：蓝牙、WiMAX、Wi-Fi 技术等）的无线网络。

3. 按传输技术（Transmission Technology）分类

计算机网络所采用的传输技术决定了网络的主要技术特点，因此，根据网络所采用的传输技术对网络进行划分是一种很重要的方法。在通信技术中，通信信道的类型主要有两种：广播通信信道与点到点通信信道。其中，在广播通信信道中，多个节点共享一个物理信道，因此，当某个节点广播一个信息时，该信道上的其他所有节点都会收到该信息。而在点到点通信信道中，一条通信信道只能连接一对节点，因此，若两个节点之间没有直接相连的线路，那么它们之间就只能通过其他中间节点的转接来进行通信。

由于计算机网络需要通过通信信道来完成数据的传输任务，因此，基于计算机网络中所采用的通信信道的不同，计算机网络的传输方式可分为广播式传输和点到点式传输两种。由此，相应的计算机网络也可以分为点到点式网络和广播式网络两种。其中：

（1）点到点式（Point-to-Point）网络：是指网络中每条物理线路仅连接一对计算机。机器（包括主机和节点交换机）沿某信道发送的数据确定无疑地只有信道另一端的唯一一台机器收到。若两台计算机之间没有直接连接的线路，那么它们之间的分组传输就要通过中间节点的接收、存储与转发直至目的节点。采用分组存储转发是点到点式网络与广播式网络的重要区别之一。显然，在点到点式网络中没有信道竞争，因此，采用点到点信道虽然会浪费一些网络带宽，但由于在长距离信道上一旦发生信道访问冲突，控制起来相当困难，因此，广域网一般均采用的是点到点信道，用带宽来换取信道访问控制的简化。

（2）广播式（Broadcast）网络：是指网络中所有连网的计算机都共享一个公共通信信道（物理线路），当一台计算机利用共享信道发送报文分组时，网络中的所有计算机均将收到该分组，不过，由于发送的分组中带有目的计算机的 IP 地址与源计算机的 IP 地址，因此，网络中所有接收到该分组的计算机均将检查目标 IP 地址是否与其自身的 IP 地址相同。如果相同，则接受该分组，否则就将该分组丢弃。在广播式网络中，由于信道共享可能引起信道访问错误，因此，信道访问控制是广播式网络要解决的一个关键问题。由于无线网络、局域网等网络规模小、通信距离短，因此，一般均为广播式网络。

4. 按服务方式（Service Type）分类

在计算机网络中，如图 1.15 所示，若每台计算机的地位相同，都可以平等地使用其他计算机内部的资源，对网络上的其他节点同时充当客户端与服务器，这种网络就称为对等网络，简称为 P2P 网络（Peer to Peer Networks）。

如图 1.16 所示，若网络中存在专门的计算机（服务器）用于存储和管理共享的资源，并为其他的计算机（客户机）提供各种服务，则这种网络就称为客户机/服务器网络，简称为 C/S 网络（Client/Server Networks）。

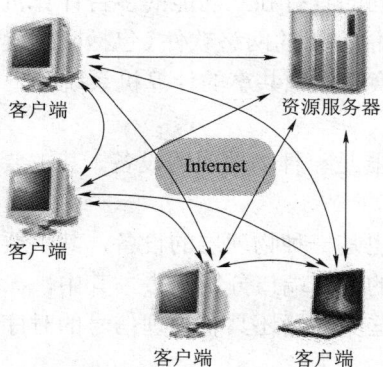

客户端 资源服务器 Internet 客户端 客户端 客户端	客户端 资源服务器 Internet 客户端 客户端 客户端
图 1.15　P2P 网络服务模型	图 1.16　C/S 网络服务模型

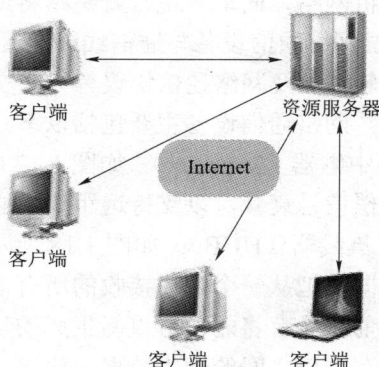

5. 按信道带宽（Channel Bandwidth）分类

带宽（Bandwidth）是指传输信道的宽度，单位为赫兹（Hz）。按传输信道的带宽不同，计算机网络可分为窄带网（Narrowband Networks）和宽带网（Broadband Networks）。通常，将带宽为 kHz 量级的网络称为窄带网，将带宽为 MHz 量级以上的网络称为宽带网。目前的宽带网对家庭用户而言，是指传输速率超过 1 Mbps，能够同时满足语音、图像等多媒体数据传递需求的计算机网络。

6. 按网管（Network Supervisor）性质分类

根据对网络组建和管理的部门和单位不同，可将计算机网络分为公用网（Public Networks）和专用网（Private Networks）。其中，公用网一般是由电信部门或其他提供通信服务的经营部门负责组建、管理和控制，网络内的传输和转接装置可供任何部门与个人使用。公用网常用于广域网络的构造，支持用户的远程通信，常见的公用网包括电信网、广电网等。

而专用网是指由用户部门所组建经营的网络，一般不容许其他用户和部门使用；由于投资的因素，专用网常为局域网或是通过租借电信部门的线路而组建的广域网络，例如：由学校组建的校园网（Campus Network）、由企业组建的企业网（Intranet）等。

7. 按入网计算机的统一性（Unitarity）分类

按入网计算机的统一性不同，计算机网络又可分为同构网络（Homegeneous Networks）与异构网络（Heterogeneous Networks）。其中，同构网络是指由具有相同特性和性质的计算机与网络设备所构成的网络；而异构网络则是指由具有完全不同的传输性质与通信协议的计算机与网络设备所构成的网络。在异构网络之中，由于协议的不兼容性，易造成异构网络应用进程之间难以进行通信，因此协议转换（Protocol Conversion）是实现异构网络互连的关键技术之一。

1.1.5　计算机网络的定义

计算机网络，简单来说，就是指将地理位置不同的具有独立功能的多台计算机及其外部设备，通过网络通信设备与通信线路连接起来，由功能完善的网络软件（包括网络操作系统、网络管理软件以及网络通信协议等）来实现信息交换和资源共享的计算机系统。

其中，网络通信设备主要包括以下几种：

（1）中继器（Repeater）：如图 1.17 所示，中继器是一种物理层的设备，其主要用于放大信号，补偿信号衰减，以支持远距离的通信。

（2）集线器（HUB）：如图 1.18 所示，集线器也是一种物理层的设备，其主要功能是信息分发，即，把从一个端口接收的所有信号向其他的所有端口分发出去，其中，一些集线器在分发之前还具有将弱信号重新生成的功能，另一些集线器还具有整理信号的时序的功能，以提供所有端口之间的同步数据通信。

图 1.17　中继器　　　　　　　　　　　　　图 1.18　集线器

（3）网卡：如图 1.19 所示，网卡是一种数据链路层的设备，作为局域网中连接计算机和传输介质的接口，其主要功能是不仅能实现与局域网传输介质之间的物理连接和电信号匹配，还可实现帧的发送与接收、帧的封装与拆封、介质访问控制、数据的编码与解码以及数据缓存的功能等。

（4）二层交换机：如图 1.20 所示，二层交换机的主要功能是识别数据包中的 MAC 地址信息，并根据 MAC 地址进行数据转发。二层交换机也是一种数据链路层的设备。

图 1.19　网卡

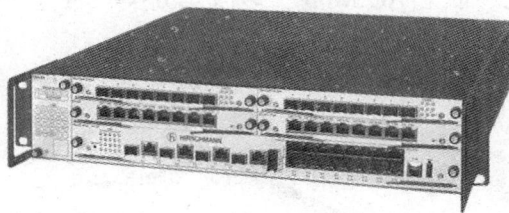

图 1.20　二层交换机

（5）网桥：如图 1.21 所示，网桥是一种数据链路层的设备，由于位于同一网段上的计算机设备可以直接相互通信，而位于不同网段上的设备则不能直接通信，因此它们之间的通信需要一种将不同网段连接在一起的网络互连设备。路由器和桥接器（网桥）都可以完成这样的工作，但是它们之间又有区别：当用网桥将两个网段连接起来时，这两个网段必须要使用相同的高层网络协议。

（6）三层交换机：如图 1.22 所示，三层交换机是一种具有部分路由器功能的交换机，其主要目的是加快大型局域网内部的数据交换。三层交换机也是一种网络层的设备。

图 1.21　网桥

图 1.22　三层交换机

（7）路由器：如图 1.23 和图 1.24 所示，路由器是一种网络层的设备，其主要功能是用于连通不同的网络，并选择信息传送的线路。路由器能够将不同网络或网段之间的数据信息进行转发，以使它们之间能够相互通信，从而构成一个更大的网络。

图 1.23　CISCO 7206 路由器

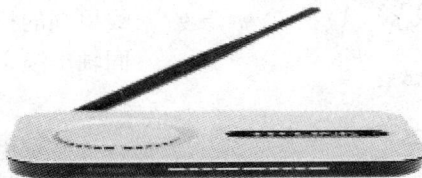

图 1.24　TP-LINK 无线路由器

通信线路主要包括有线线路和无线线路两种，其中：有线线路主要包括有双绞线、同轴电缆和光纤等，而无线线路则主要包括微波、红外线、激光以及卫星等。

◆ 双绞线：可分为非屏蔽双绞线（Unshielded Twisted Pair，UTP）和屏蔽双绞线（Shielded

Twisted Pair，STP）两种，如图 1.25 和图 1.26 所示，其中，屏蔽双绞线电缆的外层由铝箔包裹，以减小辐射。按电气性能划分，双绞线（图 1.27）又可以分为：1 类、2 类、3 类、4 类、5 类、超 5 类、6 类、超 6 类、7 类共 9 种类型，类型数字越大，带宽越宽，价格越高。目前，计算机网络中常用的是第 3 类（带宽 16 Mbps）、第 5 类（带宽 100 Mbps）、超 5 类（带宽 100 Mbps）以及第 6 类（带宽 250 Mbps）非屏蔽双绞线。

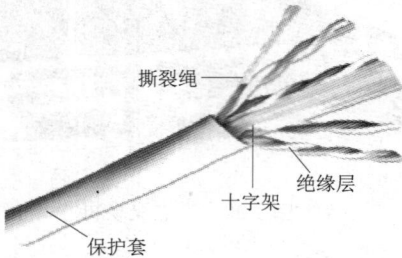

图 1.25 非屏蔽双绞线外形图   图 1.26 屏蔽双绞线外形图

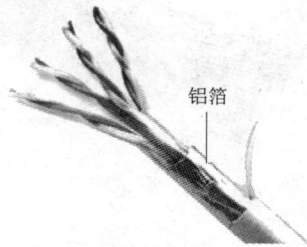

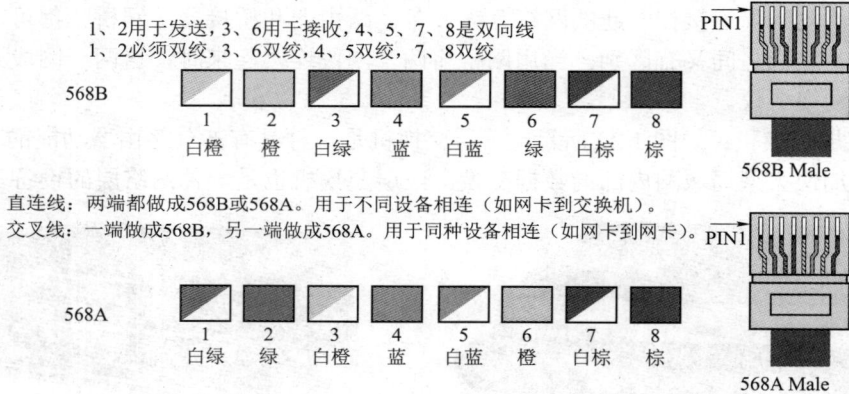

1、2 用于发送，3、6 用于接收，4、5、7、8 是双向线
1、2 必须双绞，3、6 双绞，4、5 双绞，7、8 双绞

568B
| 1 | 2 | 3 | 4 | 5 | 6 | 7 | 8 |
| 白橙 | 橙 | 白绿 | 蓝 | 白蓝 | 绿 | 白棕 | 棕 |

568B Male

直连线：两端都做成 568B 或 568A。用于不同设备相连（如网卡到交换机）。
交叉线：一端做成 568B，另一端做成 568A。用于同种设备相连（如网卡到网卡）。

568A
| 1 | 2 | 3 | 4 | 5 | 6 | 7 | 8 |
| 白绿 | 绿 | 白橙 | 蓝 | 白蓝 | 橙 | 白棕 | 棕 |

568A Male

图 1.27 双绞线的制作方法

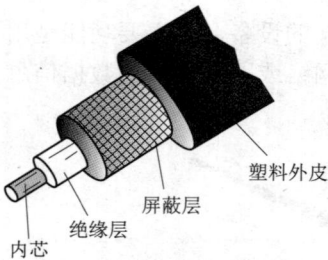

双绞线的线路损耗较大，传输速率低，但价格相对便宜，容易安装，常用于对通信速率要求不高的网络连接中。

◆ 同轴电缆（图 1.28）：同轴电缆是一种由一对同轴导线所组成的通信线路。同轴电缆的频带宽，损耗小，具有比双绞线更强的抗干扰能力和更好的传输性能。按照特性阻抗值不同，同轴电缆主要包括 75 Ω 宽带同轴电缆和 50 Ω 基带同轴电缆两种。

图 1.28 同轴电缆外形图

同轴电缆是目前局域网（LAN）和有线电视网中较为普遍采用的一种比较理想的传输介质。在局域网中常用基带电缆，其数据传输率为 10 Mbps，主要用于总线拓扑结构。基带电缆又可分为细缆和粗缆两种，其中：细缆的断头需要装配基本网络接头 BNC（Basic Network Connector）或 50 Ω 终端匹配器，然后再接到 T 形连接器的两端，其最大传输距离为 925 m；而粗缆的断头则必须装配收发器与收发器电缆，其最大距离可达 2 500 m。

◆ 光纤（图 1.29）：在通信系统中，目前最为普遍使用的是石英系光纤，一般由纤芯（光的通路）、包层（多层反射玻璃，将光线反射到纤芯）以及保护层组成。常用于点到点的远距离传输。由于光纤在任何时候都只能单向传输，因此，实现双向通信时光纤必须成对出现。用光纤来传输电信号时，在发送端先要将其转换成光信号，而在接收端则要由光检波器还原成电信号。按光在光纤中的传输模式，光纤可分为单模光纤（Single Mode Fiber）和多模光纤（Multi Mode Fiber）两种。

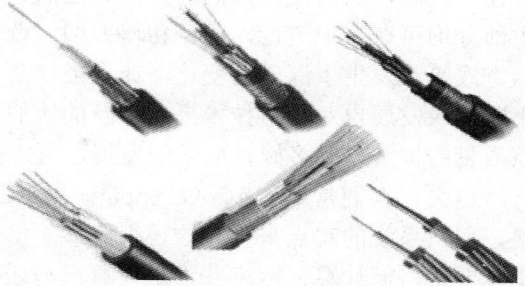

图 1.29　光纤外形图

其中，"模"是指以一定角速度进入到光纤之中的一束光。单模光纤采用固体激光器做光源，多模光纤则采用发光二极管做光源。多模光纤允许多束光在光纤中同时传播，从而形成模分散（因为每一个"模"光进入光纤的角度不同，因此，它们到达另一端点的时间也不同，这种特征称为模分散）。模分散技术限制了多模光纤的带宽和传输距离，因此，多模光纤的芯线较粗，传输速度较低、距离也短，从而导致了多模光纤的整体传输性能较差，但其成本比较低，一般用于建筑物内或地理位置相邻的环境下。

单模光纤只能允许一束光传播，因此，单模光纤没有模分散特性。另外，单模光纤的纤芯相应也较细，传输频带较宽、容量很大，传输距离较长，但因其需要激光源，成本较高，通常在建筑物之间或地域分散时使用。单模光纤是当前计算机网络中研究与应用的重点，也是光纤通信与光波技术发展的必然趋势。

◆ 微波：微波是指频率为 0.3～300 GHz 的电磁波，是无线电波中一个有限频带的简称，即波长在 1 mm～1 m 之间的电磁波，是分米波、厘米波、毫米波的统称。无线微波传输类似光线直线传输，是一种视距范围内的接力传输，具有视距范围内的直线传输和多径传输等特点。

◆ 红外线：红外线是一种波长介于可见光与微波之间的电磁波，红外线传输是一种点对点的无线传输方式，传输距离 1～2 m，中间不能有障碍物，不能穿透墙壁，且需要对准方向（即可以看见对方）才能进行通信。自 1974 年发明以来，目前，红外线传输已得到普遍应用，如红外线鼠标、红外线打印机、红外线键盘等。

◆ 激光：激光具有方向性好与相干性强等特征，其波长介于微波与红外之间。激光传输具有容量大、速度快、抗干扰性强和保密性好等特点，因此使得激光成为发展空间通信卫星中最理想的数据传输载体。

◆ 卫星：卫星通信实际上也是一种微波通信，是以卫星作为中继站来转发微波信号，在多个地面站之间通信，卫星通信的主要目的是实现对地面的无缝覆盖。由于卫星工作于几百、几千甚至上万千米的轨道上，因此覆盖范围要远大于一般的移动通信系统。但卫星通信要求地面设备具有较大的发射功率，因此不易普及使用。

1.1.6　计算机网络的发展趋势

光纤、数据通信、卫星通信和移动通信等现代信息技术使得世界范围内的交流变得更加方便与容易，从而使得人们的工作、生活、学习和娱乐在很大程度上不再受地理环境限制，大部分均可在家中进行，即，使得人们的就业方式、生产方式、工作方式、学习方式以至生活方式等都发生了深刻的变化，让人类社会从此步入了信息化时代。但反过来，信息社会的不断深入发展也对网络技术提出了新的挑战与新的要求，特别是随着网络业务量的增长、站点数量的扩大以及多媒体应用的发展，要求网络的规模更大、带宽更宽、速率更高。

过去，人们常用 C&C（Computer and Communication，计算机与通信）来描述计算机网络，但从系统的观点来看，这还很不够。虽然计算机和通信系统是计算机网络中非常重要的基本要素，但计算机网络并不是计算机与通信系统两者之间的简单结合，也不是计算机或通信系统的简单扩展或延伸，而是融合了信息采集、存储、传输、处理和利用等一切先进信息技术，是具有新功能的新系统。对于现代计算机网络的研究与分析应特别强调"计算机网络是系统"的观点，应站在更高的高度来重新认识计算机网络体系结构、性能以及网络工程技术与网络实际应用中的重要问题，这样才能更好地把握计算机网络的未来发展趋势。

1. 计算机网络发展的总趋势

计算机网络的发展，必将朝高速、宽带、智能、多媒体、QoS 以及移动网络的总趋势不断发展。从当前计算机网络技术的发展现状来看，未来计算机网络发展的总趋势可以概括为：一个目标、两大支撑、三网融合、四个热点。

（1）一个目标：计算机网络发展的总体目标就是要在各个国家进而在全球建立完善的信息基础设施（Information Infrastructure）。

（2）两大支撑：信息技术的发展日新月异，对人类进步发挥着重要的作用，而无论是计算机还是通信技术，能发展到今天的水平，都离不开电子技术。其中，微电子技术与光电子技术是整个信息技术的基石。

◆ 微电子技术（Microelectronic Technology）：从系统的观点来看，计算机网络是由单个节点以及连接这些节点的链路所组成。其中，单个节点主要是指连入网络内的计算机以及负责通信功能的节点交换机、路由器等，这些设备的物理组成主要是集成电路，而集成电路的一个重要支撑就是微电子技术。

微电子技术是微小型电子元器件和电路的研制、生产以及用它们实现电子系统功能的技术。微电子技术不仅使得电子设备和系统的微型化成为可能，更重要的是它引起了电子设备和系统的设计、工艺、封装等的巨大变革。由于微电子技术的出现，使得所有的传统元器件，如晶体管、电阻、连线等，都将以整体的形式互相连接，设计的出发点不再是单个元器件，而是整个系统或设备，因此，极大地推动了以计算机、因特网、光纤通信等为代表的信息技术的高速发展。

◆ 光电子技术（Optoelectronic Technology）：网络的另一个组成部分就是通信链路，通信链路负责所有节点之间的通信，而通信链路的一个重要支撑就是光电子技术，例如，光纤通信技术就是光电子技术的一个重要应用。光电子技术主要研究光的产生、传输、控制与探测，是光学技术和电子技术的融合。随着光纤通信技术的快速发展，光纤已成为通信网中最重要的传输媒介，而光电子技术因此也成为支撑未来信息技术与信息产业的支柱。

（3）三网融合：三网融合是指电信网（以电话业务为主）、电视网（以视像业务为主）、计算机网（以因特网业务为主）在技术上趋向一致；在网络层上互联互通；在业务层上互相渗透与交叉；在应用层上趋向统一的通信协议。三网融合有利于网络资源实现最大程度的共享，从而可使得整个网络向下一代网络演进，因此是网络发展的必然趋势。

（4）四个热点：多媒体技术、宽带网络技术、移动通信技术、信息安全技术是目前计算机网络研究中的四个主要热点。

◆ 多媒体技术（Multimedia Technology）：是一种把文本（Text）、图形（Graphics）、图像（Images）、动画（Animation）以及声音（Sound）等多种形式的信息结合在一起，并通过计算机进行综合处理与控制，能支持完成一系列交互式操作的信息技术。随着数字化技术的成熟，数据、文本、声音、图像等媒体都已数字化，从而产生了多媒体技术。目前，多媒体应用主要包括远程教育（Remote Education）、宽带网视频点播（Broad-band Video on Demand）、互联网直播（Live Internet）、视频会议（Video Conference）等。多媒体应用是促进技术和行业融合的强大市场驱动力之一。

◆ 宽带网络技术（Broad-band Network Technology）：宽带是相对于窄带而言的，"宽"与"窄"表示了线路传输速率的大小。这里的宽带网是指骨干网上数据传输速率在 2.5 Gbps以上、接入网速度达到 1 Mbps 以上的网络，是一种全数字化、高速、宽带、具有综合业务能力的智能化通信网。宽带网可集当今世界上所有的通信业务于一个通信网络之中，要建立真正的宽频带多媒体网络，实现信息高速公路的目标，需要高速的传输载体，信息高速公路的传输载体需要具有以下两个方面的技术特征：一方面是在任何时间、任何地点都能提供全彩色、全动态的视频信号，另一方面是要能提供全交互的、双向的信息流通信。因此，宽带网络是信息高速公路建设的基础。

◆ 移动通信技术（Mobile Communication Technology）：是一种以无线电波为用户提供实时信息传输的技术，主要用以实现在保障覆盖区或服务区内的顺畅的个体移动通信。移动通信技术领域主要包括无线数字传输、路由、网络管理以及终端业务服务等方面。例如：数字手机等支持语音、数据和报文等各种业务的个人通信服务 PCS（Personal Communications Service）就使用了无线技术，可在任何地方以各种速率与网络保持联络。

◆ 信息安全技术（Information Security Technology）：现有计算机网络与信息的安全受到了严重威胁，一方面是由于因特网的开放性与 Internet 的安全性不足，另一方面则是由于存在众多攻击手段（病毒、隐通道、拒绝服务、侦听、欺骗、口令攻击、路由攻击、中继攻击、会话窃取攻击等）。网络犯罪包括以破坏系统为目标的系统犯罪，以窃取信息、篡改信息、传播非法信息为目标的信息犯罪等。为了保证信息系统的安全，需要具有保护功能、检测手段，以及攻击的反应和事故恢复能力的完整的安全保障体系。

2. 计算机网络发展的不同途径

目前，电信网和互联网（Internet）的发展均进入了十字路口，从目前电信网的发展来看：第一，TDM（Time Division Multiplex，时分复用）技术已经不是未来的发展方向。TDM 设备虽然还在生产，但全世界的 TDM 研发已经全面停止了。第二，由于 ATM（Asynchronous Transfer Mode，异步传输模式）的许多标准并未得到验证，也不是未来的发展方向。

而从目前互联网的发展来看，虽然互联网取得了非常大的成功，但却同时也存在着一些致命的问题，例如：IP 地址匮乏，提供信息移动性不够灵活，没有一个正常盈利的商业模型，缺乏有效的管理和运营手段。此外，还面临着诸如安全、QoS（Quality of Service，服务质量）等方面的问题，特别是无法有效支持实时业务已成为限制其发展的最大障碍。

因此，面对当前业务转型的潮流，无论是站在电信网还是互联网的角度，都可以看到网络迫切需要升级的诉求。而网络各个层面的技术都在齐头并进，在百花齐放的创新技术中寻找到适合电信网和互联网发展的技术，对于两个网络的发展来说都十分重要。为此，人们分别在当前电信网和互联网的基础上，提出了下一代网络（Next Generation Network，NGN）和下一代互联网络（Next Generation Internet，NGI）的概念。

（1）下一代网络 NGN：所谓下一代网络，实质上是一个具有极其松散定义的术语，泛指一个不同于当代或前一代的网络体系结构。NGN 的概念已经提出多年，业界存在诸多不同的解释。2004 年 2 月，国际电联 ITU（International Telecommunication Union）在经过激烈的辩论之后，NGN 的定义终于达成了如下定论：

NGN 是指一个分组网络（Packet-based Network），能够提供包括电信业务（Telecommunication Services）在内的多种业务，能够利用多种带宽和具有 QoS 能力的传送技术（Transport Technologies），可实现业务功能与底层传送技术的分离；允许用户对不同业务提供商网络的自由接入，并支持通用移动性（Generalized Mobility），从而可向用户提供一致的（Consistent）和无处不在的（Ubiquitous）服务。

从上述 NGN 的定义来看，应该说，NGN 是一种目标网络。它不是下一代 Internet，也不是下一代 PSTN（Public Switched Telephone Network，公共交换电话网络）、下一代电信网或下一代有线电视网与广播电视网，而是一代由新的分组交换传送技术与 IP 协议为基础的，融合了语音、视像、数据于一体的面貌全新的网络。它将真正使得网络设施可不受时间、空间和带宽的限制，使得基于网络的虚拟世界与现实世界能够完美地融合，具有优良的网络端到端的 QoS 性能以及足以信赖的网络安全性。

另外，NGN 中的网络管理可实现全局智能化，既有利于可赢利商业模式运作的集中智能网管，同时还可保持与发扬 Internet 终端智能化的长处。网络接入也可实现灵活多样、个性化的无缝宽带接入，是一种具有跨协议、跨标准的国际漫游能力，通过将呼叫控制与网络传送层及业务层完全分离，可进行服务的快速布设与移植，可充分利用平台的分布性、开放性与标准性，积极调动运营商及第三方的创造性，快速丰富业务种类与市场应用等特征的一种理想化的网络，充分体现了其满足社会与个人越来越高的综合性全球通信要求：多业务、高质量、宽带化、分组化、智能化、移动性、安全性、开放性、分布性、兼容性、可管理性与可赢利性等一系列全业务综合运作的基本特征，而这些都是目前 Internet、电信网、移动网、广播电视网与专用通信网等不能全面具备的基本特征。

（2）下一代互联网络 NGI：主张 NGN 的声音主要来自电信界，标准组织以 ITU-T 为代表，主要关注的是网络架构、商业模型、互联互通、网络安全、QoS 信令以及固定网络与移动网络的融合（Fixed-Mobile convergence，FMC）等。而主张 NGI 的声音则主要来自传统互联网（计算机界），其标准组织以 IETF（Internet Engineering Task Force，互联网工程任务组）和 W3C（World Wide Web Consortium，万维网联盟）为代表，主要关注的是网络安全、IPv6 技术、音频与视频通信、P2P（Peer to Peer）技术、即时通信（Instant Message）、虚拟专用网（Virtual Private Network，VPN）以及 Web2.0 技术等。

目前，虽然世界上有许多国家业已建立起了 NGI 实验网，例如：美国的 Internet2、加拿大的 CAnet3、欧洲的 GEANT、中国的下一代互联网示范网络 CNGI（China Next Generation Internet）等，但对 NGI 却仍没有一个非常严格统一的定义，有人说是更大、更快、更安全、更及时、更方便、更可管理、更有效的互联网。其中：

◆ 更大：是指 NGI 将采用 IPv6 协议，从而具有非常大的地址空间，网络规模将更大，接入网络的终端种类和数量将更多，网络应用也将更为广泛。

◆ 更快：是指 NGI 将具有 100 MB/s 以上的端到端高性能通信能力。

◆ 更安全：是指 NGI 将可进行网络对象识别、身份认证、访问授权，具有数据加密与完整性保护功能，可最终实现一个可信任的网络。

◆ 更及时：是指 NGI 能提供组播服务，进行服务质量控制，并可开发大规模的实时交互应用。

◆ 更方便：是指 NGI 能提供无处不在的移动与无线通信应用。

◆ 更可管理：是指 NGI 能进行有序的管理、有效的运营、及时的维护等。

◆ 更有效：是指 NGI 将具有良好的盈利模式，可创造重大社会与经济效益。

（3）NGN 与 NGI 的异同：关于 NGI 与 NGN 的关系，目前业界存在以下两种典型的看法：一种是电信界的看法，认为 NGI 是 NGN 的重要组成部分，两种技术互相借鉴，在竞争中发展；NGI 并非 NGN 必由之路，NGI 不是电信的最终目标；另一种则是互联网界的看法，认为 NGN 是未来互联网的组成部分，是一个很好的发展方向，虽然 NGN 不会是未来互联网的全部，但却是其重要的发展方向之一。两者的上述看法显然存在分歧，但却有着一致的终极目标，即，都希望成为信息社会的基础设施的重要组成部分。NGN 和 NGI 的主要特点的分析比较见表 1.1。

表 1.1　NGN 和 NGI 主要特点对比分析

特　点	NGN	NGI
开放接口	业务与应用层	网络层
对外的业务创新空间	相对较小	相对很大
收费的主要层次	业务/应用层	网络层
是否区分消费者和提供者	严格区分	不区分，二者对等
收费理念	基本业务收费，增值业务收费	基本业务不收费，增值业务收费
业务的可管理性	要求网络是可管理的	不要求网络是可管理的

由表 1.1 可以看出，NGN 和 NGI 虽然在技术、业务和管理方面存在着很多相似之处，例如，两者均是以 IP 网及其相应技术为核心，但在现阶段，NGN 和 NGI 在理念方面仍存在非常明显的差别，例如，NGN 希望业务提供者可为用户（信息消费者）提供更好的融和业务，而 NGI 则希望为广大用户（不区分信息提供者和信息消费者）提供一个更好的创新平台。

由于电信网/NGN、互联网/NGI 都是能够在一定程度上满足而又不能完全满足市场需要的多业务综合网，且彼此都不能够互相包容与替代，因此，未来网络发展的结果将会是 NGN 和 NGI 在一定阶段内共存、两种网络之间互联、互通、互用。

1.2　计算机网络的参考模型

1.2.1　OSI 参考模型

开放式系统互连参考模型（Open Systems Interconnection Reference Model，简称为 OSI 参

考模型）是由国际标准化组织 ISO（International Standards Organization）所提出来的一种用于互连协议的网络框架模型。

国际标准化组织（International Standards Organization，ISO）与国际电报与电话咨询委员会（Consultative Committee on International Telegraph and Telephone，CCITT）是在计算机网络标准制定方面起很大作用的两大国际组织。

OSI 参考模型的提出是为了解决在网络发展初期由于体系结构的差异所导致的网络产品中存在的严重的兼容性问题。当时，由于计算机网络中存在着众多的体系结构，例如，IBM公司的 SNA 网络（采用七层体系结构）和 DEC 公司的 DNA 网络（采用三层体系结构）等，这些体系结构上的差异使得网络产品出现了严重的兼容性问题，影响了网络的快速发展。

OSI 参考模型中的"开放"是指只要遵循 OSI 标准，一个系统就可以与位于世界上任何地方、同样遵循该标准的其他任何系统进行通信。在 OSI 标准的制定过程中，采用的是将整个庞大而复杂的问题划分为若干个容易处理的小问题的方法，即分层的体系结构方法。在 OSI参考模型中，划分层次的主要原则是：

（1）网络中的各个节点应具有相同的层次结构；

（2）不同节点中的同等层应具有相同的功能；

（3）同一节点内相邻层之间应通过接口进行通信；

（4）每一层可使用其下层提供的服务，并向其上层提供服务；

（5）不同节点的同等层之间应通过协议来实现对等层之间的通信。

OSI 参看模型是分层体系结构的一个实例，每一层是一个模块，用于执行某种主要功能，并具有自己的一套通信指令格式（称为协议）。按照协议相互通信的两个实体必须位于相同层中，而在不同系统中同一层的实体称为对等实体（Peer Entities）。

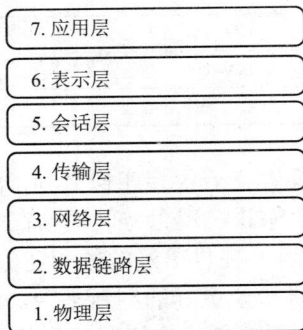

| 7. 应用层 |
| 6. 表示层 |
| 5. 会话层 |
| 4. 传输层 |
| 3. 网络层 |
| 2. 数据链路层 |
| 1. 物理层 |

图 1.30　OSI 参考模型的体系结构

如图 1.30 所示，根据分而治之之原则，OSI 参考模型将整个通信功能划分为七个层次，由低到高分别为：物理层（Physical Layer）、数据链路层（Data Link Layer）、网络层（Network Layer）、传输层（Transport Layer）、会话层（Session Layer）、表示层（Presentation Layer）、应用层（Application Layer）。其中，第 1～4 层被认为是低层，这些层与数据移动密切相关；第 5～7 层是高层，包含应用程序级的数据。每一层负责一项具体的工作，然后把数据传送到下一层。

在 OSI 参考模型中，将数据从当前层传送到下一层是通过命令方式来实现的，这里的命令被称为原语（Primitive），而被传送的信息则称为协议数据单元（Protocol Data Unit，PDU）。在 PDU 进入下一层之前，当前层会在 PDU 中加入新的控制信息，这种控制信息称为PCI（Protocol Control Information）。另外，当前层还会在 PDU 中加入发送给下一层的指令信息，这些指令信息称为接口控制信息（Interface Control Information，ICI）。PDU、PCI 与 ICI共同组成了一个接口数据单元（Interface Data Unit，IDU）。下层在接收到了 IDU 之后，就会就从 IDU 中去掉 ICI，这时的数据包被称为服务数据单元（Service Data Unit，SDU）。随着SDU 被一层层地向下传送，每一层都要加入自己的信息。

相邻层之间的服务是通过其接口界面上的服务访问点 SAP（Service Access Point）进行的，

第 n 层的 SAP 就是第 $n+1$ 层可以访问第 n 层的地方。每个 SAP 都有一个唯一的地址号码。

OSI 参考模型中各层的功能主要如下：

（1）物理层：是 OSI 参考模型的第一层，处于 OSI 参考模型的最底层，是整个开放互联系统的基础。物理层为设备之间的数据通信提供传输媒介与互连设备，为数据传输提供可靠的环境。物理层协议规定了建立、维持与断开物理信道有关的机械的、电气的、功能的与规程的特性。这些特性确保物理层能够通过物理信道在相邻网络节点之间正确地收、发比特信息，即确保比特流能送上物理信道，并能在另一端获取。物理层仅单纯关心比特流信息的传输，而不涉及比特流中各比特之间的关系（包括信息格式及其含义），对传输差错也不做任何控制。物理层的服务数据单元（SDU）为比特（bit）。

（2）数据链路层：主要功能是在物理层提供的服务基础上，在通信的实体之间建立数据链路连接，传输以"帧"为单位的数据包，并采用差错控制与流量控制方法，使有差错的物理线路变成无差错的数据链路。数据链路层使用的是 MAC（网络接口卡）地址，数据链路层的服务数据单元（SDU）称为帧（Frame）。

（3）网络层：主要功能是为数据在网络中节点之间的传输创建逻辑链路，通过路由选择算法为分组通过通信子网选择最适当的路径，以及实现拥塞控制、网络互连等功能。网络层的服务数据单元（SDU）称为分组/包（Packet）。

（4）传输层：是 OSI 参考模型中唯一负责总体数据传输与控制的一层，是 OSI 参考模型中两台计算机经过网络进行数据通信时的第一个端到端（End-to-End）的层次。其主要功能是向用户提供可靠的端到端服务，处理数据包错误、数据包次序，以及其他一些关键传输问题，试图提供一种可以向上层屏蔽传输实现细节的数据传输服务。

（5）会话层：主要目的是负责建立、管理和终止两个节点应用程序之间的会话（Session），并使会话获得同步。除了会话规则之外，会话层还为进行高效的用户传输、服务分类以及会话层、表示层与应用层的差错报告提供条件。

（6）表示层：主要目的是确保一个系统应用层发送的信息可以被另一种系统的应用层读取，为此，表示层为不同终端的用户提供了数据和信息的语法表示变换方法，包括数据格式变换、数据加密与解密、数据压缩与恢复等功能，解决了连接到网络上的不同计算机之间的数据表示的差异问题。例如：可让一台使用 EBCDIC 字符编码的 IBM 大型机与一台使用 ASCII 字符编码的 IBM 或兼容个人计算机之间进行通信。

（7）应用层：是 OSI 参考模型的最高层，也是最靠近用户的一层，其主要目的是为用户的应用程序提供网络服务。应用层虽然不为 OSI 参考模型七层协议中的任何其他层提供服务，但却为在 OSI 参考模型以外的所有应用程序提供服务。这些应用程序包括：电子数据表格程序、字处理程序、数据库程序，以及网络安全程序等。

由于 OSI 参考模型是一个理想的模型，因此，一般计算机网络系统只涉及了其中的几层，很少有系统能够具有所有的七层，并完全遵循它的规定。在 OSI 七层模型中，每一层都提供一个特殊的网络功能。

从网络功能的角度来看：下三层（物理层、数据链路层、网络层）主要提供了数据传输与交换的功能，即以节点到节点之间的通信为主；第四层（传输层）作为上下两部分的桥梁，是整个网络体系结构中最关键的部分；而上三层（会话层、表示层、应用层）则以提供用户与应用程序之间的信息与数据处理功能为主。

OSI 参考模型的通信原理如图 1.31 所示，其中，第一至三层为串联起来的，而第四至七层是端到端的。

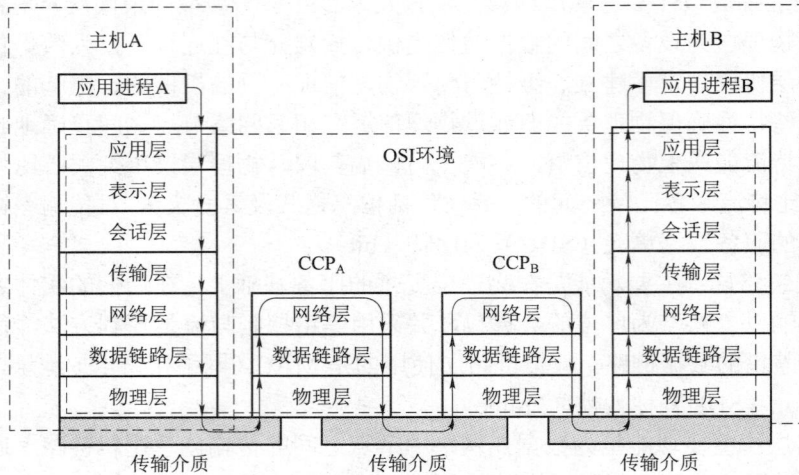

图 1.31　OSI 参考模型的通信原理

网络上所有通信都是从源节点到目的节点的，在网络上传输的信息被称为数据或数据分组。如果主机 A 想给另外一台主机 B 发送数据，数据将首先必须经历一个封装（Encapsulation）的过程。在进行网络传输之前，封装过程会对数据附加上必要的协议信息。因此，当数据从源节点出发并沿着 OSI 参考模型的各层向下传递时，它就会被增加上数据报头（Headers）、报尾（Trailers）以及其他控制信息。图 1.32 给出了 OSI 参考模型中的数据传输过程。

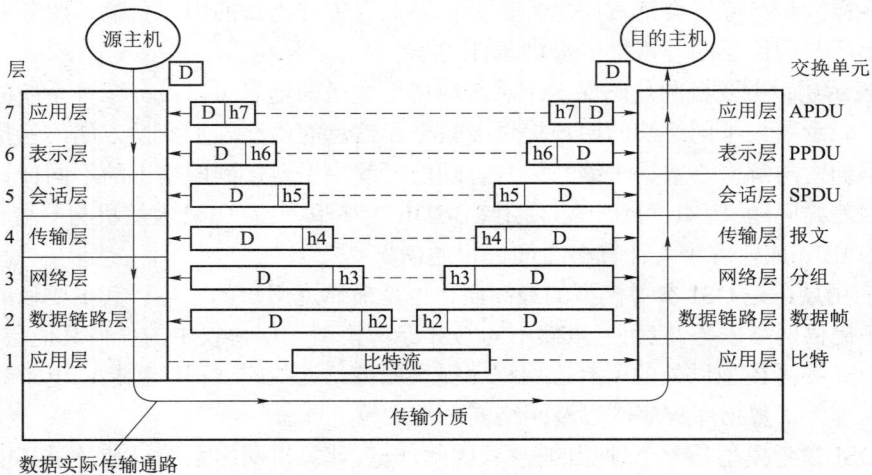

图 1.32　OSI 参考模型中的数据传输过程

建立 OSI 参考模型的目的除了创建通信设备之间的物理通道之外，还规划了各层之间的功能，并为标准化组织和生产厂家制定了协议的原则。这些规定使得每一层都具有一定的功能。从理论上讲，在任何一层上符合 OSI 参考模型标准的产品都可以被其他符合标准的产品所取代。因此，OSI 参考模型的基本作用如下：

◆ OSI 参考模型的分层逻辑体系结构使得人们可以深刻地理解各层协议所应解决的问题，并明确各个协议在网络体系结构中所占据的位置。

◆ OSI 参考模型的每一层在功能上均与其他层有着明显区别，从而使得网络系统可按功能进行划分，从而使得网络或通信产品不必面面俱到。例如：当某个产品只需完成某一方面的功能时，它可以只考虑并遵循所涉及层的标准。

◆ OSI 参考模型有助于分析和了解每一种比较复杂的协议。

当然，OSI 参考模型的设计之中也存在着一些严重的缺陷，OSI 参考模型的主要缺陷如下：

◆ 层次数量与内容选择不是很好，会话层很少用到，表示层几乎是空的，数据链路层与网络层有很多的子层插入。

◆ 寻址、流控与差错控制在每一层里都重复出现，从而降低了系统的效率。

◆ 数据的安全性、加密与网络管理在 OSI 参考模型的设计初期被忽略了。

◆ OSI 参考模型的设计更多是被通信的思想所支配，不适合计算机与软件的工作方式。

◆ 严格按照层次模型编程的软件效率很低。

1.2.2 TCP/IP 参考模型

TCP/IP 参考模型是以它的两个主要操作协议命名的，即 TCP 协议和 IP 协议。在 TCP/IP 参考模型中，网络被分为以下四层：主机至网络层、互联网层、传输层、应用层。Internet 的广泛应用使得 TCP/IP 协议成为事实上的标准。

1. 主机至网络层（Host to Network Layer）

主机至网络层是 TCP/IP 参考模型的最低层，它负责通过网络发送和接收 IP 数据报。TCP/IP 参考模型允许主机连入网络时使用多种现成的与流行的协议，如局域网协议等。当一种物理网络被用作传送 IP 数据包的通道时，就可以认为是这一层的内容，这充分体现了 TCP/IP 协议的兼容性与适应性，也为 TCP/IP 的成功奠定了基础。主机至网络层的主要功能包括：

（1）实际上 TCP/IP 参考模型没有真正描述这一层的实现，只是要求能够提供给其上层（即互联网层）的一个访问接口，以便在其上传递 IP 分组。

（2）由于这一层次未被定义，所以其具体的实现方法将随着网络类型的不同而不同。

2. 互联网层（Internet Layer）

互联网层相当于 OSI 参考模型的网络层中的无连接网络服务。互联网络层主要负责将源主机的报文分组发送到目的主机，其中，源主机与目的主机可以在一个网络上，也可以在不同的网络上。

TCP/IP 参考模型中网络层协议是 IP（Internet Protocol）协议。IP 协议是一种不可靠、无连接的数据报传送服务的协议，它提供的是一种"尽力而为（Best Effort）"的服务，IP 协议的协议数据单元是 IP 分组。互联网络层的主要功能包括如下几个方面：

（1）处理来自传输层的分组发送请求：在收到来自传输层的分组发送请求之后，将分组封装入 IP 数据报，填充报头并选择发送路径，然后将数据报发送到相应的网络输出线。

（2）处理接收的数据报：在接收到其他主机发送来的数据报之后，检查目的地址，如需要转发，则选择适合的发送路径转发出去；如目的地址为本节点的 IP 地址，则除去报头，将分组交送本节点的传输层处理。

（3）处理互联的路径、流程与拥塞问题。

3. 传输层（Transport Layer）

传输层主要负责在应用进程之间的端到端通信，传输层的主要目的是在互联网中源主机与目的主机的对等实体之间建立用于会话的端到端连接。从这点上来说，TCP/IP 参考模型与 OSI 参考模型的传输层在功能上是相似的。在 TCP/IP 参考模型的传输层中定义了以下这两种协议：

（1）传输控制协议（Transmission Control Protocol，TCP）：TCP 协议是一种可靠的面向连接的协议，其主要功能是将一台主机的字节流（Byte Stream）无差错地传送到目的主机，其次，TCP 协议还可将应用层传送过来的字节流分割成多个字节段（Byte Segment），然后再将一个个的字节段传送到互联网层，并最终发送到目的主机。当目的主机的互联网层将接收到的字节段传送给传输层时，目的主机的传输层再将接收到的多个字节段还原成原始的字节流，并传送给应用层。此外，TCP 协议同时还要完成网络中的流量控制功能，协调收发双方的数据发送与接收速度，以达到正确传输的目的。

（2）用户数据报协议（User Datagram Protocol，UDP）：UDP 协议是一种不可靠的无连接协议，它主要用于不要求分组顺序到达的传输服务之中。在基于 UDP 协议的传输服务中，分组的传输顺序检查与排序由应用层完成。例如：在视频电话会议系统中就使用了 UDP 协议，虽然牺牲了一定的画面质量，但却获得了更高的画面帧刷新速率。

4. 应用层（Application Layer）

TCP/IP 参考模型将 OSI 参考模型中的会话层和表示层的功能合并到了应用层中实现。应用层包括了所有的高层协议，并且总是不断有新的协议加入。目前 TCP/IP 参考模型中的应用层协议主要包括以下几种：

（1）远程登录协议 Telnet；

（2）文件传输协议 FTP（File Transfer Protocol）；

（3）简单邮件传输协议 SMTP（Simple Mail Transfer Protocol）；

（4）域名系统 DNS（Domain Name System）；

（5）简单网络管理协议 SNMP（Simple Network Management Protocol）；

（6）超文本传输协议 HTTP（Hyper Text Transfer Protocol）。

TCP/IP 参考模型的通信原理如图 1.33 所示，其中，第一至二层为串联起来的，而第三至四层是端到端（End to End）的。

与 OSI 参考模型类似，在 TCP/IP 参考模型中也存在着一些严重的缺陷，TCP/IP 参考模型的主要缺陷如下：

（1）没有区分服务、接口和协议的概念（图 1.34 给出了服务、接口和协议三者之间的关系）。

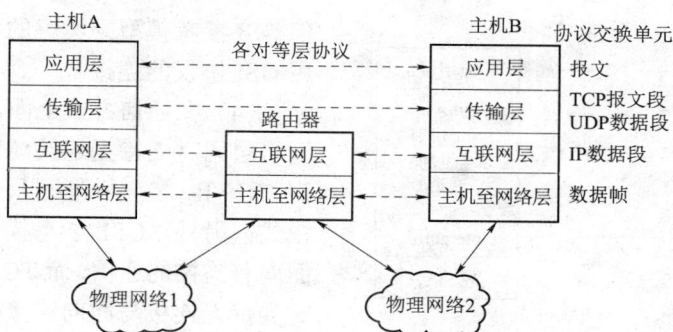

图 1.33　TCP/IP 模型的通信原理

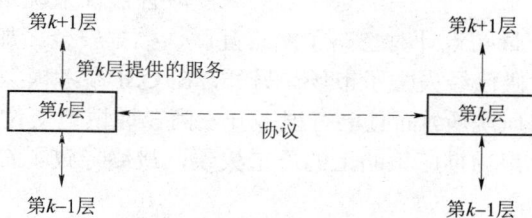

图 1.34　服务、接口和协议的关系

◆　服务：定义各层需要为其上一层提供哪些功能。其中，低层是服务提供者，而上层是服务的用户。

◆　接口：告诉上一层如何访问本层，以获取本层所提供的服务。

◆　协议：定义同一层上的对等实体间所交换的消息或分组的格式和含义。

（2）TCP/IP 参考模型不通用，不能用于描述 TCP/IP 之外的任何协议栈。

（3）TCP/IP 参考模型的主机—网络层本身并不是实际的一层。

（4）物理层与数据链路层的划分是必要和合理的，而 TCP/IP 参考模型却没有做到这点。

1.2.3　OSI 与 TCP/IP 模型的比较

　　OSI 参考模型与 TCP/IP 参考模型之间有着很多相似之处，例如：它们都基于独立的协议栈的概念，均强调网络技术独立性（Network Technology Independence）与端对端确认（End-to-End Acknowledgement），且在两个模型中对应层的功能大体相同，能够在彼此相应的层找到相应的功能等，但两者之间也存在以下几个方面的明显不同（图 1.35）：

　　（1）在分层方面存在差别：TCP/IP 参考模型没有会话层和表示层，并且数据链路层和物理层合二为一。造成这样的区别的原因在于：OSI 参考模型是以"通信协议的必要功能是什么"这个问题为中心来进行模型化的，而 TCP/IP 参考模型则是以"为了将协议实际安装到计算机中，如何进行编程最好"这个问题为中心来进行模型化的。因此，TCP/IP 参考模型的实用性更强。

　　（2）OSI 参考模型有三个主要明确的概念，即服务、接口、协议，这是 OSI 参考模型最大的贡献；而 TCP/IP 参考模型则没有明确区分这三者。

　　（3）TCP/IP 参考模型从一开始就考虑了通用连接（Universal Interconnection）的问题，

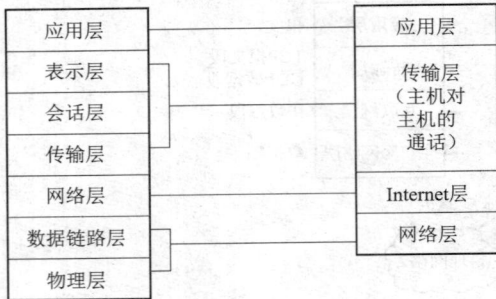

图 1.35　OSI 参考模型与 TCP/IP 参考模型的对比示意

但 OSI 参考模型则考虑的是由国家运行并使用 OSI 协议的连接。

（4）在通信方式上面，OSI 参考模型在网络层同时支持无连接与面向连接的方式，而 TCP/IP 参考模型则只支持无连接的通信模式；另外，OSI 参考模型在传输层仅支持面向有连接的通信，而 TCP/IP 参考模型则同时支持无连接与面向连接的两种通信方式，给了用户选择的机会，这种选择对简单的请求—应答协议来说是非常重要的。

OSI 参考模型由于在最初设计时忽略了网络互联、数据安全、加密与网络管理等方面的问题，等到不断修补的时候已经失去了市场。另外，在 OSI 参考模型推出时，TCP/IP 参考模型业已被广泛地应用于科研院所，而且已有很多开发商在谨慎地交付 TCP/IP 产品了。技术上存在的致命缺陷，再加上市场推广策略上的严重失误，最终导致了 OSI 参考模型从来没有被真正意义上实现过。

虽然 TCP/IP 参考模型也同样有着很多的缺陷。但由于它一开始就着眼于通用连接，从而使得 TCP/IP 参考模型及其协议可在任何互连的网络集合中进行通信。这十分引人注目。另外，它也表现出了惊人的生命力，在短短的几年时间之内便已形成了一个事实上存在的模型——TCP/IP 参考模型。

1.2.4　网络参考模型与邮政系统模型的比较

邮政通信是人类历史上最悠久、与千家万户联系最广泛的一种通信方式，邮政系统的通信原理如图 1.36 所示。

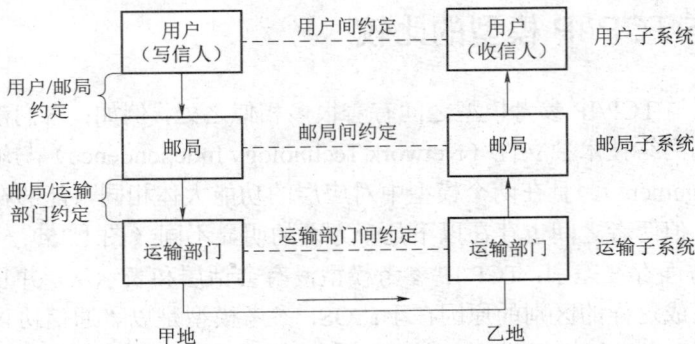

图 1.36　邮政系统通信原理

◆ 用户之间的约定：写信双方必须采用互相都能理解的文字书写，通常信的开头是对方称谓，最后是落款和日期等，是对信件内容和格式的要求。写信双方可以采取特定的约定，使用密写方式，对信件的内容加以保护。同时有法律做出规定，第三方无权拆阅他人信件。

◆ 用户与邮局之间的约定：用户写好信件之后，需要转交给收信人，若距离很近，则可以直接交付，但很多情况下因双方相距很远，需通过邮局转交。为此，用户将信件封装到信封内交由邮局寄发。此时，用户和邮局之间产生约定，即用户须遵守邮局所规定的关于信封的书写格式且必须向邮局付费（通过贴邮票的方式实现）等。例如：在我国境内寄信，信封上必须填写邮政编码、收件人地址、姓名以及写信人地址和姓名。

◆ 邮局和运输部门之间的约定：邮局在收到信件后首先要对其进行分类和分拣，将不同类别、不同目的地址的信（含信封和信纸）装到不同的邮政包裹里面，而后再交由相关运输部门（如航空公司、铁路部门或公路运输部门等）进行运输处理。此时邮局和运输部门之间有相应约定，如：运输部门对邮政包裹形式的要求、邮局对包裹到达目的地的时间要求等。

◆ 运输部门之间的约定：运输过程可能需要不同运输部门参与，例如，航空公司和公路运输之间的配合，包裹的转交过程需要一定的约定，同时，不同地区的运输部门之间也需要有相应的约定。一旦邮政包裹经由运输部门运到目的地后，首先由运输部门将包裹送到邮局或邮局派人到运输部门领取（取决于二者之间的约定），然后邮局再派人将信件送给收件人，收件人在收到信件之后打开信封，取出信件来并阅读，至此，一次完整的邮政通信结束。

邮政系统和计算机网络系统从表面上看，二者的区别是显而易见的，但若从通信原理的角度来看，则有着惊人的相似处。计算机网络系统的通信原理如图 1.37 所示。对比图 1.36 和图 1.37 可知，计算机网络系统中的协议和接口正如邮政系统中的各种约定一般：计算机网络系统中的协议就好比邮政系统中各相同部门之间的约定，例如，邮政系统中的各个邮局均须根据邮编和地址来分拣信件（邮政协议）；而接口则好比邮政系统中不同部门之间的约定，例如，邮局可以根据价格表选择交通运输服务（交通运输接口）。

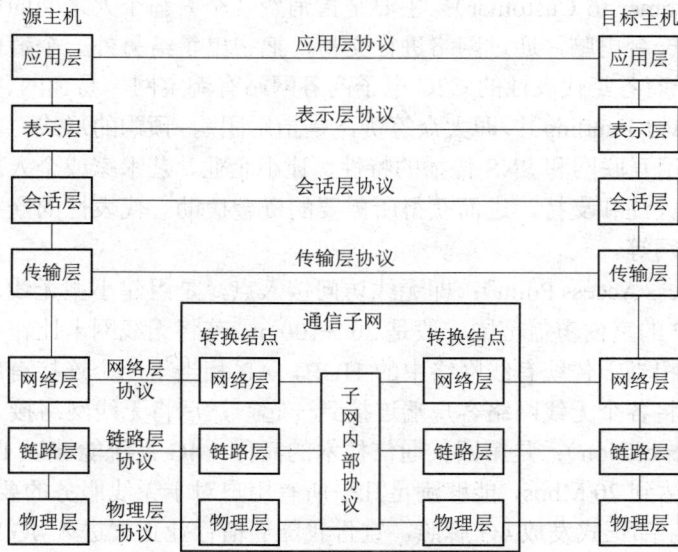

图 1.37　网络参考模型通信原理

按照信息的流动过程，可将计算机网络的整体功能分解为一个个的功能层；在不同机器上的同等层之间采用相同的协议；同一机器的相邻功能层之间通过接口进行信息传递。在网络参考模型中，每一层都为它的上一层提供某些服务，服务定义了该层应做些什么，但不包括如何工作的或上一层实体如何访问这一层；每一层的接口告诉上一层的进程应该如何访问本层，规定了有哪些参数，以及结果是什么，但接口无须说明本层内部是如何工作的；此外，每一层上用到的对等协议是本层内部的事情，它可以使用任何协议，只要能够为上一层提供所承诺的服务即可，它可以任意改变协议而不会影响它上面的各层。

1.3　现代常用网络术语

◆　O2O（Online To Offline）：又被称为线上线下电子商务，区别于传统的 B2C、B2B、C2C 等电子商务模式。O2O 就是把线上的消费者带到现实的商店中去：在线支付线下（或预订）商品、服务，再到线下去享受服务。通过打折（团购，如 GroupOn）、提供信息、服务（预定，如 Opentable）等方式，把线下商店的消息推送给互联网用户，从而将它们转换为自己的线下客户。这样线下服务就可以用线上来揽客，消费者可以用线上来筛选服务，成交可以在线结算，很快达到规模。

◆　B2B（Business to Business）：主要是指企业和企业的电子商务交易，进行电子商务交易的供需双方都是商家（或企业、公司），它们之间通过使用互联网的技术或各种商务网络平台来完成商务交易的过程。代表性的 B2B 电子商务网站有阿里巴巴、中国制造网等。

◆　B2C（Business to Customer）：主要是指商业机构对消费者的电子商务交易，这种形式的电子商务一般以网络零售业为主，主要借助于 Internet 开展在线销售活动。例如：经营各种书籍、鲜花、计算机、通信用品等商品。代表性的 B2C 电子商务网站有亚马逊（Amazon）、天猫、京东等。

◆　C2C（Customer to Customer）：主要是指消费者个人与个人之间的电子商务交易，例如：一个消费者有一台电脑，通过网络进行交易，把它出售给另外一个消费者，此种交易类型就称为 C2C 电子商务。代表性的 C2C 电子商务网站有淘宝网、易趣网、拍拍网等。

◆　众筹（Crowd Funding）：即大众筹资，是指用团购+预购的形式，向网友募集项目资金的模式。众筹利用互联网和 SNS 传播的特性，让小企业、艺术家或个人对公众展示他们的创意，争取大家的关注和支持，进而获得所需要的资金援助。代表性的众筹平台有众筹网、品秀在线、中国梦网等。

◆　AP（Wireless Access Point）：即无线访问接入点，是组建小型无线局域网时最常用的设备之一，目前 AP 的室内覆盖范围一般是 30～100 m。若将无线网卡比作有线网络中的以太网卡，那么 AP 就相当于传统有线网络中的 HUB，AP 相当于一个连接有线网和无线网的桥梁，其主要作用是将各个无线网络客户端连接到一起，然后将无线网络接入因特网。

◆　4G（4th Generation）：是第四代通信技术的简称，4G 系统能够以 100 Mbps 的速度下载，上传速度也能达到 20 Mbps，能够满足几乎所有用户对于无线服务的要求。2013 年 12 月 4 日，工业和信息化部正式发放 4G 牌照，宣告我国通信行业正式进入 4G 时代。

◆　万维网（World Wide Web，WWW）：简称为 Web，分为 Web 客户端和 Web 服务器程序。WWW 可以让 Web 客户端（浏览器）访问浏览 Web 服务器上的页面。它是一个由许多互相链接的超文本组成的系统，通过互联网访问。在该系统中，每个有用的事物称为一样资源，并且由一个全局的统一资源定位符（Uniform Resource Locator，URL）标识；这些资源通过超文本传输协议（Hyper Text Transfer Protocol，HTTP）传送给用户，而后者通过在浏览器中单击链接来获得资源。

◆ Web2.0：是指一个利用 Web 的平台，由用户主导而生成的内容互联网产品模式，为了区别于传统第一代互联网时代由网站雇员主导生成的内容，而定义为第二代互联网。与Web1.0 网站单向信息发布的模式不同，Web2.0 网站的内容通常是用户发布的，使得互联网上的每一个用户不再仅仅是互联网的读者，同时也成为互联网的作者。Web2.0 包含了我们经常使用到的服务，以 BBS 和博客为主要代表。

◆ 射频识别（Radio Frequency IDentification，RFID）技术：是一种无线通信技术，可以通过无线电信号识别特定目标并读写相关数据，而无须识别系统与特定目标之间建立机械或者光学接触。基本的 RFID 系统主要由阅读器（Reader）与电子标签（Tag）及应用软件系统三个部分组成，如图 1.38 和图 1.39 所示。其工作原理为：标签在接收到阅读器发出的射频信号之后，凭借感应电流所获得的能量发送出存储在芯片中的产品信息（Passive Tag，无源标签或被动标签），或者由标签主动发送某一频率的信号（Active Tag，有源标签或主动标签），阅读器在读取信息并解码后，再发送至中央信息系统进行有关数据处理。

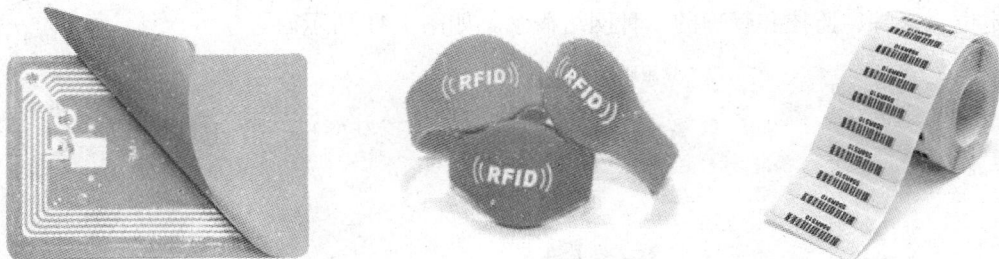

图 1.38　RFID 标签

图 1.39　RFID 阅读器

◆ 无线传感器网络（Wireless Sensor Networks，WSN）：是由大量部署在监控区域内的、具有无线通信与计算能力的微小传感器节点通过自组织方式构成的能根据环境自主完成指定任务的一种分布式智能化网络系统。无线传感器网络节点间的距离通常很短，一般采用多跳（Multi-Hop）无线方式进行通信。无线传感器网络可以在独立的环境下运行，也可以通过网关连接到 Internet，使用户可以远程访问。无线传感器网络的发展最初起源于战场监测等军事应用。现已被广泛应用于环境与生态监测、健康监护、家庭自动化，以及交通控制等众多的民用领域。如图 1.40 所示。

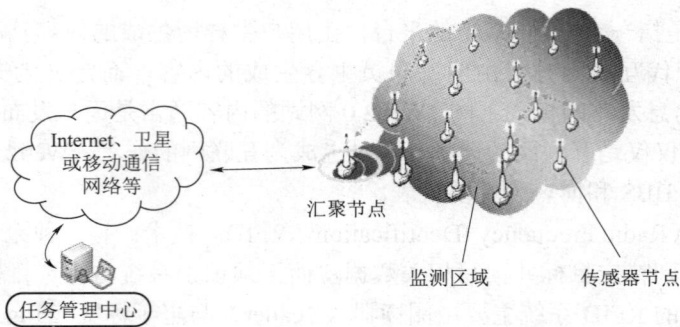

图 1.40　无线传感器网络应用模式示意

◆ 物联网（Internet of Things，IoT）：是在互联网概念的基础上，将其用户端通过 RFID 技术与无线传感器网络技术延伸和扩展到任何物品与物品之间，进行信息交换和通信的一种网络概念。其定义为：通过射频识别、无线传感器、全球定位系统、激光扫描器等信息传感设备，按约定的协议，把任何物品与互联网相连接，进行信息交换和通信，以实现智能化识别、定位、跟踪、监控和管理的一种网络概念。如图 1.41 所示。

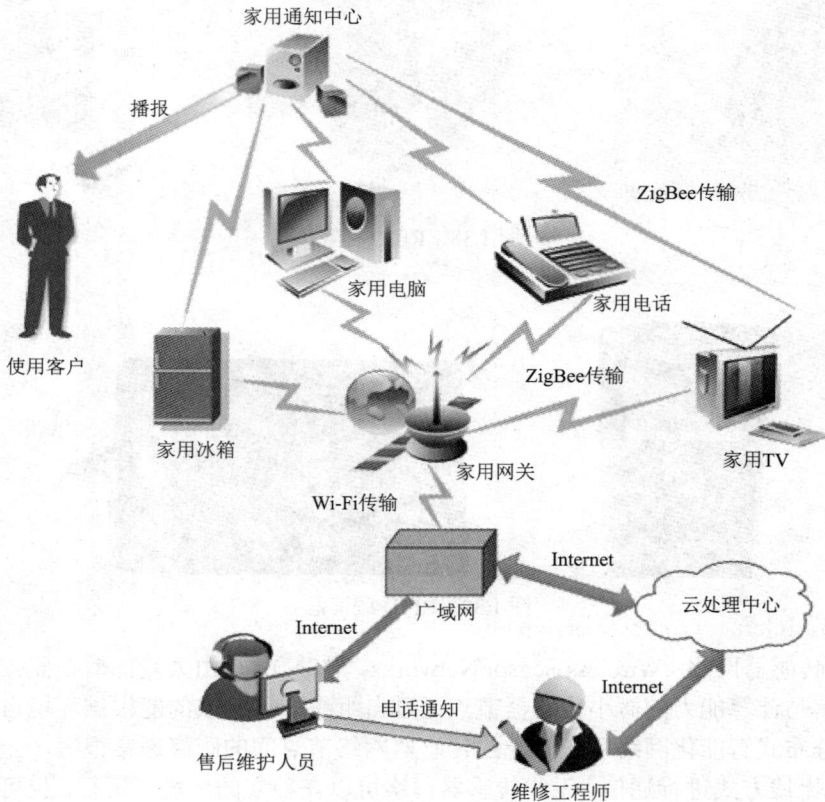

图 1.41　物联网应用场景示意

◆ 云计算（Cloud Computing）：是一种基于互联网的计算方式，通过这种方式，共享的软硬件资源和信息可以按需提供给计算机和其他设备。典型的云计算提供商往往提供通用的网络业务应用，可以通过浏览器等软件或者其他 Web 服务来访问，而软件和数据都存储在服务器上。云计算服务通常提供通用的通过浏览器访问的在线商业应用，软件和数据可存储在数据中心。

◆ 公共云（Public Cloud）：是指多个客户可共享一个服务提供商提供的系统资源，他们无须架设任何设备及配备管理人员，便可享有专业的 IT 服务，这对于一般创业者与中小企业来说，无疑是一个降低成本的好方法。公共云还可细分为 Software-as-a-Service（SaaS，软件即服务）、Platform-as-a-Service（PaaS，平台即服务）以及 Infrastructure-as-a-Service（IaaS，基础设施即服务）三个类别。例如：人们平日常用的 Gmail、Hotmail、网上相册就属于 SaaS 的一种，它们主要以提供单一网络软件（邮箱、相册等）为主导。

◆ 私有云（Private Cloud）：私有云的服务对象被限制在企业内部，因此私有云的建设、运营和使用都是在企业内部完成，对外不提供公开接口，因此比公共云更安全。对一些大企业（如：金融、保险行业等）而言，虽然公共云服务提供商需遵守行业法规，但是为了兼顾行业、客户私隐，不可能将重要数据存放到公共网络上，故倾向于架设属于自己的私有云服务平台。

◆ 大数据（Big Data）：是指以多元形式，自许多来源搜集而来的庞大数据组，往往具有实时性。大数据的主要特点为：数据体量巨大，从 TB 级别跃升到 PB 级别；数据类型繁多，包括网络日志、视频、图片、地理位置信息等；价值密度低，以视频为例，连续不间断监控过程中，可能真正有用的数据仅仅有 1~2 s；处理速度快，需要具有从各种各样类型的海量数据中快速获得有价值信息的能力。为此，业界将大数据的特征归纳为 4 个"V"：Volume（大量）、Velocity（高速）、Variety（多样）、Value（价值）。

◆ 可穿戴计算（Wearable Computing）：是一种将计算机"穿戴"在人体上进行各种应用的国际性前沿计算机技术，是智能环境的一个主要研究课题。近年来，随着谷歌增强现实眼镜 Google Glass、Google Talking Shoe、Jawbone UP 智能手环、Nike+芯片智能鞋、苹果 iWatch 智能手表等技术的发展，国内也相继推出了百度咕咚手环、小米智能鞋和盛大智能手表等终端设备，引发了业界热评和消费者的浓厚兴趣。

◆ 普适计算（Pervasive Computing/Ubiquitous computing）：又称普存计算或普及计算，其目的是建立一个充满计算和通信能力的环境，同时使得这个环境与人逐渐地融合在一起，在这个融合空间中，人们可以随时随地、透明地获得数字化服务。在普适计算环境下，物理空间与信息空间将高度融合，整个世界将是一个无线、有线与互联网三者合一的网络世界，数不清的为不同目的服务的计算和通信设备都连接在网络中，在不同的服务环境中自由移动。

◆ IPv6（Internet Protocol Version 6）：也被称作下一代互联网协议，是由互联网工程任务组 IETF（Internet Engineering Task Force）设计的用来替代现行的 IPv4 协议的一种新的 IP 协议，其地址长度为 128 位。现在的互联网采用的是 IPv4 协议，因其地址长度仅为 32 位，因此面临着地址匮乏等一系列问题。在 IPv6 的设计过程中，除解决了地址短缺问题以外，还考虑了在 IPv4 中解决不好的其他一些问题，主要包括 IPv4 在服务质量、传送速度、安全性、支持移动性和多播等方面存在的局限性，这些局限性使得许多服务与应用难以在互联网上开展，妨碍了互联网的进一步发展。例如：网络实名制很难在 IPv4 网络中实现，因为 IP 资源不够，导致很多人在不同的时间段共用一个 IP，从而使得 IP 和上网用户之间无法实现一一对应。

1.4 本 章 小 结

本章主要介绍计算机网络的一些基本概念，通过本章的学习，需要掌握计算机网络的定义、组成与基本功能，计算机网络的不同分类方式及其主要类型与特征，以及 OSI 参考模型与 TCP/IP 参考模型的体系结构与优缺点。需要熟悉资源子网与通信子网的组成与功能、OSI 参考模型中划分层次的主要原则，以及计算机网络发展经历的不同阶段及其主要特征；需要了解未来计算机网络的发展趋势，以及 NGN 与 NGI 的基本概念与异同。

1.5 本 章 习 题

1. 什么是计算机网络？计算机网络主要包括哪些组成部分？各部分的具体含义是什么？

2. 通信子网与资源子网分别由哪些主要部分组成？其主要功能分别是什么？

3. 计算机通信网络大致可以按照哪些方式进行分类？在不同分类方式下，计算机网络可分为哪些类型？它们的主要特征分别是什么？

4. 到目前为止，计算机网络发展经历了哪几个阶段，各阶段的主要特征是什么？

5. 从当前计算机网络技术的发展现状来看，未来计算机网络的发展趋势是什么？什么是 NGN 与 NGI？它们的主要特点与异同分别是什么？

6. 什么是网络协议？

7. OSI 参考模型中，划分层次的主要原则是什么？

8. 根据分而治之的原则，OSI 参考模型将整个通信功能划分为七个层次，它们分别是哪七层？各层的主要功能是什么？

9. 在 TCP/IP 参考模型中，网络被分为四个层次，它们分别是哪四层？各层的主要功能是什么？

10. OSI 参考模型与 TCP/IP 参考模型之间的异同是什么？它们主要的优缺点分别有哪些？

第2章

物 理 层

物理层是 OSI/RM 模型中的第一层，也是唯一直接提供原始比特流传输的一层，因此，物理层是整个开放系统的基础。本章将分别针对物理层的主要功能以及物理层协议中所使用到的一些关键技术进行详细介绍。

2.1 物理层的功能

物理层是 OSI/RM 模型中的最底层，但它既不是指连接计算机的具体物理设备，也不是指负责信号传输的具体物理介质，而是指在连接开放系统的物理介质上为上一层（数据链路层）提供传送比特流（Bits Stream）的一个物理信道。其中，物理信道是指用来传送信号或数据的物理通路，主要由传输介质和相应的信号发送和接收设备所组成，因此传输介质是物理信道的一个组成部分。

物理层的主要功能是要确保原始的比特流可以在各种物理媒介上正确地传输。而由第1章计算机网络的定义与概述可知，计算机网络中的数据传输最终必须通过传输介质才能实现。常见的传输介质主要包括双绞线、同轴电缆、光纤等有线传输介质，以及微波、红外线、激光等无线传输介质。其中双绞线和同轴电缆中传输的是电信号，光纤中传输的是光信号，无线传输介质中传输的则是电磁波信号。显然，要实现将一台计算机中的数字信号（比特流）通过传输介质正确传输到另一台计算机上的目的，物理层必须要实现以下功能：

（1）对信号进行调制或转换，使得网络设备中的数字信号（比特流）定义能够与传输介质上实际传送的信号（例如：电信号、光信号或电磁波信号）相匹配，以使得这些数字信号可以经由有线信道或无线信道来进行传输。

（2）利用传输介质为相互通信的网络设备（节点）之间建立、维持与断开传输数据所需要的物理信道。

（3）实现比特流的透明传输，为数据链路层提供服务。

由以上物理层的功能描述可知，物理层考虑的是怎样才能在连接各种网络设备的传输介质上传输比特流信息,而并不关心连接网络设备的具体的物理设备或具体的传输介质是什么,因此,传输介质并不属于物理层的考虑范畴。此外,由于物理层仅单纯关心比特流信息的传输问题,而不涉及比特流中各比特之间的关系(包括信息格式及其含义),因此对传输差错也不会做任何控制。这就像装卸工人只管装卸货物,但并不关心货物是什么一样。

为实现以上功能,物理层协议规定了与建立、维持以及断开物理信道有关的机械连接特性、电气信号特性、信号的功能特性以及交换电路的规程特性。其中,这四种特性分别是指:

◆ 机械特性:也称物理特性,主要是指通信实体之间硬件连接接口的机械特点,例如:接口所用连接器的形状(包括插头和插座)和尺寸、插针或插孔芯数及排列方式以及固定和锁定装置形式等。图 2.1 列出了一类已被 ISO 标准化了的插座的几何尺寸及插孔芯数和排列方式。

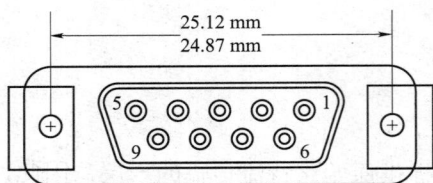

图 2.1   一种 ISO 标准化插座的几何
尺寸及插孔芯数和排列方式

◆ 电气特性:主要是指通信实体之间硬件连接接口的各根导线(也称电路)的电气连接及有关电路的特性,一般包括:接收器和发送器的电路特性说明、表示信号状态的电压/电流电平的识别、最大传输速率的说明、与互连电缆相关的规则、发送器的输出阻抗以及接收器的输入阻抗等电气参数等。

◆ 功能特性:主要是指通信实体之间硬件连接接口的各条信号线的用途与用法,接口信号线按其功能一般可分为接地线、数据线、控制线、定时线等类型,而接口信号线的命名则通常采用数字、字母组合或英文缩写三种形式。

◆ 规程特性:主要是指通信实体之间硬件连接接口的各条信号线之间的工作规程与时序关系。接口信号线的规程特性指明了利用接口传输比特流的操作过程及各项用于传输的事件发生的合法顺序,包括事件的执行顺序、各信号线的工作顺序和时序以及数据传输方式等,从而使得比特流通过接口在通信实体之间的传输得以实现。

遵照以上有关物理信道的四方面特性规定,不同的设备制造厂家即可根据这些规定的标准各自独立地制造出相互兼容的网络通信设备,从而采用这些网络通信设备,即可确保物理层能够通过物理信道在相邻的网络节点之间正确地收发比特流信息,即,能够确保比特流不但可被正确地发送到物理信道上,而且同时还能使得在物理信道另一端可正确地接收到它们。

2.2   物理层相关术语概述

2.2.1   信息、数据与信号

(1)信息(Information):是指对客观事物的反映,可以是对物质的形态大小、结构性能等的描述,也可以是对物质与外部世界的联系的描述。信息的载体包括数字、文字、语音、图形、图像等。计算机及其外围设备所产生和交换的信息都是由二进制代码表示的字母、数字或控制符号的组合。

(2)数据(Data):是指对客观事物的一种符号表示(包括图形、数字、字母等)。在计

算机科学中，数据是指所有能输入到计算机并可被计算机程序所处理的符号的总称。数据按其性质的不同，一般可分为：

◆ 定位的：表示事物位置的数据，如各种坐标数据；

◆ 定性的：表示事物属性的数据，如居民地、河流、道路等；

◆ 定量的：反映事物数量特征的数据，如长度、面积、体积等几何量或重量、速度等物理量；

◆ 定时的：反映事物时间特性的数据，如年、月、日、时、分、秒等。

按其表现形式的不同，数据又可分为：

◆ 数字数据（Digital Data）：如各种统计或量测数据；

◆ 模拟数据（Analog Data）：由连续函数组成，又分为图形数据（如点、线、面）、符号数据、文字数据和图像数据等。

（3）信号（Signal）：是指数据在有线传输介质（双绞线、同轴电缆、光纤等）或无线传输介质（微波、红外线、激光、卫星等）中传输的过程中的电信号、光信号或电磁波信号的表示形式。不同的数据必须在转换为相应的信号之后才能在传输介质中进行传输。按照数据在传输介质上传输时的信号表示形式不同，信号可以分为模拟信号和数字信号两类。

◆ 模拟信号（Analog Signal）：是指在时间或幅度上连续的信号，因此通常又称为连续信号。例如：电话通信中，在通信线路上传送的是音频信号，是用电流的频率直接反映声音的频率，用电流的强弱直接反映声音的分贝值，其幅度取值均是随着用户声音大小的连续变化而连续变化的，故而是一种连续信号，即模拟信号，其波形为如图 2.2 所示的正弦波。

◆ 数字信号（Digital Signal）：是指在时间上与幅度上都是离散的、不连续的信号，因此通常又称为离散信号。例如：由计算机或终端等数字设备直接发出的二进制信号，其幅度取值只有两种，即"1"或"0"，分别用高（或低）电平或低（或高）电平表示，其波形为如图 2.3 所示的方波。

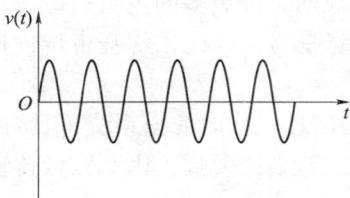

图 2.2　模拟信号波形图　　　　　图 2.3　数字信号波形图

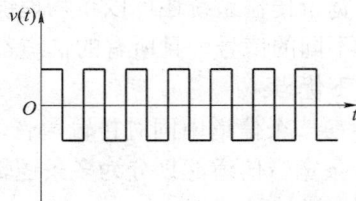

2.2.2　基带传输、频带传输与宽带传输

信号每秒钟变化的次数称为频率（Frequency），其单位为赫兹（Hz）。信号的频率有高有低，就像声音有高有低一样。信号包含的最高频率与最低频率之间的频率范围称为信号的带宽（Bandwidth），不同的信号具有不同的带宽。信源（模拟信源、数字信源）所发出的没有经过调制（频谱搬移与变换）的原始电信号（无论是数字信号还是模拟信号）称为基带信号（Base Band Signal），而在信道中直接传送基带信号的方式，就称为基带传输（Base Band Transmission）。在基带传输中，由于整个信道只传输一种信号，因此其信道利用率低。

由于在近距离范围内基带信号的衰减不大，从而信号内容不会发生变化。因此，在传输距离较近时，计算机网络通常都采用基带传输方式。例如：从计算机到监视器、打印机等外设的信号就是采用基带传输的方式。另外，在大多数的局域网（如以太网、令牌环网等）之中，也都是采用基带传输的方式。例如：常见的局域网设计标准 10BaseT 所使用的就是基带信号。在基带信号的频谱中，由于含有丰富的低频分量乃至直流（零频）分量，例如：如图2.4 所示，语音信号为 300～3 400 Hz，图像信号为 0～6 MHz，因此，出于抗干扰和提高数据传输率的考虑，基带信号不适合用于远距离通信。

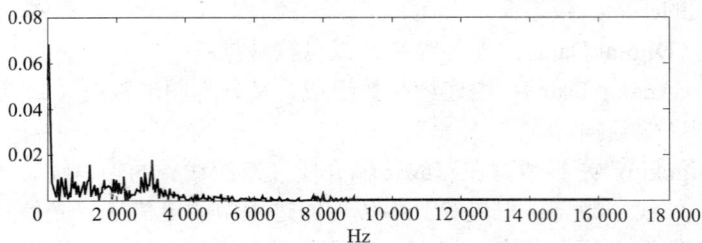

图 2.4　原始语音信号频谱

在远距离通信时，通常首先将基带信号变换（调制）成便于在模拟信道中传输的具有较高频率范围的模拟信号（称为频带信号，Frequency Band Signal），然后再将这种频带信号在模拟信道中进行传输。这种在信道中传送频带信号的方式，称为频带传输（Frequency Band Transmission）。频带传输的优点是可以利于现有的模拟信道（例如：公用电话线路等）进行通信，不但价格便宜，而且容易实现。频带传输的缺点是传输速率低、误码率高。另外，频带传输在传输系统的发送端和接收端都需要安装调制解调器（Modem）。

相对一般说的频带传输而言，比音频（4 kHz）还要宽的频带传输称为宽带传输（Broad Band Transmission）。显然，宽带传输是一种频带传输，传输的是模拟信号。此外，通过借助频带传输，宽带传输系统还可以将物理链路容量分解成两个或更多的逻辑信道，其中每个信道都可携带不同的信号，且所有的信道都可以同时发送信号，因此，与基带传输相比，宽带传输具有以下优点：

（1）能在一个信道中同时传输声音、图像和数据信息，从而使得系统可具有多种用途。

（2）一条宽带信道能划分为多条逻辑基带信道，实现多路复用，因此宽带传输系统中信道的容量大大增加了。

（3）宽带传输比基带传输的距离更远。

2.3　数据通信系统的组成模型

数据通信是指在不同的计算机之间传送表示字符、数字、语音、图像的二进制代码的过程。按照在传输介质上传输的信号类型不同，数据通信系统可分为模拟通信系统与数字通信系统两种。其中，物理信道中传输模拟信号的系统称为模拟通信系统，而物理信道中传输数字信号的系统则称为数字通信系统。在数字通信系统中，如果信源产生的是数字信号（例如：计算机或终端等数字设备产生的二进制信号），而传输使用的是模拟信道（例如：公用电话线路等），则称为数字信号的频带传输通信系统。如果信源产生的是数字信号，且传输使用的也是数字信道，则称为数字信号的基带传输通信系统。如果信源产生的是模拟信号，而传输使用的是数字信道，则称为模拟信号数字化后的基带传输通信系统。

2.3.1 模拟通信系统

模拟通信系统的组成模型如图 2.5 所示，主要包括信源、信宿、信道、调制器、解调器以及噪声源等六大部分，其中，各部分的功能如下：

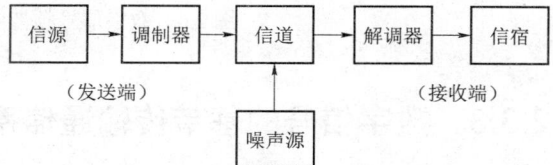

图 2.5 模拟通信系统的组成模型

◆ 信源（也称信息源或发送终端）：其作用是把待传输的消息转换成原始电信号（即基带信号），例如：电话系统中的电话机即可看成是信源。

◆ 信宿（也称受信者或接收终端）：其作用是将原始电信号还原成相应的消息，例如：电话机将对方传来的电信号还原成声音。

◆ 信道：是指信号传输的物理通道，信道可以是有线的，也可以是无线的。

◆ 调制器：其功能是在发送端将原始电信号（基带信号）转换成适合信道传输的频带信号。

◆ 解调器：其功能是在接收端用于将接收到的频带信号还原成原始电信号（基带信号）。

◆ 噪声源：是指信道中的所有噪声以及分散在通信系统中其他各处的噪声的集合。噪声源不是人为加入的设备，而是通信系统中的各种设备与信道中所固有的，并且是人们所不希望的。

2.3.2 数字信号的频带传输通信系统

数字信号频带传输通信系统的组成模型如图 2.6 所示，主要包括了信源、信宿、信道、调制器、解调器、加密器、解密器、编码器、译码器、同步装置以及噪声源等十一大部分，其中，几个主要部分的功能如下：

◆ 加密器/解密器：加密器的功能是在发送端对信源产生的数字基带信号进行人为的"扰乱"，从而实现保密通信的目的，解密器则用于在接收端将扰乱后的数字基带信号复原。

◆ 编码器/译码器：数字信号在物理信道中传输时，由于噪声、衰落以及人为干扰等，将会引起差错。为了减少差错，编码器对传输的信息码元按照一定的规则加入保护成分（监督码元），组成抗干扰编码以实现差错控制。而接收端的信道译码器则按照一定的规则对抗干扰编码进行解码，从解码过程中发现错误或纠正错误，并最终恢复原来的信息，从而提高通信系统的抗干扰能力，实现可靠的通信。

◆ 同步装置：是指使得发送端和接收端的信号在时间上保持步调一致的装置与设备。同步是保证数字通信系统有序、准确、可靠工作的一个不可或缺的前提条件。

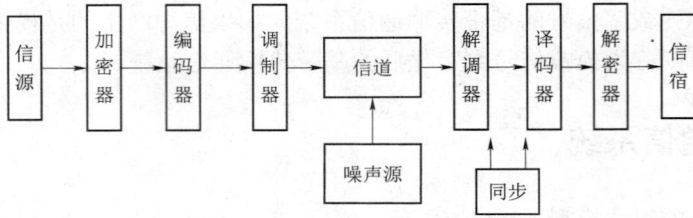

图 2.6　数字信号频带传输通信系统的组成模型

2.3.3　数字信号的基带传输通信系统

数字信号基带传输通信系统的组成模型如图 2.7 所示，主要包括信源、信宿、信道、信道信号形成器、接收滤波器、抽样判决器、同步装置以及噪声源等八大部分，其中，各部分的功能如下：

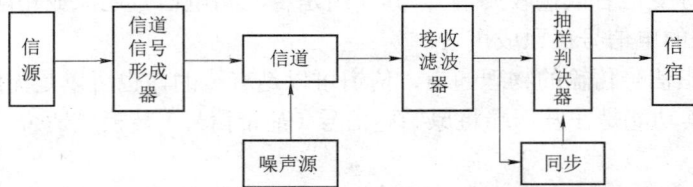

图 2.7　数字信号基带传输通信系统的组成模型

◆ 信道信号形成器：主要用于把原始基带信号变换成适合于信道传输的基带信号，这种变换主要是通过码型变换和波形变换来实现的，其目的是与信道匹配，便于传输，减少码间串扰，利于同步提取和抽样判决。

◆ 接收滤波器：滤除带外噪声，对信道特性均衡，使输出的基带波形有利于抽样判决。

◆ 抽样判决器：在传输特性不理想及噪声背景下，在规定时刻（由位定时脉冲控制）对接收滤波器的输出波形进行抽样判决，以恢复或再生基带信号。而用来抽样的位定时脉冲则依靠同步提取电路从接收信号中提取，位定时的准确与否将直接影响判决效果。

2.3.4　模拟信号数字化后的基带传输通信系统

模拟信号数字化后的基带传输通信系统的组成模型如图 2.8 所示。在模拟信号数字化后的基带传输通信系统中，要实现模拟信号在数字基带传输通信系统中的传输，显然，首先必须在发送端将模拟信号数字化，即进行模/数转换（A/D 转换，Analog/Digital Conversion）；而在接收端则需要进行相反的转换，即数/模转换（D/A 转换，Digital/ Analog Conversion），将数字信号还原成模拟信号。其中，模拟信号的数字化需要经过以下三个步骤：

步骤 1（抽样，Sampling）：是指用每隔一定时间的信号样值序列来代替原来在时间上连续的模拟信号，也就是把在时间上连续的模拟信号转换为在时间上离散、幅度上连续的模拟信号。

步骤 2（量化，Quantification）：是指用有限个幅度值来近似由采样得到的连续变化的幅度值，把模拟信号的连续幅度变为有限数量的有一定间隔的离散值。

步骤 3（编码，Coding）：是指按照一定的规律，把量化后的幅度值用二进制数字表示，然后转换成数字信号流（比特流），从而可通过数字基带通信系统进行传输。

如图 2.8 所示，在模拟信号数字化后的基带传输通信系统中，输入的原始模拟信号首先经过抽样、量化、编码之后变换成数字信号，再经数字基带系统中的数字信道传送到接收端的译码器，然后再由译码器还原出模拟信号的抽样值，最后再经低通滤波器滤去高频量化噪声即可恢复出输入的原始模拟信号。其中，量化与编码的组合通常称为 A/D 变换，而译码与低通滤波的组合则通常称为 D/A 变换。

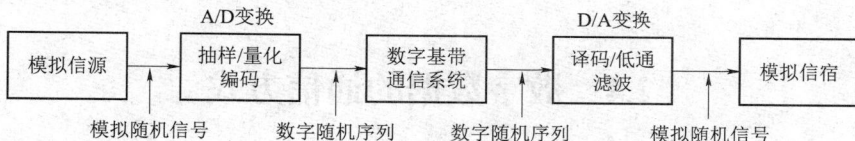

图 2.8　模拟信号数字化后的基带传输通信系统组成模型

2.3.5　数字通信系统的优缺点

目前,无论是模拟通信系统还是数字通信系统,在不同的通信业务中都得到了广泛应用。但是数字通信的发展速度明显超过了模拟通信，已成为当代通信的主流。与模拟通信系统相比，数字通信系统更能适应现代社会对通信技术越来越高的要求。数字通信系统的主要优点如下：

（1）抗干扰能力强：由于在数字通信系统中，传输的信号幅度是离散的，以二进制为例，信号的取值只有"1"和"0"两个，这样接收端只需判别"1"和"0"两种状态。此外，由于信号在传输过程中会受到噪声干扰，可能会使得波形失真，为此，接收端需要对其进行抽样判决，以辨别是"1"和"0"两种状态中的哪一个。显然，只要噪声的大小不足以影响判决的正确性，接收端就能够实现正确接收（称为信号再生）。

而在模拟通信系统中，由于传输的信号幅度是连续变化的，因此，一旦叠加上噪声，则即便噪声很小，也将很难消除它。另外，数字通信抗噪声性能好还表现在微波中继通信时可以消除噪声积累，这是因为数字信号在每次再生后，只要不发生错码，它仍然可像信源中发出的信号一样，没有噪声叠加在上面。因此，即便中继站再多，数字通信系统仍能具有良好的通信质量。而在模拟通信中继时则不能消除噪声，只能增加信号能量（对信号进行放大）。

（2）差错可控：数字信号在传输过程中出现的错误（差错），可通过纠错编码技术来控制，以提高传输的可靠性。

（3）易加密：与模拟信号相比，数字信号因更容易进行加密和解密，因此数字通信系统具有比模拟通信系统更好的保密性。

（4）易于与现代技术相结合：由于计算机技术、数字存储技术、数字交换技术以及数字处理技术等现代技术飞速发展，许多设备、终端接口等产生的均是数字信号，因此极易与数字通信系统相连接。

当然，数字通信系统也存在缺点，主要包括：

（1）频带利用率不高：在数字通信系统中，由于数字信号占用的频带宽，例如：以电话系统为例，一路模拟电话通常只占据 4 kHz 带宽，但一路接近同样话音质量的数字电话可能要占据 20～60 kHz 的带宽。因此，在系统传输带宽一定的前提之下，模拟电话的频带利用率要高出数字电话 5～15 倍。

（2）系统设备比较复杂：在数字通信系统中，为了准确地恢复信号，接收端需要严格的时间同步系统，以保持接收端和发送端之间具有严格的节拍一致、编组一致。因此，数字通信系统及其设备一般都比较复杂，体积较大。不过，随着新的宽带传输信道（例如：光导纤维等）的采用以及窄带调制技术与超大规模集成电路的发展，数字通信系统的这些缺点目前已经弱化。

2.4 数字数据的通信方式

在数字数据通信中，按每次传送的数字数据位数，通信方式可分为并行通信和串行通信两种。按照数据在线路上的传输方向，则其通信方式又可分为单工通信、半双工通信与全双工通信。

2.4.1 串行通信与并行通信

并行通信（Parallel Communication）：如图 2.9（a）所示，在并行通信方式中一次同时传送 8 位二进制数据，因此，从发送端到接收端需要 8 根数据线。并行方式主要用于近距离通信，例如：在计算机内部的数据通信通常是以并行方式进行的。并行方式的优点是传输速度快，处理简单。

串行通信（Serial Communication）：如图 2.9（b）所示，在串行通信方式中一次只传送一位二进制的数据，因此，从发送端到接收端只需要一根传输线。串行方式虽然传输率低，但适合于远距离传输，因此，在网络中（例如：在公用电话系统中）普遍采用串行通信方式。

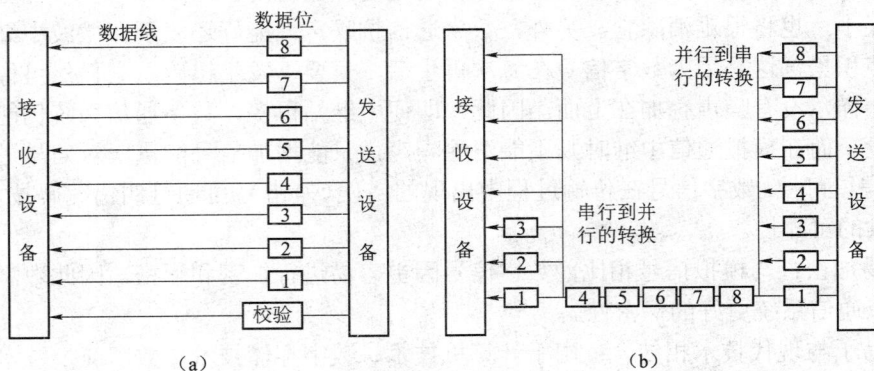

图 2.9 串行与并行通信方式原理
（a）并行通信方式原理；（b）串行通信方式原理

2.4.2　单工通信、半双工通信与全双工通信

单工通信（Simplex Communication）：如图 2.10 所示，单工通信方式只支持数据在一个方向上传输，又称为单向通信。例如：无线电广播和电视广播都是单工通信。

半双工通信（Half Duplex Communication）：如图 2.10 所示，半双工通信方式允许数据在两个方向上传输，但在同一时刻，只允许数据在一个方向上传输，因此，半双工通信实际上是一种可切换方向的单工通信，这种方式一般用于计算机网络的非主干线路中。

全双工通信（Duplex Communication）：如图 2.10 所示，全双工通信方式允许数据同时在两个方向上传输，又称为双向同时通信，即通信的双方可以同时发送和接收数据。例如：现代电话通信系统中采用的就是全双工通信方式。这种通信方式主要用于计算机与计算机之间的通信。

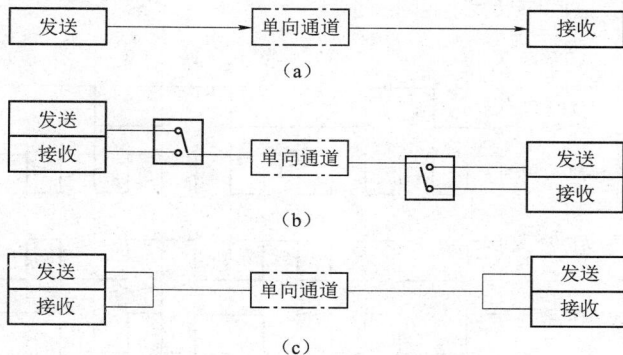

图 2.10　单工通信、半双工通信与全双工通信方式原理

2.4.3　同步通信与异步通信

串行通信的数据是逐位传送的，发送方发送的每一位都具有固定的时间间隔，这就要求接收方也要按照发送方同样的时间间隔来接收每一位。按照串行数字的不同时钟控制方式，串行通信又可分为同步通信和异步通信两种方式。

同步通信（Synchronous Communication）：如图 2.11 所示，同步通信方式要求接收端时钟频率和发送端时钟频率一致。发送端发送连续的比特流。

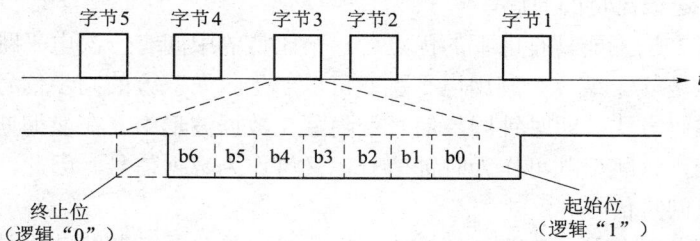

图 2.11　同步通信与异步通信方式原理

异步通信（Asynchronous Communication）：如图 2.11 所示，异步通信时不要求接收端时

钟和发送端时钟同步。发送端发送完一个字节（长度为5～8位）后，可经过任意长的时间间隔再发送下一个字节。

2.5 数字数据的电信号编码方法

在数字通信系统中，为了让数字信号（即比特信号）可以通过传输介质来进行传输，则必须要将数字信号编码为相应的电信号（电脉冲信号）。目前，数字数据信号的电信号编码方式主要有以下几种：

（1）非归零编码 NRZ（Non Return Zero）：NRZ 编码的原理如图 2.12 所示，其中，以低电平表示 0，高电平表示 1。NRZ 编码的主要缺点是无法判断一位的开始与结束，例如：无法从持续的高电平中解析出 1 的个数，因此，为了保证收发双方的同步，还必须在发送 NRZ 码的时候，用另一个信道同时传送同步信号。

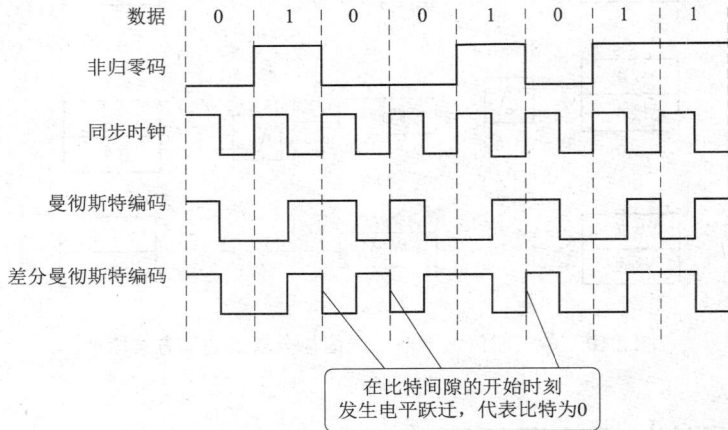

图 2.12 三类编码的波形

（2）曼彻斯特编码（Manchester）：曼彻斯特编码又称裂相码、双向码，是一种用电平跳变来表示 1 或 0 的编码方法，其变化规则很简单，即每个码元均用两个不同相位的电平信号表示，也就是一个周期的方波，但 0 码和 1 码的相位正好相反。由于曼彻斯特码在每个时钟位都必须有一次变化，因此，其编码的效率仅可达到 50% 左右。曼彻斯特码的编码原理如图 2.12 所示，其中：每比特的周期 T 分为前 $T/2$ 与后 $T/2$ 两部分，通过前 $T/2$ 传送该比特的反码，通过后 T/2 传送该比特的原码。

曼彻斯特编码方法主要具有以下的优点：1 个比特的中间有一次电平跳变，两次电平跳变的时间间隔可以是 $T/2$ 或 T；利用电平跳变可以产生收发双方的同步信号；曼彻斯特编码是一种自同步的编码方式，即时钟同步信号就隐藏在数据波形中。在曼彻斯特编码中，每一位的中间有一跳变，该跳变既可作为时钟信号，又可作为数据信号。因此，发送曼彻斯特编码信号时无须另发同步信号。

（3）差分曼彻斯特编码（Difference Manchester）：差分曼彻斯特编码是在曼彻斯特编码基础上的一种改进方法，虽然保留了曼彻斯特编码作为"自含时钟编码"的优点，仍将每比特中间的跳变作为同步之用，但是每比特的取值则根据其开始处是否出现电平的跳变来决定。

差分曼彻斯特码的编码原理如图 2.12 所示，其中，每比特的中间跳变仅做同步之用；每比特的值是根据其开始边界是否发生跳变来决定的：若一个比特开始处出现电平跳变，表示传输二进制 0，而不发生跳变则表示传输二进制 1。

差分曼彻斯特编码的主要优点为：比曼彻斯特编码的变化要少，因此更适合于传输高速的信息，被广泛用于宽带高速网中。

2.6 数据传输速率

2.6.1 数据传输速率的单位

数据传输速率是描述数据传输系统的重要技术指标之一。数据传输速率在数值上等于每秒钟传输构成数据代码的二进制比特数，单位为比特/秒，记为 bps 或 b/s，常用的数据传输速率单位有：Kbps、Mbps、Gbps 与 Tbps，其中：1 Kbps=1×10^3 bps；1 Mbps=1×10^6 bps；1 Gbps=1×10^9 bps；1 Tbps=1×10^{12} bps。

2.6.2 信号带宽与信道带宽

信号带宽：是指信号频谱的宽度，即信号的最高频率分量与最低频率分量之差，例如：一个由数个正弦波叠加成的方波信号，该信号的最低频率分量为其基频，假定为：$f=2$ kHz，其最高频率分量为其 7 次谐波频率，即为：$7f=7\times2=14$（kHz），因此，该信号的带宽为：$7f-f=14-2=12$（kHz）。

信道带宽：信道是指信号传输的物理通道，信道带宽限定了允许通过该信道的信号下限频率和上限频率，即限定了一个频率通带。例如：一个信道允许通过的信号下限频率和上限频率分别为 1.5 kHz 和 15 kHz，则其带宽为 13.5 kHz，由于 2 kHz＞1.5 kHz 且 14 kHz＜15 kHz，因此，前述方波信号的所有频率成分可以从该信道通过，如果不考虑衰减、时延以及噪声等因素，通过此信道的该信号会毫不失真。同样，只要最低频率分量和最高频率分量都在该频率通带范围内，任意复合信号都能通过该信道。此外，频率为 1.5 kHz、4 kHz、6 kHz、9 kHz、12 kHz、15 kHz 以及任意在该频率通带范围内的各种单频波也可以通过该信道。

然而，当有一个频率为 1 kHz 的方波在通过该信道时，失真将肯定会很严重。这是因为 1 kHz＜1.5 kHz，即该方波的最低频率分量不在此信道允许通过的频率通带之内；另外，若有一个方波信号的最低频率分量为 2 kHz，但最高频率分量为 18 kHz，则由于其带宽超出了该信道的带宽，因此，其部分高频谐波将会被该信道滤除，从而使得通过该信道接收到的方波没有发送的质量好，会存在一定程度的失真。那么，如果方波信号的最低频率分量为 500 Hz，最高频率分量为 5.5 kHz，由于其带宽仅为 5 kHz，远小于信道带宽 13.5 kHz，是否就能很好地通过该信道呢？但实际上，该信号在信道上传输时，由于其最低频率分量被过滤掉了（因为 500 Hz＜1.5 kHz），故只有部分高频谐波能够通过，因此信号波形一定是严重失真的。综上所述，可以得出以下结论：

（1）如果信号带宽与信道带宽相同，而且频率范围一致，则该信号能够完全通过信道且不会损失任何频率成分。

（2）如果信号带宽与信道带宽相同，但频率范围不一致时，则该信号的频率分量肯定不能完全通过该信道，此时，可以考虑通过频谱搬移，也就是调制来实现信号完全通过该信道。

（3）如果信号带宽与信道带宽不同，而且信号带宽小于信道带宽，但信号的所有频率分量均包含在信道的频率通带范围值内，则信号能不损失任何频率成分完全通过该信道。

（4）如果信号带宽与信道带宽不同，而且信号带宽大于信道带宽，但包含信号大部分能量的主要频率分量均包含在信道的频率通带范围之内，则该信号在通过信道时会损失部分频率成分，但仍可以被识别，正如数字信号的基带传输和语音信号在电话信道中传输一样。

（5）如果信号带宽与信道带宽不同，而且信号带宽大于信道带宽，且包含信号相当多能量的频率分量不在信道的频率通带范围之内，则这些超出信道频率通带范围的信号频率成分将会被滤除，从而将导致信号失真甚至严重畸变。

（6）不管信号带宽与信道带宽是否相同，如果信号的所有频率分量均不在信道的频率通带范围之内，则该信号将无法通过信道。

（7）不管信号带宽与信道带宽是否相同，如果信号的频谱与信道的频率通带相互交错，而且只有部分频率分量可以通过该信道，则信号将会失真。

例如：以电话信道为例，假定其频率范围为300～3 300 Hz，即，信道带宽为3 kHz，而语音信号频谱则一般为100 Hz～7 kHz的范围，则电话信道会将语音信号的频谱掐头去尾。由于语音信号的主要能量集中在中心的一些频率分量附近，因此，通过电话信道传输的语音信号虽有失真，但仍能分辨。

2.6.3 奈奎斯特准则与香农定律

在现代网络技术中，人们总是以"带宽"来表示信道的数据传输速率，"带宽"与"速率"几乎成了同义词。信道带宽与数据传输速率之间的关系可以用奈奎斯特（Nyquist）准则和香农（Shanon）定律来描述。

奈奎斯特准则：二进制数据信号的最大数据传输速率 R_{max} 与信道带宽 H（单位 Hz）之间的关系为 $R_{max}=2H\times\log_2 V$，其中，V 表示数字通信系统中编码器所采用的编码系统中所包含的不同码元的个数。例如：若编码器采用5位的二进制数来进行编码，则该编码系统中所包含的不同码元的个数为 2^5 个，这些码元分别为{00000，00001，…，11111}。

香农定理：在有随机热噪声的信道上传输数据信号时，数据传输速率 R_{max} 与信道带宽 H、信噪比 S/N 的关系为 $R_{max}=H\times\log_2 (1+S/N)$，其中，$S/N$ 为信噪比，$10\times\lg S/N$ 的值为分贝。

奈奎斯特准则描述了有限带宽且无噪声信道的最大数据传输速率与信道带宽之间的关系，而香农定理则描述了有限带宽且有随机热噪声信道的最大传输速率与信道带宽及信噪比之间的关系。显然，信道数据传输速率的实际上限是分别依据奈奎斯特准则和香农定理所得到的两个数据传输速率之间的最小值。

另外，由奈奎斯特准则还可知，若想要提高信道的数据传输速率，仅仅依靠提高信号的采样率是不可能的，因为奈奎斯特准则表明，即使对于完美的3 kHz传输线路，若每个码元仅包含一位（即，用0 V电压表示比特0，用1 V电压表示比特1），则其最大数据传输速率为 2×3 kHz $\times\log_2 2=6$ kHz，故采样率超过6 kHz是没有意义的。因此，若要想获得更高的数据传输速率，则只有利用调制技术尽可能提高每次采样发送的信息的位数，即增大码元的长度。

2.7 数字调制技术

2.7.1 数字调制技术的基本形式

所谓调制（Modulation），就是指在通信系统的发送端将数字信号变换成模拟信号的过程，负责调制的设备称为调制器（Modulator）。在数字信号的频带传输系统中，为了在模拟信道中传输数字信号，必须先在发送端将数字信号转换成模拟信号，然后再在接收端将模拟信号还原成数字信号。其中，将模拟信号还原成数字信号的过程称为解调（Demodulation），负责解调的设备称为解调器（Demodulator），而同时具备调制与解调功能的设备则称为调制解调器（Modem），调制解调器是频带传输中最典型的一种通信设备。

如图 2.13 所示，目前主要的数字调制技术（将数字信号变换为模拟信号的技术）有以下三种基本形式，即移幅键控法 ASK、频移键控法 FSK、相移键控法 PSK，其中：

◆ 幅度键控 ASK（Amplitude Shift Keying）：是指按照数字信号的值（0 或 1）来调制载波的振幅。例如：如图 2.13 所示，在二进制幅度键控法中，如果调制的数字信号为"1"，则传输载波；而如果调制的数字信号为"0"，则不传输载波。

◆ 频移键控 FSK（Frequency Shift Keying）：是指按照数字信号的值（0 或 1）来调制载波的频率。例如：在二进制频移键控法中，如果调制的数字信号为"1"，则传输一种频率的载波；而如果调制的数字信号为"0"，则传输另一种频率的载波。

◆ 相移键控 PSK（Phase Shift Keying）：是指按数字信号的值（0 或 1）来调制载波的相位。例如：如图 2.13 所示，在二进制相移键控法中，如果调制的数字信号为"1"，则传输 180°相移的载波；而如果调制的数字信号为"0"，则传输 0°相移的载波。

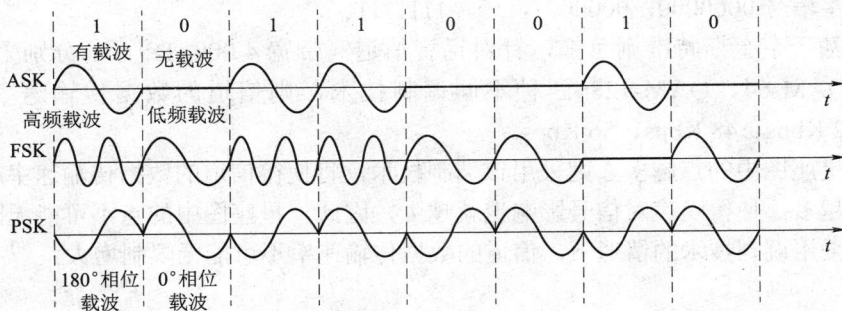

图 2.13 数字调制的三种基本形式

2.7.2 数字调制技术的星座图表示

为了获得更高的数据传输速度，高级调制解调器都组合使用了多种调制技术，以便在每个波特（每秒采样的次数称为波特）中传输尽可能多的比特位。例如，通过将幅度键控法、相移键控法或频移键控法组合使用，即可实现在每个波特中传输多个比特位。其中，基于幅度键控法和相移键控法相结合的调制方法可以用星座图（Constellation Diagram）来表示。在星座图中，每个点代表了信道中传输的正弦载波信号的不同振幅与相位的组合。例如，图 2.14 给出了四种不同调制技术对应的星座图，其中：

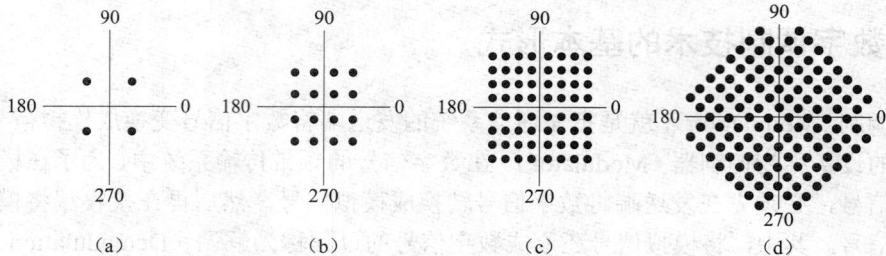

图 2.14　四种不同调制技术对应的星座图
(a) QPSK；(b) QAM-16；(c) QAM-64；(d) QAM-128

（1）QPSK（正交相移键控，Quadrature Phase Shift Keying）调制技术：如图 2.14（a）所示，对应的星座图包含振幅与相位的 4 种不同组合，因此每次采样可发送长度为 2 位的信息，即可用这 4 种不同的组合分别表示 2 位长度的数字信号 00，01，10，11。

（2）QAM-16（正交振幅调制，Quadrature Amplitude Modulation）调制技术：如图 2.14（b）所示，对应的星座图包含振幅与相位的 16 种不同组合，因此每次采样可发送长度为 4 位的信息，即可用这 16 种不同的组合分别表示 4 位长度的数字信号 0000，0001，…，1111。

（3）QAM-64 调制技术：如图 2.14（c）所示，对应的星座图包含振幅与相位的 64 种不同组合，因此每次采样可发送长度为 6 位的信息，即可用这 64 种不同的组合分别表示 6 位长度的数字信号 000000，000001，…，111111。

（4）QAM-128 调制技术：如图 2.14（d）所示，对应的星座图包含振幅与相位的 128 种不同组合，因此每次采样可发送长度为 7 位的信息，即可用这 128 种不同的组合分别表示 7 位长度的数字信号 0000000，0000001，…，1111111。

此外，基于奈奎斯特准则可知，针对话音信道（带宽 4 000 Hz），若分别采用 QPSK、QAM-16、QAM-64、QAM-128 四种不同调制技术，则信道的数据传输速率分别可达 16 Kbps、32 Kbps、48 Kbps、56 Kbps。

显然，星座图中的点越多，则采用该调制技术，将使得信道的数据传输速率越大。但星座图中的点越多，使得噪声对信号影响也就越大，因此，星座图中的点不可能无限制增多，这也使得在采用调制技术的情形下，信道的数据传输速率不可能无限制增大。

2.8　多路复用技术

多路复用（Multiplexing）是指两个或多个用户共享一条公用信道的一种机制。通过多路复用技术，多个终端能共享一条高速信道，从而达到节省信道资源的目的。多路复用技术主要包括以下几种：频分多址 FDMA（Frequency Division Multiple Access）、时分多址 TDMA（Time Division Multiple Access）、码分多址 CDMA（Code Division Multiple Access）、波分多址 WDMA（Wavelength Division Multiple Access）。

2.8.1 频分多址 FDMA 技术

如图 2.15 所示，把通信系统的总频段划分成若干个等间隔的信道（也称频道）分配给不同的用户使用。每一个频道都能够传输语音通话、数字服务和数字数据，且这些频道之间互不交叠，相邻频道之间无明显的串扰。FDMA 的特点是信道不独占，而时间资源共享，每一子信道使用的频带互不重叠。

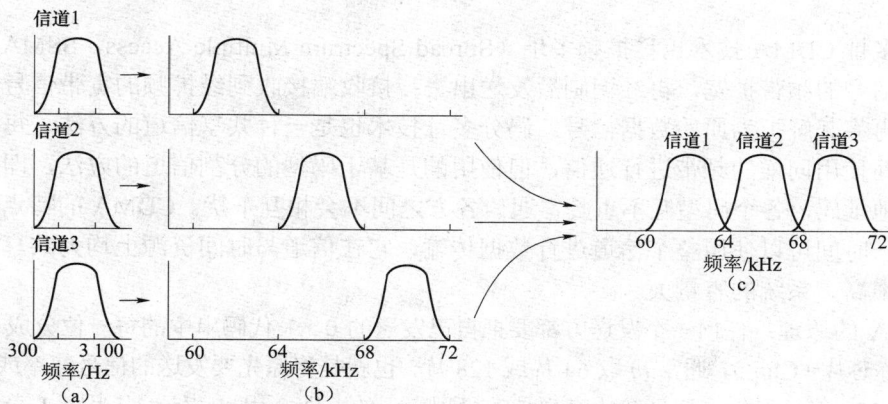

图 2.15　FDMA 多路复用技术原理图

例如：在传统的无线电广播中，均采用频分多址（FDMA）方式，每个广播信道都有一个频点，如果要收听某一广播信道，则必须把收音机调谐到这一频点上。

2.8.2 时分多址 TDMA 技术

时分多路复用是将信道用于传输的时间划分为若干个时隙；每个用户分得一个时隙；在其占有的时隙内，用户使用通信信道的全部带宽。TDMA 的特点是独占时隙，而信道资源共享，每一个子信道使用的时隙不重叠。

例如：如图 2.16 所示，贝尔系统的 T1 载波采用 TDMA 技术将 24 路音频信道复用在一

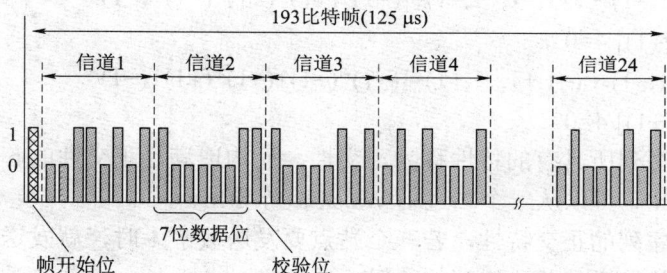

图 2.16　TDMA 多路复用技术原理图

条通信线路上；每路音频模拟信号在送到多路复用器前要通过一个 PCM 编码器，编码器每秒取样 8 000 次；24 路 PCM 信号的每一路轮流将一个字节插入到帧（Frame）中；每个字节的长度为 8 位，其中 7 位是数据位，1 位用于信道控制；每帧由 24×8=192 位组成，附加一位作为帧开始标志位，所以每帧共有 193 位；每次取样发送一帧，因此，发送一帧需要 125 μs；因此，T1 载波的数据传输速率为 1.544 Mbps（=193 位/125 μs）。

2.8.3 码分多址 CDMA 技术

码分多址 CDMA 技术也称扩频多址（Spread Spectrum Multiple Access，SSMA）技术，是指将原信号的频带扩宽，再经调制后发送出去；接收端接收到经扩频的宽带信号后，做相关处理，再将其解扩为原始数据信号。码分多址技术也是一种共享信道的方法，每个用户可在同一时间使用同样的频带进行通信，但使用的是基于码型的分割信道的方法，即每个用户分配一个地址码，各个码型互不重叠，通信各方之间不会相互干扰。CDMA 的特点是所有子信道在同一时间可以使用整个信道进行数据传输，它在信道与时间资源上均为共享，因此，信道的效率高，系统的容量大。

CDMA 的原理：任何一个发送方都要把自己发送的 0、1 代码串中的每一位分成 m 个更短的时隙或称芯片（Chip），通常 m 取 64 片或 128 片，也就是将原先要发送的信号速率或带宽提高了 64 倍或 128 倍。另外，这种芯片序列是双极型表示的，即 0 用 -1 表示，1 用 $+1$ 表示。

假定每个站点都有自己唯一的芯片序列，用符号 S 来表示站点 S 的 m 维芯片序列，$\underline{S}$ 表示它的补码（也是一个 m 维芯片序列），且所有芯片序列都是两两正交的。即，若 S 和 T 是两个不同的芯片序列，用 $S \cdot T$ 表示两者之间的"点积"，其中，所谓"点积"就是指对双极型芯片序列中的 m 位相乘之和，再除以 m 的结果。则每个芯片序列和其自身的点积结果为 $+1$（如：$S \cdot S=+1$），其补码的点积结果为 -1（如：$S \cdot \underline{S}=-1$），而一个芯片序列与不同的芯片序列的点积结果为 0（如：$S \cdot T=0$）。

例如：假定 $S=(-1,-1,-1,-1)$，$T=(+1,-1,+1,-1)$，则有：

$S \cdot S=(-1,-1,-1,-1) \cdot (-1,-1,-1,-1)=[(-1)*(-1)+(-1)*(-1)+(-1)*$
$(-1)+(-1)*(-1)]/4=+1$

$S \cdot \underline{S}=(-1,-1,-1,-1) \cdot (+1,+1,+1,+1)=[(-1)*(+1)+(-1)*(+1)+(-1)*$
$(+1)+(-1)*(+1)]/4=-1$

$S \cdot T=(-1,-1,-1,-1) \cdot (+1,-1,+1,-1)=[(-1)*(+1)+(-1)*(-1)+(-1)*$
$(+1)+(-1)*(-1)]/4=0$

$S \cdot \underline{T}=(-1,-1,-1,-1) \cdot (-1,+1,-1,+1)=[(-1)*(-1)+(-1)*(+1)+(-1)*$
$(-1)+(-1)*(+1)]/4=0$

上述这种芯片序列所具有的特性称为正交性，而构造满足正交性的芯片序列的编码则称为 Walsh 码，Walsh 码可以从一个二进制 Walsh 矩阵导出。

依据上述芯片序列的正交特性，若一个站点要发送数字 1 时，就发送其芯片序列本身；要发送数字 0 时，就发送其芯片序列的补码。

当有多个终端同时发送信号时，则信号将会在空中进行叠加。例如：假定站点 A、B 的芯片序列分别为（-1，-1，-1，-1）和（+1，-1，+1，-1），如果站点 A、B 所发送的数字均为 1（即站点 A、B 均发送其芯片序列本身），则空中的信号叠加之后将变成（0，−2，0，−2）。接收方如果希望接收 A 站点的信息，则只需要计算该站点所对应的芯片序列和空中信号的点积（−1，−1，−1，−1）·（0，−2，0，−2）=+1。如果站点 A、B 所发送的数字均是 0，则空中的信号叠加之后将变成（0，+2，0，+2），而点积（−1，−1，−1，−1）·（0，+2，0，+2）= −1。

2.8.4　波分多址 WDMA 技术

如图 2.17 所示，WDMA 是将两种或多种不同波长的光载波信号（携带各种信息）在发送端经复用器（亦称合波器，Multiplexer）汇合在一起，并耦合到光线路的同一根光纤中进行传输的技术；在接收端，经解复用器（亦称分波器或称去复用器，Demultiplexer）将各种波长的光载波分离，然后由光接收机做进一步处理以恢复原信号。这种在同一根光纤中同时传输两个或众多不同波长光信号的技术，称为波分多址复用。

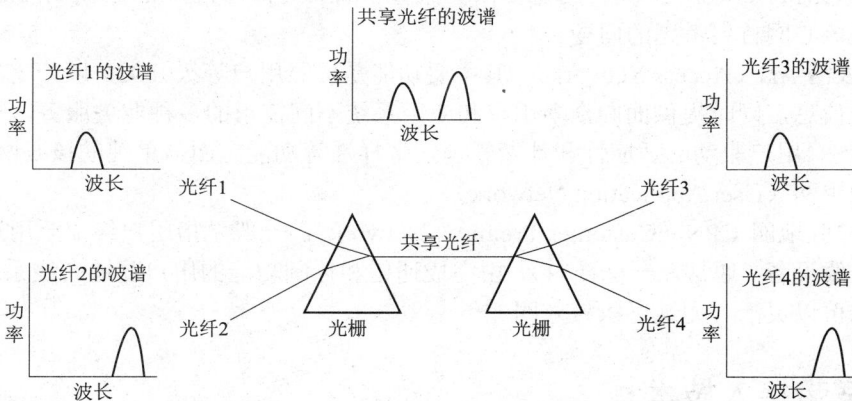

图 2.17　WDMA 多路复用技术原理图

WDMA 主要用于光纤通信系统中，其本质上是一种光纤上的频分复用（FDMA）技术。在一根光纤上复用 80 路或更多路的光载波信号称为密集波分复用 DWDM（Dense Wavelength Division Multiplexing）。

2.9　宽带接入技术

2.9.1　接入网的定义与概念

随着有线技术和无线技术的发展，以互联网为代表的新技术革命正在深刻地改变传统的电信概念和体系结构，接入网（Access Network，AN）也逐渐成为人们关注的焦点。接入网的概念自 1975 年被英国电信首次提出之后，1994 年国际电联电信标准部 ITU-T（International Telecom Union-Telecom Standardization Sector）正式采纳，并在 1995 年通过的接入网框架建议 G.902 中定义为：

接入网 AN 是由业务节点接口 SNI（Service Node Interface）和用户-网络接口 UNI（User Network Interface）之间的一系列传送实体（例如：线路设备和传输设施等）组成，为供给电信业务而提供所需传送承载能力的实施系统。接入网在整个电信网中的位置如图 2.18 所示，其中：

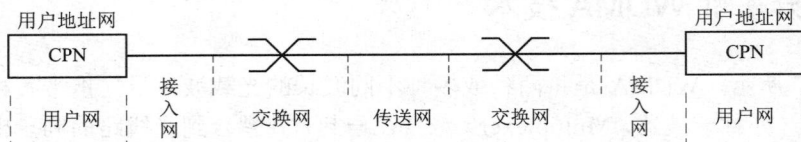

图 2.18 接入网在通信网中的位置

◆ 核心网 CN（Core/Backbone Network）：其主要功能是传送，因此也称为传送网（Transport/Transit Network），其目的是要保质保量和高效地传送大量的信息流，因此，可靠性和生存率是核心网首要考虑的问题。

◆ 接入网 AN（Access Network）：其主要功能是按照用户等级分类，以一定的质量和可靠性来传送信息，同时提供面向众多用户和应用系统不同需求的多种业务服务，在多种业务服务的灵活性、用户驱动的适应性和计费管理的多样性等功能方面与单纯的核心网很不相同，属于用户应用网（User Application Network）。

◆ 用户驻地网 CPN（Customer Premises Network）：一般是指用户终端至用户网络接口所包含的机线设备（通常在一栋楼内），由完成通信和控制功能的用户驻地布线系统组成，以使用户终端可以灵活方便地进入接入网。

2.9.2 宽带接入技术

当前，从整个电信网络建设的情况来看，核心网的建设已经具有相当大的规模，基本可以满足目前通信的需要，突出的矛盾主要体现在接入网方面，即用户和核心网络的连接部分，也称为"最后一千米"的问题。

传统的接入网主要是以铜缆的形式为用户提供一般的语音业务和少量的数据业务。但随着社会经济的发展，人们对各种新业务特别是宽带综合业务的需求日益增加，为了顺应业务发展的这一要求，未来接入技术的宽带化、接入承载的差异化和接入终端设备的可控化，将成为新一代宽带接入网的发展趋势和重要特征。目前，应用较广的宽带接入网技术主要有以下几种：

1. 基于双绞线的 ADSL 接入技术

ADSL 是一种利用现有电话网络的双绞线资源，实现高速、高带宽的数据接入技术。ADSL 采用频分复用 FDM（Frequency Division Multiplexing）技术和离散多音频 DMT（Discrete Multi-Tone）调制技术，在保证不影响正常电话使用的前提下，利用原有的电话双绞线进行高速数据传输。

从实际组网形式上看，ADSL 所起的作用类似于窄带的拨号 Modem，担负着数据的传送功能。按照 OSI 七层模型的划分标准，ADSL 的功能从理论上应该属于物理层，主要实现信号的调制、提供接口类型等一系列底层的电气特性。同样，ADSL 的宽带接入仍然遵循数据通信的对等层通信原则，在用户侧对上层数据进行封装后，在网络侧的同一层上进行解封。因此，要实现 ADSL 的各种宽带接入，在网络侧也必须有相应的网络设备相结合。

ADSL 的接入模型主要由中央交换局端模块和远端模块组成，中央交换局端模块包括中心 ADSL Modem 和数字用户线路接入复用器 DSLAM（DSL Access Multiplexer），远端模块由用户 ADSL Modem 和滤波器组成。ADSL 能够向终端用户提供 1～8 Mbps 的下行速率和 640 kbps～1 Mbps 的上行速率，这是传输速率仅为 128 Kbps 的 ISDN（综合业务数据网）所无法比拟的。而与电缆调制解调器（Cable Modem）相比，ADSL 也具有以下独特优势：它是针对单一电话线路用户的专线服务，而电缆调制解调器则要求一个系统内的众多用户分享同一带宽。尽管电缆调制解调器的下行速率比 ADSL 高，但考虑到随着越来越多的用户会在同一时间上网，将导致电缆调制解调器的性能大大下降。另外，电缆调制解调器的上行速率通常低于 ADSL。

2. 基于 HFC 网（光纤与同轴电缆混合网，Hybrid Fiber Coaxial）的 Cable Modem 接入技术

Cable Modem 接入技术是宽带接入技术中最先成熟和进入市场的，其巨大的带宽和相对经济性使得其对有线电视网络公司和电信公司都很具吸引力。Cable Modem 具有以下优点：首先，Cable Modem 的上、下行速率可以达到 2～10 Mbps，因此 Cable Modem 的接入速率高，传输质量好。其次，虽然 Cable Modem 的通信和普通 Modem 一样，是数据信号在模拟信道上交互传输的过程，但也存在差异，普通 Modem 的传输介质在用户与访问服务器之间是独立的，即用户独享传输介质，而接入是基于有线电视宽带网络技术，其传输介质是 HFC 网，将数据信号调制到某个传输带宽与有线电视信号共享介质，因此无须拨号上网，不占用电话线，可提供随时在线连接的全天候服务。无须交纳电话费，不限时间上网，只按流量计费。

3. 基于五类线的以太网接入技术

基于以太网技术的宽带接入网由局侧设备和用户侧设备组成。局侧设备一般位于小区内，用户侧设备一般位于居民楼内；或者局侧设备位于商业大楼内，而用户侧设备位于楼层内。局侧设备提供与 IP 骨干网的接口，用户侧设备提供与用户终端计算机相接的 10/100BASE-T 接口。局侧设备具有汇聚用户侧设备网管信息的功能。

以太网接入能给每个用户提供 10 Mbps 或 100 Mbps 的上、下行速率，拥有的带宽是其他方式的几倍或者几十倍。完全能满足用户对带宽接入的需要。ADSL 虽然比传统的 56 KB Modem 以及 ISDN 方式的速度都要快，但与以太网相比，还有非常大差距，因此，它只是人们迈向宽带过程中的一个过渡技术。另外，ADSL 和 Cable Modem 的费用都很高，而以太网每户费用则比较便宜。目前，大部分的商业大楼和新建住宅楼都进行了综合布线，布放了 5 类无屏蔽双绞线，将以太网插口布到了桌边。所以，在商业大楼和新建高档住宅楼，以太网接入方式将会是最有前途的宽带接入手段。

4. 光纤接入技术

光纤接入网是指传输媒质为光纤的接入网。由于光纤具有通信容量大、质量高、性能稳定、防电磁干扰、保密性强等优点，因此，光纤不但在干线通信中扮演着重要角色，同样，在接入网中也正成为发展的重点，特别是无源光网络 PON（Passive Optical Network）几乎是综合宽带接入中最经济有效的一种方式。作为一种新兴的覆盖最后一千米的宽带接入光纤技术，PON 采用光纤分支的方法实现点对多点通信的接入，在光分支点不需要节点设备，只需安装一个简单的光分路器 POS（Passive Optical Splitter），然后即可由光网络单元 ONU（Optical Network Unit）接入用户（一个 ONU 一般可以连接几个到几十个用户），而在局端一侧，PON 也仅需安装一台光线路终端设备 OLT（Optical Line Terminal）于中心机房，因此，具有节省光缆资源、带宽资源共享、节省机房投资、设备安全性高、建网速度快、综合建网成本低等优点。

PON 包括 APON（ATM-PON，即基于 ATM 的无源光网络）、EPON（Ethernet-PON，基于以太网的无源光网络）两种。其中，APON 是在 PON 中采用 ATM 信元的形式来传输信息的，这种模式建立的是一个点到多点的系统，不仅可以利用光纤的巨大带宽提供宽带服务，还可以利用 ATM 进行高效的带宽业务管理，是一种适用于 ATM 网络业务的宽带接入技术。而 EPON 采用点到多点结构、无源光纤传输，在以太网之上提供多种业务，它在物理层采用了 PON 技术，在链路层使用以太网协议，因此是一种适合 IP 业务的宽带接入技术。

目前，应用最广泛的 EPON 接入系统为 Gbps 速率的 GE-PON（吉比特/千兆 EPON）。GE-PON 的系统结构如图 2.19 所示，主要由中心局的光线路终端 OLT、包含无源光器件的光分配网 ODN（Optical Distribution Network）、用户端的光网络单元/光网络终端 ONU）以及网元管理系统 EMS（Element Management Systems）组成，通常采用点到多点的树型拓扑结构。在下行方向（如图 2.20 所示），IP 数据、语音、视频等多种业务由位于中心局的 OLT，采用广播方式，通过 ODN 中的 1:N 无源光分路器分配到 PON 上的所有 ONU 单元。在上行方向（如图 2.21 所示），来自各个 ONU 的多种业务信息互不干扰地通过 ODN 中的 1:N 无源光分路器耦合到同一根光纤，最终送到位于局端 OLT 接收端。

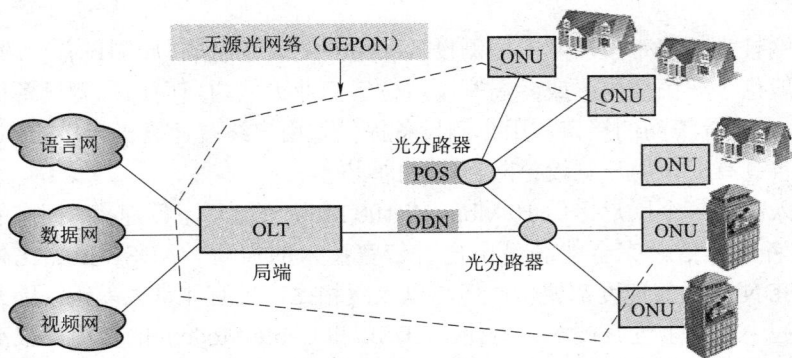

图 2.19　GE-PON 的系统结构

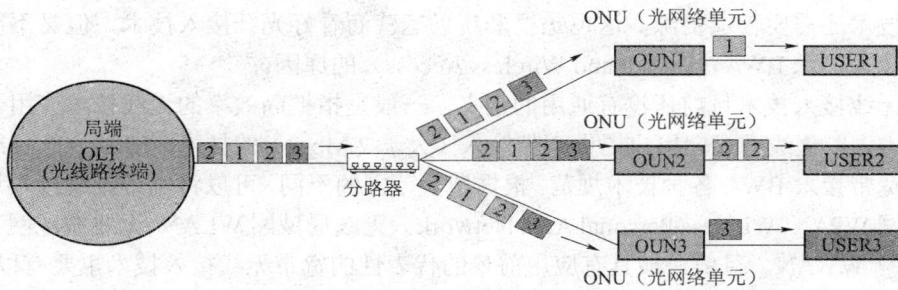

图 2.20　GE-PON 的下行原理

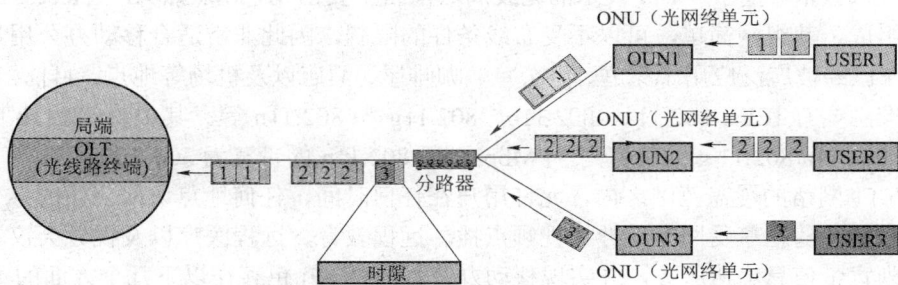

图 2.21　GE-PON 的上行原理

GE-PON 与 APON 的最大区别是 GE-PON 根据 IEEE 802.3 协议，包长可变至 1 518 字节传送数据，而 APON 根据 ATM 协议，按照固定长度 53 个字节包（信元）来传送数据，其中 48 个字节负荷，5 个字节开销。这种差别意味着 APON 运载 IP 协议的数据效率低且困难。用 APON 传送 IP 业务，数据包被分成每 48 个字节一组，然后在每一组前附加上 5 个字节开销。这个过程耗时且复杂，也给 OLT 和 ONU 增加了额外的成本。此外，每 48 个字节就要浪费 5 个字节，造成沉重的开销，即所谓的 ATM 包的税头。相反，以太网传送 IP 流量，相对于 ATM 开销急剧下降。

5. FTTx+ETTH 接入技术

FTTx+ETTH 是一种光纤到楼 FTTB（Fiber To The Building）、光纤到路边 FTTC（Fiber To The Curb）、以太网到用户 ETTH（Ethernet To The Home）的接入方式。它为用户提供了可靠性很高的宽带保证，真正实现了千兆到小区、百兆到楼单元和十兆到家庭，并随着宽带需求的进一步增长，可平滑升级实现了百兆到家庭而不用重新布线。

2.9.3　宽带无线接入技术

光纤接入技术与其他接入技术（例如：双绞线、同轴电缆、五类线、无线等）相比，最大优势在于可用带宽大，而且还有巨大潜力可以开发，在这方面其他接入技术根本无法与其相比。光纤接入网还有传输质量好、传输距离长、抗干扰能力强、网络可靠性高、节约管道资源等特点。但光纤接入技术也存在着一定的劣势，例如：光纤接入网的成本很高，尤其是光节点离用户越近，每个用户分摊的接入设备成本就越高。另外，与宽带无线接入技术相比，光纤接入技术还需要管道资源，这也是很多新兴运营商看好光纤接入技术，但又不得不选择宽带无线接入技术 BWA（Broadband Wireless Access）的原因。

宽带无线接入技术目前还没有通用的定义，一般是指把高效率的无线技术应用于宽带接入网络之中，以无线方式向用户提供宽带接入（大于 2 Mbps）的技术。IEEE 802 标准组负责制定无限宽带接入 BWA 各种技术规范，根据覆盖范围的不同，可以将宽带无线接入划分为：无线个域网 WPAN（Wireless Personal Area Network）、无线局域网 WLAN、无线城域网 WMAN、无线广域网 WWAN。目前，最具有应用前景的代表性的宽带无线接入技术主要有以下几种：

（1）Wi-Fi：即无线保真（Wireless Fidelity）技术的简称，是第一个得到广泛部署的高速宽带无线接入技术。基于 Wi-Fi 技术的无线局域网络主要由 Wi-Fi 热点 AP（Access Point）和无线网卡组成，其组网简单，可以不受布线条件的限制，因此非常适合移动办公用户群体的需要，现在已经被广泛应用于家庭、办公室、咖啡屋、酒店以及机场等地点。目前，Wi-Fi 可使用的标准主要有 IEEE 802.11a、802.11b、802.11g 和 802.11n 等。其中，802.11b 的带宽为 11 Mbps，802.11a/802.11 g 的带宽为 54 Mbps，而 802.11n 的带宽为 300 Mbps。

在 Wi-Fi 网络的覆盖范围之内，允许用户在任何时间、任何地点访问公司的办公网或国际互联网，随时随地享受网上证券、视频点播、远程教育、远程医疗以及视频会议、网络游戏等一系列宽带信息增值服务，并实现移动办公。但 Wi-Fi 也存在以下几个方面的不足：

① 数据传输速率有限：虽然 Wi-Fi 的最高传输速率可达 11～54 Mbps，但系统开销会使应用层速率减少 50%左右。

② 无线电波间存在相互影响的现象：特别在同频段、同技术设备之间更是存在明显影响，在多运营商环境中，不同 AP 间的频率干扰会使得 Wi-Fi 的数据传输速率明显降低。

③ 质量和信号的稳定性不高：无线电波在传播中根据障碍物不同将发生折射、反射、衍射、信号无法穿透等情况，Wi-Fi 的质量和信号的稳定性都不如有线接入方式。

④ 网络覆盖半径小：用户只有保持在距离 Wi-Fi 热点 AP（Access Point）300 ft[①] 的范围之内才能实现高速网络连接。

⑤ 不支持移动性：虽然 IEEE 802.11s 协议对 Wi-Fi 的移动性进行了一定程度的增强，但最多也只能支持步行的移动速度。

⑥ 空中接口没有 QoS 保障机制：只支持 Best Effort 业务，适用于 Web 浏览、FTP 下载以及收发 E-mail 等；语音通信、视频传输等业务的 QoS 很难得到保障。

（2）3G：即第三代（3rd Generation）移动通信技术的简称。目前，3G 标准主要包括 WCDMA、CDMA2000 和 TD-SCDMA 三种，分别代表欧洲标准、北美标准和中国标准。为了提供 3G 服务，移动通信网络必须能够在室内、室外和行车的环境中分别支持至少 2 Mbps、384 Kbps 以及 144 Kbps 的传输速率。3G 标准以码分多址 CDMA 技术为核心，其标准化组织有 3GPP（3rd Generation Partnership Project）和 3GPP2，其中，3GPP 负责 TD-SCDMA 和 WCDMA 的标准化工作，而 3GPP2 则负责 CDMA2000 的标准化工作。

① WCDMA：即 Wideband CDMA（宽频码分多址技术），其支持者主要为欧洲和日本的厂商，其中，欧美的厂商主要包括爱立信、朗讯、阿尔卡特、诺基亚、北电等，而日本的厂商则主要包括 NTT、富士通、夏普等。WCDMA 的峰值速率为 6 Mbps，目前中国联通采用的

---

① 1 ft=0.304 8 m。

就是 WCDMA 3G 标准。

② CDMA2000：也称 CDMA Multi-Carrier（多载波码分多址技术），由美国高通公司提出，后来陆续有摩托罗拉、朗讯和韩国三星等公司参与，目前韩国是该标准的主导者。CDMA2000 的支持者不如 WCDMA 多，而使用 CDMA2000 的地区也仅有日、韩、北美和中国。CDMA2000 支持的平均速率为 2.4～3.1 Mbps（峰值）、700 Kbps～1.03 Mbps（中高速移动）、1.03～1.4 Mbps（静止）。目前中国电信采用的就是 CDMA 2000（EV-DO Revision A）3G 标准。

③ TD-SCDMA：是由中国制定的 3G 标准，1999 年 6 月 29 日，中国原邮电部电信科学技术研究院（大唐电信）向国际电信联盟 ITU 提出。该标准将智能无线、同步 CDMA 和软件无线电等当今国际领先技术融于其中，在频谱利用率、对业务支持的灵活性、频率灵活性及成本等方面的独特优势。另外，由于中国国内的庞大市场，该标准受到各大主要电信设备厂商的重视，全球一半以上的设备厂商都宣布可以支持 TD-SCDMA 标准。TD-SCDMA 的理论峰值速率可达 2.8 Mbps，目前中国移动采用的就是 TD-SCDMA 3G 标准。

WiMAX、Wi-Fi 以及 3G 的综合指标比较见表 4.1。

表 4.1　WiMAX、Wi-Fi 以及 3G 的综合指标比较

技术类别	WiMAX	Wi-Fi	3G
标准组织	IEEE	IEEE	3GPP、3GPP2、ITU
频带/GHz	2.3～2.4 和 3.4～3.6	2.4	2
速率/Mbps	75	54	约 2
时延	低	低	高
QoS	有	无	有
平均覆盖	<50 km	<100 m	宏蜂窝<25 km，微蜂窝<300 m
移动性	静止、步行、车载	静止、步行	静止、步行、车载
支持切换	弱	强	强
安全性	中	低	高
商业模式	商业	公众、商业	公众、商业
成熟度	一般	很好	较好

（3）WiMAX：即全球微波接入互操作性（Worldwide Interoperability for Microwave Access）技术的简称。WiMAX 是一项基于 IEEE 802.16 标准的宽带无线接入城域网技术，主要包括 WiMAX802.16d（用于固定宽带无线接入）和 WiMAX802.16e（用于固定和移动的宽带无线接入）两个技术标准，是一种专门针对微波频段所提出的空中接口标准。

作为一种无线城域网技术，WiMAX 可实现非视距传输，同时可支持 120 km/h 以上的移动性，其最远数据传输距离达 50 km，最高接入速率达 70 Mbps，是 3G 传输速率的 30 倍，可用于将 Wi-Fi 连接到互联网，也可作为有线接入方式的无线扩展，实现最后一千米的宽带接入，从而使得用户无需线缆即可与互联网建立宽带连接。2007 年 10 月，国际电信联盟（ITU）正式批准 WiMAX 成为第 4 个 3G 标准。

（4）4G：即第四代（4rd Generation）移动通信技术的简称。由于采用 WiMAX 接入技术

的固网运营商和新运营商可以利用 VoIP 等技术通过 WiMAX 网络为用户提供与蜂窝网络相同的移动语音服务，而反过来，作为手机数据业务的 3G 系统在支持 IP 数据业务时，由于其面向连接固定带宽的结构不适应突发式 IP 数据业务的需求，从而使得 3G 在新兴宽带无线接入市场的竞争力不如 WiMAX，因此，为了进一步改进和增强现有 3G 技术的性能，以应对 WiMAX 等新兴宽带无线接入技术的竞争，3GPP 在 2004 年年底提出了长期演进 LTE（Long Term Evolution）计划，并在此基础上发展成 4G 标准之一的 LTE-Advanced（3GPP Release 10），而 IEEE 则在 WiMAX 的基础上提出了其 4G 标准 WirelessMAN-Advanced（IEEE 802.16m）。

与以码分多址 CDMA 为核心的 3G 技术不同，4G 技术主要是以正交频分复用 OFDM（Orthogonal Frequency Division Multiplexing）为核心，同时还采用了自适应天线系统 AAS（Adaptive Antenna System）和多入多出 MIMO（Multiple-Input Multiple-Output）等多种现代先进技术。此外，LTE-Advanced 还包括了 TDD-LTE-Advanced（Time Division Duplex-Long Term Evolution，时分双工-长期演进技术）和 FDD-LTE-Advanced（Frequency Division Duplex，频分双工-长期演进技术）两种不同的制式，其峰值速率分别为 500 Mbps（上行）和 1 Gbps（下行），而 Wireless MAN-Advanced 的峰值速率则为 300 Mbps（在高速移动时）和 1 Gbps（在固定或低速移动时）。

2013 年 12 月 4 日下午，工业和信息化部正式发放 4G（TDD-LTE-Advanced）牌照，宣告我国通信行业由此进入了 4G 时代。不过，由于无线技术的差异、使用频段的不同以及各个厂家的利益等因素，FDD-LTE-Advanced 的标准化与产业发展都领先于 TDD-LTE-Advanced，目前，FDD-LTE-Advanced 已成为当前世界上采用的国家及地区最广泛的，终端种类最丰富的一种 4G 标准。原有 3G 标准 TD-SCDMA、CDMA2000、WCDMA 和 WiMAX 向 4G 标准演进的路线如图 2.22 所示。

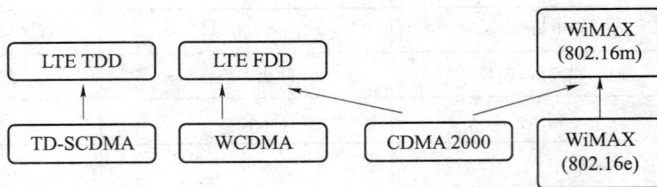

图 2.22　3G 标准向 4G 标准演进方式

① WiMAX：从 802.16e 演进为 802.16m。
② WCDMA：从 HSPA 演进为 LTE FDD。
③ TD-SCDMA：从 HSPA 演进为 LTE TDD。

2.10　本 章 小 结

本章主要对 OSI 参考模型的物理层的功能、协议以及其中所采用的主要技术等分别进行了详细介绍，通过本章的学习，需要掌握 OSI 参考模型中物理层的基本功能与相关的术语及定义。需要熟悉 OSI 参考模型中物理层所采用的电信号编码技术、数字调制技术、宽带接入技术以及多路复用技术等主要技术。

2.11 本章习题

1. 物理层主要包括哪些功能?

2. 模拟信号和数字信号的区别是什么?

3. 什么是基带信号与频带信号?

4. 什么是基带传输、频带传输与宽带传输?

5. 什么是模拟通信系统与数字通信系统?

6. 通信系统的一般组成模型主要包括哪几个部分? 各部分的主要功能是什么?

7. 模拟通信系统的组成模型主要包括哪几个部分? 各部分的主要功能是什么?

8. 数字信号频带传输通信系统的组成模型主要包括哪几个部分? 各部分的主要功能是什么?

9. 数字基带传输通信系统的组成模型主要包括哪几个部分? 各部分的主要功能是什么?

10. 模拟信号数字化后的数字基带传输通信系统组成模型主要包括哪几个部分? 各部分的主要功能是什么?

11. 模拟信号的数字化需要经过哪三个步骤? 各步骤实现的主要功能是什么?

12. 目前常用的有线传输介质和无线传输介质主要包括哪些? 它们的优缺点分别是什么?

13. 并行通信和串行通信方式的区别是什么?

14. 什么是单工通信、半双工通信以及全双工通信?

15. 数字数据信号的编码方式主要有哪些? 它们的原理分别是什么?

16. 什么是信道、信号带宽与信道带宽?

17. 奈奎斯特准则与香农定律的主要内容是什么?

18. 目前主要的数字调制技术有哪几种? 试结合星座图分别阐述它们的基本调制原理。

19. 什么是多路复用技术? 目前主要的多路复用技术包括哪几种? 它们的工作原理分别是什么?

20. 宽带接入技术有哪些? 其主要性能有什么区别?

第3章

数据链路层

数据链路层是 OSI/RM 模型中的第二层，其主要任务是通过数据链路层协议和链路控制规程，在不太可靠的物理链路上实现可靠的数据传输，从而为网络层提供服务，将源计算机网络层发送过来的数据可靠地传输到相邻目标计算机的网络层。本章将分别针对数据链路层的主要功能以及数据链路层协议中所使用到的一些关键技术进行详细介绍。

3.1　数据链路层的功能

数据链路层主要是为网络层提供服务，为了向网络层提供服务，数据链路层必须使用物理层提供的服务。而物理层仅负责比特流的传输，并不保证在比特流的传输过程中不发生差错，因此，接收方接收到的比特位数量可能少于、等于或者多于发送方发送的比特位数量，而且它们还可能存在值的错误，为此，为了为网络层提供可靠的数据传输服务，数据链路层必须具有以下功能：

（1）成帧与帧同步：由于物理层仅负责比特流的传输，并不保证比特流的传输正确性，为此，数据链路层需要将比特流组合成数据块（在数据链路层中将这种数据块称为帧）进行传输，从而可以在发现有数据传送错误时，只须将发生差错的数据块再次传送即可，而不需要将全部的比特流进行重传，这样就可大幅度提高数据传送的效率。而要采用帧格式进行比特流的传输，就必须在比特流中识别帧的开始与结束，而且在夹杂着重传的数据帧中，接收方要能正确地识别哪些是重传的数据帧，哪些是新的数据帧，因此，数据链路层除了必须要具有成帧的功能，还必须要有相应的帧同步的功能。

（2）差错控制：在数据通信过程，由于物理链路性能和网络通信环境等因素，难免会出现一些传送错误。为了确保数据通信的准确，又必须使得这些错误发生的概率尽可能低，因此，数据链路层必须要具有差错控制的功能。

（3）流量控制：在数据通信中，数据的发送方与接收方必须遵循一定的传送速率规则，使得接收方能及时地接收发送方发送的数据，并且当接收方来不及接收时，必须能够及时地控制发送方数据的发送速率，使双方的速率可以基本匹配，从而使通信双方可以避免在通信过程中出现由于接收方来不及接收而造成数据丢失的问题，为此，数据链路层必须要具有流量控制的功能。

（4）链路管理：数据链路层的"链路管理"功能包括数据链路的建立、链路的维持和释放三个主要方面。当网络中的两个结点要进行通信时，数据的发送方必须确知接收方是否已处在准备接收的状态。为此，通信双方必须先要交换一些必要的信息，以建立一条基本的数据链路。在传输数据时，要维持数据链路；而在通信完毕时，要释放数据链路。

（5）MAC 寻址：这是数据链路层中的 MAC 子层的一项主要功能。在以太网中，MAC（Media Access Control，介质访问控制）地址被烧入每个以太网网卡中作为通信节点数据链路层的唯一标识，而在多点连接的网络通信中，数据链路层必须要保证让每一帧都能准确地送到正确的接收方，且接收方也应当知道发送方到底是哪一个节点，为此，数据链路层必须要能够通过采用 MAC 地址来进行寻址。

在实现上述功能的基础上，数据链路层通常可以为网络层提供以下三种可能的服务：

（1）无确认无连接的服务：是指源计算机向目标计算机发送独立的帧，目标计算机并不对这些帧进行确认。这种服务事先无须建立逻辑连接，事后也不用解释逻辑连接。正因如此，如果由于线路上的原因造成某一帧的数据丢失，则数据链路层并不会检测到这样的丢失帧，也不会恢复这些帧。出现这种情况的后果虽然严重，但在错误率很低，或者对数据的完整性要求不高的情况下（如话音数据），这样的服务还是非常有用的，因为这样简单的错误可以交给 OSI 上面的各层来恢复。例如：大多数局域网在数据链路层所采用的服务就是无确认的无连接服务。

（2）有确认无连接的服务：为了解决以上无确认的无连接服务的不足，提高数据传输的可靠性，引入了有确认的无连接服务。在这种服务中，源主机数据链路层必须对每个发送的数据帧进行编号，目的主机数据链路层也必须对每个接收的数据帧进行确认。如果源主机数据链路层在规定的时间内未接收到所发送的数据帧的确认，那么它将重发该帧，由此，发送方即可知道每一帧是否正确地到达了接收方。该类服务主要用于不可靠信道，如无线通信系统。

在有确认无连接的服务中，在没有检测到确认时，数据链路层会认为接收方没收到该帧，于是会重发该帧。但由于是无连接的，所以该帧可能会被重复发送多次，而接收方由于无法识别该帧到底是新的帧还是重复发送的帧，因此也可能重复接收该帧多次，从而造成数据错误。为此，采用有确认无连接的服务，可靠性低，不能防止报文的丢失、重复或失序，只适合于传送少量零星的报文。

（3）有确认面向连接的服务：在这种服务中，源计算机和目标计算机在传输数据前需要先建立一个连接，而且该连接上发送的每一帧也都要被编号，以确保帧传输的内容与顺序的正确性，为此，数据链路层除了可保证每一帧都会被接收方收到之外，还可保证每一帧都只会被按正常顺序接收到一次。这也是面向连接服务与前述有确认无连接服务的主要区别。有确认面向连接的服务存在数据链路建立、数据传输、数据链路释放阶段三个阶段，大多数广域网的通信子网的数据链路层均采用的是有确认面向连接的服务。

3.2　成帧与帧同步

为了使比特流在物理层的传输中发生差错后只需要将出错的有限比特位进行重传，数据链路层将比特流组合成以帧（Frame）为单位进行传送。显然，帧的组织结构必须设计成可使得接收方能够明确地从物理层收到的比特流中对其进行识别，即，接收方要能够从比特流中区分出帧的起始与终止。但是，由于网络传输中很难保证计时的正确和一致，因此，不可采用依靠时间间隔关系来确定一帧的起始与终止的方法。目前，最具代表性的成帧与帧同步方法为含位填充的分界标志法（也称为 0 比特插入法），其工作原理如下：

（1）每一帧利用一个特殊的位模式"01111110"作为其开始和结束的标志。

（2）当发送方的数据链路层遇见数据中 5 个连续的位"1"时，则自动在输出的位流中填充一个"0"。

（3）当接收方看到连续 5 个输入位"1"，且其后的位为"0"时，则将自动删除该"0"位。

例如：比特流"01111101111110…"的输出位流模式为"011111001111110110…"，当接收方收到"011111001111110110…"时，则自动删除连续 5 个输入位"1"后的位"0"，即将输入流还原成"01111101111110…"。

3.3　差　错　控　制

在解决了标识每一帧的起始和结束位置问题之后，还需要解决数据传输中的差错控制问题，即，如何确保所有的数据帧最终在递交给目标计算机上的网络层时数据的完整性与顺序的正确性。因为在原始物理传输线路上存在着各种噪声和干扰，传输数据信号时有可能会产生差错，而设计数据链路层的主要目的就是要将有差错的物理线路改进成无差错的数据链路，因此，差错控制功能是数据链路层中一个非常重要的基本功能，也是确保数据通信正常进行的基本前提。目前，数据链路层所采取的差错控制方法主要包括差错检测技术、差错纠正技术，以及数据帧重传技术等。

3.3.1　差错检测技术

数据通信的差错程度通常是以"误码率"来定义的，它是指二进制比特在数据传输系统中被传错的概率，它在数值上近似地等于 $P_e=N_e/N$，其中，N 为传输的二进制比特总数，N_e 为被传错的比特数。

通信信道的噪声分为两类：热噪声和冲击噪声。其中，热噪声引起的差错是随机差错，而冲击噪声引起的差错是突发差错。显然，在通信过程中产生的传输差错，是由热噪声的随机差错与冲击噪声的突发差错共同构成的。在数据链路层中，发现差错的方法是接收方通过检查专门的差错编码（称为检错码，Error Detecting Code）来进行确定的。其中，检错码的工作原理如下：通过在每一个发送的数据帧中包含一些冗余信息（校验位），让接收方在收到该数据帧后可以检测出其中是否发生了错误，若检测出错误，则可请求发送方重传该数据帧。

目前，最具代表性的检错码方法为CRC（Cyclic Redundancy Check，循环冗余校验码），其基本思想如下：

（1）将待传输的数据帧看作是系数为0或1的一个多项式，因此，一个 m 位的数据帧可以看作是一个 $m-1$ 次多项式 $M(x)$ 的系数列表，显然，多项式 $M(x)$ 的阶为 $m-1$，共有 m 项，从 x^{m-1} 到 x^0。

（2）当使用多项式编码时，发送方和接收方必须事先商定生成一个多项式 $G(x)$，生成多项式 $G(x)$ 的最高和最低位必须为1，而且 $G(x)$ 的阶必须要低于 $M(x)$ 的阶。

（3）假设多项式 $G(x)$ 的阶为 r，则在该数据帧的低位端添加上 r 个0位，使得该数据帧变成一个包含 $m+r$ 位的新帧，显然，该新帧中的前 m 位为原数据帧中的 m 个数据位，后 r 位称作校验位，假定该新帧所对应的多项式为 $x^r \cdot M(x)$。

（4）利用模2除法，用对应于 $G(x)$ 的位串去除对应于 $x^r \cdot M(x)$ 的位串。

（5）利用模2减法，从对应于 $x^r \cdot M(x)$ 的位串中减去余数（总会小于等于 r 位），所得到的结果就是将被实际传输的带校验位的帧，假设其对应的多项式为 $T(x)$。

（6）显然，$T(x)$ 可被 $G(x)$ 除尽（模2）。故接收方可用如下方法判定传输过程是否发生错误：当接收方收到带校验位的帧后，将用 $G(x)$ 去除该帧对应的多项式 $T(x)$，若有余数，则表明传输过程中发生了错误。

例如：当数据帧为"1101011011"，生成多项式 $G(x)=x^4+x+1$ 时，计算校验位的过程如下：

由于 $G(x)$ 的阶为4，首先，在数据帧"1101011011"的低位端添加上4个0位，得到"11010110110000"。然后，如图3.1所示，利用模2除法，用对应于 $G(x)$ 的位串"10011"去除"11010110110000"，得到余数"1110"。最后，利用模2减法，用"11010110110000" 减去余数 "1110"，即可得到实际传输的带校验位的帧为"11010110111110"。

若该带校验位的帧在传输过程发生了突发差错，使得接收方实际收到的帧为"11010110111111"，则因"11010110111111"对应的项式 $T(x)$ 无法被生成的多项式 $G(x)$ 整除，接收方由此可知帧在传输过程中发生了错误。

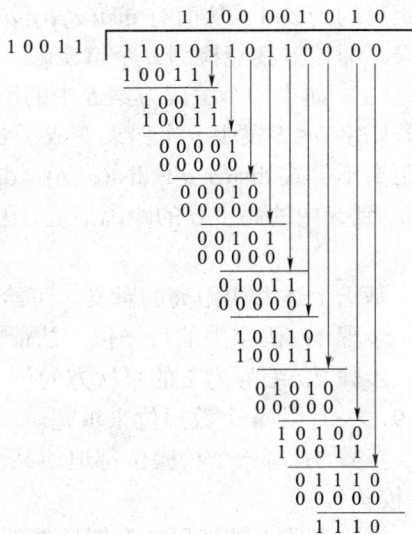

图3.1　基于模2除法计算校验位的过程示意

3.3.2　差错纠正技术

采用检错码技术虽然能够检测出帧在传输过程中是否发生了错误，但由于在检测到错误发生之后，需要发送方重传整个帧，故检错码技术仅适用于光纤灯具有高可靠性的信道上，而不适合于错误发生很频繁的无线信道上，这是因为在错误发生很频繁的信道上，即便重传也还是很可能出错的，因此难以有效保证帧的正确传送。为此，最好的办法是使用纠错码（Error Correcting Code）技术，通过在每一个发送的数据帧中包含足够的冗余信息（校验位），让接收方在收到该数据帧后不但可以检测出其中是否发生了错误，而且一旦发现出错，还可以还原出原始的帧内容，不需要依靠重传来解决问题。目前，最具代表性的检错码方法为海明码（也称为奇偶校验码）。

定义 3.1（码字）：假定 $n=m+r$，包含 m 个数据位和 r 个校验位（冗余位）的 n-位单元，称为 n-位码字。

定义 3.2（海明距离）：两个码字中不相同的位的个数，即对两个码字进行异或（XOR）运算后，结果中的 1 的个数，称为海明距离。其中，异或（XOR）运算为：1+1=0+0=0,1+0=0+1=1。例如：

$$
\begin{array}{r}
10001001 \\
10110001 \\
\hline
00111000
\end{array}
$$

上述定义 3.2 中给出的海明距离的意义如下：

（1）如果两个码字的海明距离为 d，则需要 d 个 1 位错误才能将一个码字转变成另一个码字。

（2）如果一个编码方案 S 中的所有码字的距离均为 $d+1$，则该方案能检测 d 个错误。因为如果码字 $a \in S$ 发生 d 个错误变成了 a'，则 $\text{dist}(a', a)=d$；如果 $a' \in S$，由于 S 中的所有码字的距离均为 $d+1$，从而有 $\text{dist}(a', a)=d+1$，矛盾！故有 $a' \in S$。因此，可以判定传输过程发生了错误。即该方案能检测 d 个错误。

（3）如果一个编码方案 S 中的所有码字的距离均为 $2d+1$，则该方案能纠正 d 个错误。因为若码字 $a \in S$ 发生 d 个错误变成了 a'，则 $\text{dist}(a', a)=d$，而对于任意码字 $b \in S$，且 $b \neq a$，依据距离不等式 $\text{dist}(a, a')+\text{dist}(a', b) \geqslant \text{dist}(a, b)$，有 $\text{dist}(a', b) \geqslant \text{dist}(a, b)-\text{dist}(a, a')=2d+1-d=d+1$。故 a' 到 S 中的码字 a 的距离最近，因此可以判定 a' 对应的原始码字为 a。即该方案能纠正 d 个错误。

基于上述海明距离的意义，可给出能纠正单个错误的海明码编码方案如下：

步骤 1：码字中的每一位，从最左边位编号 1 开始，连续编号；

步骤 2：编号为 2 的幂次方的位（1，2，4，8，16，…）为校验位，剩下的位（3，5，6，7，9，…）用 m 个数据位来填充。

步骤 3：每一个校验位都迫使某一组位（包括它自己）的奇偶值为偶数（偶校验）或奇数（奇校验）。

按照上述方法编码的海明码能纠正单个错误，例如：若采用偶校验，假定第 11 位的数据位出错，则依据第 1，2，8 位校验位及第 11 位数据位本身，即可知道这 4 个位的奇偶值不为偶数，故由此可知第 11 位的数据位出错，然后通过将第 11 位的数据位变反，即可纠正该单个错误。

基于以上给出的海明码编码方案，为了更清晰地描述其实现步骤，下面举例加以说明。

例如：假定待传输的数据帧为"1101101"，基于海明码编码方案，若采用偶校验，则数据可按以下方式编码为长 11 位的码字。其中，第 1，2，4，8 位为校验位，第 3，5，6，7，9，10，11 位为数据帧中的数据位，即带校验位的纠错码的编码为 $X_1 X_2 1 X_4 101 X_8 101$。下面需要分别确定 X_1，X_2，X_4，X_8 的值。为此，首先如图 3.2 所示，计算得到各数据位所对应的校验组位。依据以上海明码的编码方案有：

◆ X_1 迫使第 1 组位（包括它自己）的奇偶值为偶数，而第 1 组位除 X_1 自己之外，包含 5 个 1（即第 3，5，7，9，11 数据位的值为 1，且其展开式中均包含第 1 组位）。故 X_1 应为 1 才能使得第 1 组位的奇偶值为偶数，因此有：$X_1=1$。

◆ X_2 迫使第 2 组位（包括它自己）的奇偶值为偶数，而第 2 组位除 X_2 自己之外，包含 3 个 1（即第 3，7，11 数据位的值为 1，且其展开式中均包含第 2 组位）。故 X_2 应为 1 才能使得第 2 组位的奇偶值为偶数，因此有：$X_2=1$。

◆ X_4 迫使第 4 组位（包括它自己）的奇偶值为偶数，而第 4 组位除 X_4 自己之外，包含 2 个 1（即第 5，7 数据位的值为 1，且其展开式中均包含第 4 组位）。故 X_4 应为 0 才能使得第 4 组位的奇偶值为偶数，因此有：$X_4=0$。

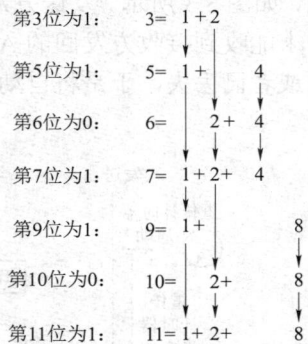

图 3.2　数据位的组位展开示意图

◆ X_8 迫使第 8 组位（包括它自己）的奇偶值为偶数，而第 8 组位除 X_8 自己之外，包含 2 个 1（即第 9，11 数据位的值为 1，且其展开式中均包含第 8 组位）。故 X_8 应为 0 才能使得第 8 组位的奇偶值为偶数，因此有：$X_8=0$。

故最终编码为：11101010101。

纠正单个错误所需要的校验位的数目的下界可由以下方式确定：

假定在编码方案 S 中，每个 n-位码字（$n=m+r$）包含 m 个数据位和 r 个校验位，且能纠正单个错误。显然，存在 2^m 个合法报文，任意一个报文都对应 n 个与其距离为 1 的非法 n-位码字。因此，要能纠正单个错误，这 n 个与其距离为 1 的非法 n-位码字均不能放到 S 中，即每个合法的报文均需要占用 $n+1$ 个 n-位码字。而总共有 2^n 个 n-位码字，故必须有：$(n+1)*2^m \leq 2^n \Rightarrow (m+r+1)* 2^m \leq 2^{m+r} \Rightarrow (m+r+1) \leq 2^r$。该条件给出了用于纠正单个错误所需要的校验位数目的下界。

海明码编码方案可以达到上述下界。仍采用上例，其中，数据帧中的数据位的个数为 7，即 $m=7 \Rightarrow (7+r+1) \leq 2^r \Rightarrow (8+r) \leq 2^r \Rightarrow r \geq 4$，故可知纠正单个错误所需要的校验位的数目的下界应为 4。而由上例可知，采用海明码编码方案可采用 4 位校验位将数据编码为长 11 位的码字，即达到了上述纠正单个错误所需要的校验位的数目的下界。

3.3.3　数据帧重传技术

依据前述章节的介绍可知，检错码技术最终需要依靠重传来解决问题。目前常用的数据帧重传技术主要包括"反馈重传"和"自动重传"两种，其中：

◆ 反馈重传：在反馈重传的方法中，要求接收方接收到一帧之后，需要向发送方反馈一个接收是否正确的确认帧（ACK 帧，Acknowledgment Frame），使得发送方可以据此做出是否需要重新发送的决定。发送方在发送完一帧，仅当收到表示接收方已正确接收的 ACK 帧之后，才能认为该帧已正确发送完毕，否则需要重传，直至接收方正确收到为止。

◆ 自动重传：由于物理信道的突发噪声或硬件故障可能使得整个数据帧或确认帧丢失，这将导致发送方永远收不到接收方发来的确认帧，从而使传输过程停滞。为了避免出现这种情况，在自动重传的方法中，通过引入计时器（Timer）来限定接收方发回 ACK 帧的时间间隔，如图 3.3 所示。发送方发送一帧的同时，也会启动计时器，若在计时器限定的时间间隔之内未能收到接收方发回的 ACK 帧，即计时器超时（Timeout），则发送方将认为发送的帧已出错或者已丢失，于是将自动重新发送该帧。

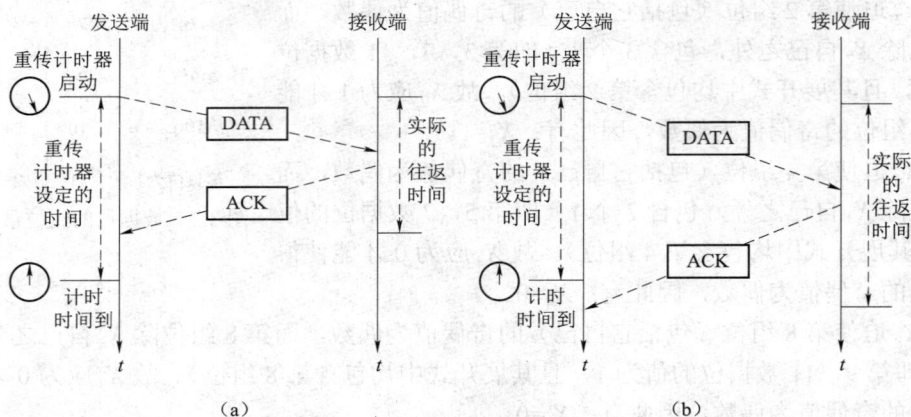

图 3.3　重传计时器的工作过程
（a）在重传计时器规定的时间内接收到 ACK 报文；
（b）在重传计时器规定的时间内没有接收到 ACK 报文

此外，基于以上重传机制，由于同一帧数据可能会被重复发送多次，这样一来，也就可能使得接收方会多次收到同一帧。若将这些重复的帧都递交给网络层，则会造成数据错误。为了防止发生这种问题，数据链路层还采用了对发送的帧进行编号的方法，即赋予每帧一个序号，从而使得接收方能够依据该序号来区分到底是新发送来的帧还是重传来的帧，并以此来确定要不要将接收到的帧递交给网络层。在有确认面向连接的服务中，数据链路层正是通过使用定时器和序号来保证每一帧最终都会且只会被正确地递交给目标网络层一次。

3.4　流量控制

3.4.1　相关术语

在数据链路层需要解决的另一个问题是：如果发送方发送帧的速度超过了接收方的接收速度，则会导致接收方因来不及接收而造成数据的丢失，例如：当发送方运行在一台快速（或负载较轻）的计算机上，而接收方运行在一台慢速（或负载重）的计算机上时，上述这种情况将很可能发生。显然，此时发送方若持续地以很高的速度发送帧，则接收方将很快无法再处理这些持续到来的帧，从而不得不丢弃一些帧。因此，必须要采取某种措施来阻止上述这种情况的发生。

通常，数据链路层采用基于反馈的流控制（Feed-back based Flow Control）机制来进行流量控制。在该方法中，一般是通过定义一些良好的规则，这些规则规定了发送方什么时候可以发送下一帧。通常，由接收方给发送方回送信息，告诉发送方被允许发送多少数据，而在没有得到接收方许可之前，禁止发送方向接收方发送数据帧。目前，常见的基于反馈的流控制机制包括基于回退 N 帧（Go Back N）技术的机制与基于选择性重传（Selective Repeat）技术的机制，这两种机制统称为滑动窗口机制（Sliding Window Mechanism）。此外，除了利用滑动窗口机制来进行流量控制之外，为了进一步提高数据传输效率，数据链路层通常还采用捎带确认、发送窗口与接收窗口等设计思想与技术，其中：

◆ 捎带确认（Piggybacking）：在收发双方在进行通信时，为了提高信道的利用率，将利用捎带确认的方法进行数据帧的确认。其原理如下：当一方收到一帧 A，如果其网络层有一个新的分组很快到来，则通过在其数据帧的头部设置的 ACK 域中捎带对 A 的确认，然后再将该数据帧发送给对方（而不单独发送确认帧给对方，从而节约了网络带宽）。否则，若在一定的时间周期内其网络层都没有新的分组到来，则发送一个单独的确认帧给对方。

◆ 发送窗口：是指发送方维持的一组序列号，分别对应于发送方允许它发送的帧，或它已发送但仍未被确认的帧。由于当前发送窗口内的帧最终可能在传输过程中丢失或被破坏，因此，发送方需要用缓存区保存好这些帧以备重传。若发送窗口的大小为 n，则发送方需要 n 个缓存区来存放未被确认的帧。若发送窗口达到最大尺寸，则发送方的链路层需要强制关闭其网络层，直到有一个缓存区空闲出来为止。

◆ 接收窗口：是指接收方维持的一组序列号，分别对应于一组接收方允许接收的帧。任何落在接收窗口外面的帧都将被接收方无条件丢弃。当一个新到的帧的序列号等于接收窗口的下界时，则接收方会把该新到帧以及接收窗口（即接收方缓存区）中原来保存的其后续各帧依次传递给网络层，并生成一个确认帧给发送方，然后将接收窗口前移。

发送窗口和接收窗口统称为滑动窗口，其原理如图 3.4 所示。在该图中，对应的滑动窗口大小为 8，假定该滑动窗口为将发送窗口，则在图 3.4（a）所示的初始时刻，由于第 1 帧到第 8 帧均处于滑动窗口之中，因此这 8 个帧均可被数据链路层发送出去，而第 9 帧以及其后的所有帧则均是不允许被发送出去的。假定第 1 帧被对方正确收到且发送方收到了对方回送过来的对第 1 帧的确认帧，则发送方即可将发送窗口往前滑动 1 位，如图 3.4（b）所示，此时，第 9 帧将进入到发送窗口之内，从而第 9 帧也可被数据链路层发送出去了。基于滑动窗口的流量控制原理如图 3.5 所示。

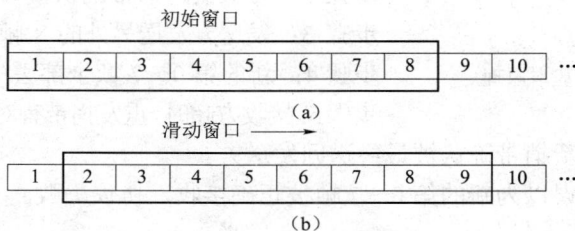

初始窗口

| 1 | 2 | 3 | 4 | 5 | 6 | 7 | 8 | 9 | 10 | … |

（a）

滑动窗口 ⟶

| 1 | 2 | 3 | 4 | 5 | 6 | 7 | 8 | 9 | 10 | … |

（b）

图 3.4 滑动窗口示意

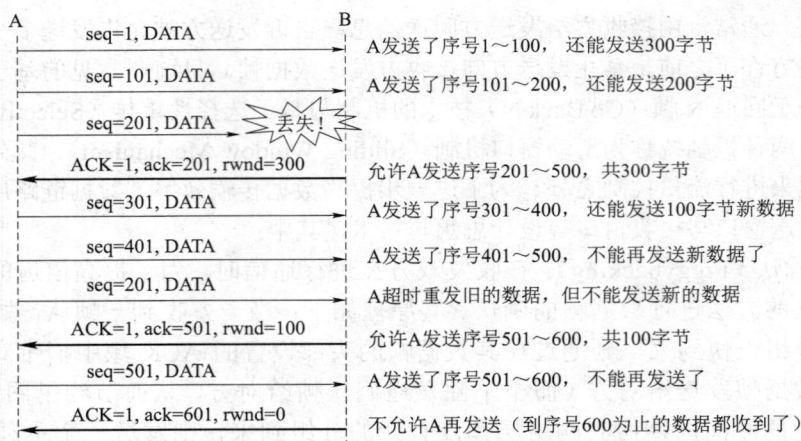

```
A                              B
    seq=1, DATA
————————————————————————————————→   A发送了序号1～100，还能发送300字节
    seq=101, DATA
————————————————————————————————→   A发送了序号101～200，还能发送200字节
    seq=201, DATA          丢失！
————————————————————————————————→
    ACK=1, ack=201, rwnd=300
←————————————————————————————————   允许A发送序号201～500，共300字节
    seq=301, DATA
————————————————————————————————→   A发送了序号301～400，还能发送100字节新数据
    seq=401, DATA
————————————————————————————————→   A发送了序号401～500，不能再发送新数据了
    seq=201, DATA
————————————————————————————————→   A超时重发旧的数据，但不能发送新的数据
    ACK=1, ack=501, rwnd=100
←————————————————————————————————   允许A发送序号501～600，共100字节
    seq=501, DATA
————————————————————————————————→   A发送了序号501～600，不能再发送了
    ACK=1, ack=601, rwnd=0
←————————————————————————————————   不允许A再发送（到序号600为止的数据都收到了）
```

图 3.5　基于滑动窗口的流量控制原理示意

3.4.2　基于回退 N 帧技术的流量控制机制

基于回退 N 帧技术的流量控制机制的基本原理：如图 3.6 所示，当接收方收到坏帧时，将丢弃该坏帧以及其后所有的后续帧（即便这些后续帧全部都是正确的），并仅为被丢弃的该坏帧发送一个否定的确认帧 NAK（Negative Acknowledgement）给发送方（而不为该坏帧后面任何后续帧发送确认帧）。当发送方收到该 NAK（或超时）后，将从该帧（或最早未被确认的帧）开始，按顺序重传其后所有的后续帧。基于回退 N 帧技术的机制对应于发送窗口大于 1，但接收窗口等于 1 的情形，即，发送方有多个帧缓存区，可一次性发送多个帧，但接收方只有 1 个帧缓存区，故每次只能接收 1 帧。

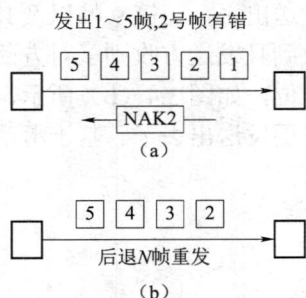

图 3.6　回退 N 帧技术的基本原理

回退 N 帧机制中的发送窗口和接收窗口大小限制：假定帧的序列号个数为 MAX_SEQ+1，分别为 0，1，2，…，MAX_SEQ，则发送窗口的大小只能为 MAX_SEQ。

例如：考虑 MAX_SEQ=7 的情形（即采用 3 位帧序号），若发送窗口的大小为 MAX_SEQ+1，则

步骤 1：发送方发送第 0～7 帧。

步骤 2：第 7 帧的捎带确认被最终送回发送方。

步骤 3：发送方发送另外的 8 帧，其序号依然为 0～7。

步骤 4：新的第 0～7 帧全部丢失。

步骤 5：接收方超时，重发捎带有对第 7 帧确认的数据帧。

步骤 6：第 7 帧的新捎带确认被最终送回发送方。

步骤 7：发送方将误以为新的第 0～7 帧被正确接收，协议失败。

3.4.3　基于选择性重传技术的流量控制机制

基于选择性重传技术的流量控制机制的基本原理：如图 3.7 所示，当接收方收到坏帧时，

将丢弃该坏帧，但是坏帧后面的所有好帧，只要是落在了接收窗口之内，都将被缓存，同时，接收方将回送一个该坏帧的NAK给发送方。当发送方收到该NAK（或超时）后，将重传该帧（或最早未被确认帧）。若该帧正确到达接收方，则接收方将把该帧以及其缓存的该帧后面的所有后续帧依次递交给网络层。选择性重传机制对应于发送窗口和接收窗口均大于1的情形，即，发送方有多个帧缓存区，可一次性发送多个帧，而接收方也有多个帧缓存区，可一次性接收多个帧。

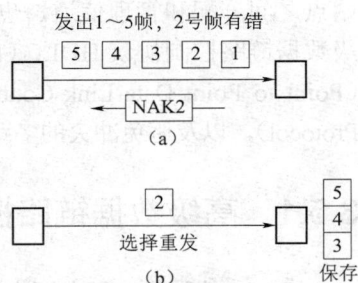

图 3.7　选择性重传技术的基本原理

选择性重传机制中的发送窗口和接收窗口大小限制：假定帧的序列号个数为 MAX_SEQ+1，分别为 0，1，2，…，MAX_SEQ，则发送窗口和接收窗口的大小均只能为（MAX_SEQ+1）/2。

例如：如图 3.8 所示，考虑 MAX_SEQ=7 的情形（即采用 3 位帧序号），若发送窗口的大小为 MAX_SEQ，则

步骤 1：发送方发送第 0～6 帧。

步骤 2：这 7 帧全部正确到达接收方，因此，接收方将对第 6 帧进行捎带确认，并前移接收窗口，允许接收新的第 7，0，1，2，3，4，5 这 7 帧。

步骤 3：接收方对第 6 帧的确认在传输过程中丢失。

步骤 4：发送方超时，重发第 0 帧。

步骤 5：接收方发现第 0 帧落在起窗口内，将第 0 帧当作新帧缓存，并回送对第 6 帧的捎带确认。

步骤 6：发送方收到第 6 帧的确认，前移接收窗口，并发送另外的 7 帧，其序号为 7，0，1，2，3，4，5。

步骤 7：接收方收到第 7 帧，将把第 7 帧以及缓存的第 0 帧依次递交其网络层，从而网络层得到一个错误的分组，协议失败。

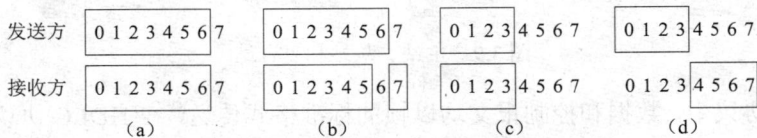

图 3.8　窗口大小为 7 或 4 时协议的工作情况
（a）窗口大小为 7 的初始情形；（b）已发送和接收 7 帧但发送方没有收到确认的情形；
（c）窗口大小为 4 的初始情形；（d）已发送和接收 4 帧但发送方没有收到确认的情形

3.5　链　路　管　理

链路管理功能主要用于面向连接的服务。在链路两端的节点要进行通信之前，首先必须确认对方已处于就绪状态，并交换一些必要的信息以对帧序号进行初始化，然后才能够建立一个连接；在传输过程中还要能维持该连接，若出现差错，则需要重新初始化并重新自动建立连接；在传输完毕后还要释放连接。数据连路层连接的建立、维持和释放，就称作链路管理。此外，在多个站点共享同一物理信道的情况下（例如：在 LAN 中），如何在要求通信的

站点之间分配和管理信道，也属于数据链路层管理的范畴。目前，典型的链路管理协议有高级数据链路控制协议 HDLC（High-level Data Link Control Protocol）、点到点链路控制协议 PPP（Point to Point Data Link Control Protocol）、介质访问控制协议 MAC（Medium Access Control Protocol），以及避免冲突的多路访问 MACA（Multiple Access with Collision Avoidance）协议等。

3.5.1 高级数据链路控制协议 HDLC

HDLC 协议是一种在同步网上传输数据、面向比特的数据链路控制协议，是由国际标准化组织（ISO）根据 IBM 公司在 1974 年所提出的异步数据链路控制协议 SDLC（Synchronous Data Link Control）扩展开发而成的一种通用的数据链路控制协议。HDLC 协议的主要特点如下：

◆ HDLC 协议不依赖于任何一种字符编码集，通过采用"0 比特插入法"可实现对数据的透明传输，而且对所传输信息的比特组合模式无任何限制，处理简单，易于硬件实现。

◆ 支持全双工通信，有较高的数据链路传输效率。

◆ 所有帧采用 CRC 检验，对信息帧进行顺序编号，可防止漏收或重收，传输可靠性高。

◆ 传输控制功能与处理功能分离，具有较大灵活性。

基于以上特点，HDLC 业已成为通信领域中不可缺少的一个重要协议，目前在网络设计与整机内部通信设计中均已得到普遍采用。

如图 3.9 所示，在 HDLC 协议中，定义了主站、从站和复合站三种不同类型的节点，其中：主站的主要功能是发送控制命令（包括数据信息）帧、接收响应帧，并负责对整个链路控制系统的初启、流程的控制、差错检测或恢复等；从站的主要功能是接收由主站发来的命令帧，向主站发送响应帧，并且配合主站参与差错恢复等链路控制；而复合站则既能发送，又能接收命令帧和响应帧，并且负责整个链路的控制。

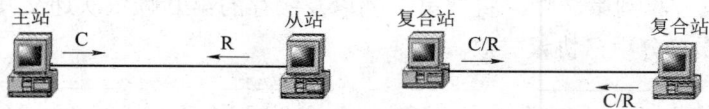

图 3.9 主站、从站和复合站

在 HDLC 协议中，数据和控制报文均以帧的标准格式传送，在 HDLC 协议之中定义了信息帧（I 帧）、监控帧（S 帧）和无编号帧（U 帧）三种不同类型的帧，其中：

◆ 信息帧（I 帧）：主要用于传送有效信息或数据。

◆ 监控帧（S 帧）：主要用于传送差错控制和流量控制信息。用于监视和控制数据链路，完成信息帧的接收确认、重发请求、暂停发送等功能。监控帧没有信息字段。

◆ 无编号帧（U 帧）：主要用于提供对链路的建立、拆除以及多种监控功能。

HDLC 协议中的帧格式如图 3.10 所示，其中：

标志字段 F（起始标志）	地址字段 A	控制字段 C	信息字段 I	帧校验序列字段 FCS	标志字段 F（结束标志）
01111110	8 比特	8 比特	$n*8$ 比特	16 或 32 比特	01111110

图 3.10 HDLC 协议中的帧格式

◆ 标志字段（F）：标志字段为"01111110"的比特模式，用以标志帧的起始和前一帧的终止。标志字段也可以作为帧与帧之间的填充字符。通常，在不进行帧传送的时刻，信道仍处于激活状态，在这种状态下，发送方不断地发送标志字段，便可认为一个新的帧传送已经开始。

◆ 地址字段（A）：命令帧中地址字段的值为对方站的地址，响应帧中地址字段的值为本站的地址。某一地址也可分配给多个站，这种地址称为组地址，利用一个组地址传输的帧能被组内所有拥有该组地址的站接收。但当一个从站或复合站发送响应时，它仍应当用它唯一的地址。此外，全"1"地址表示包含所有站的地址，称为广播地址。含有广播地址的帧会被传送给链路上的所有站，而定全"0"地址则表示无站地址，这种地址不分配给任何站，仅用作测试。HDLC 协议可用于点到点连接和点到多点连接（如图 3.11 所示），其中，用于点到点连接时，地址字段的值为空。

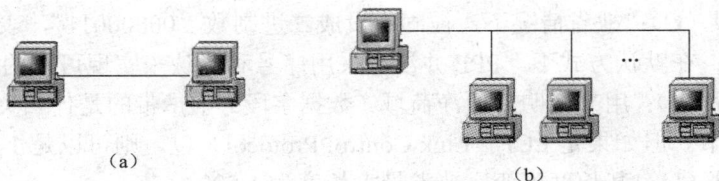

（a）　　　　　　　　　　　（b）

图 3.11　点到点连接和点到多点连接

(a) 点到点连接；(b) 点到多点连接

◆ 控制字段（C）：控制字段用于构成各种链路控制命令和响应，以便对链路进行监视和控制。发送方主站或复合站利用控制字段来通知被寻址的从站或复合站执行约定的操作；相反，从站用该字段作对命令的响应，报告已完成的操作或状态的变化。

◆ 信息字段（I）：信息字段可以是任意的二进制比特串，比特串长度未做限定，其上限由 FCS 字段或通信站的缓冲器容量来决定，目前国际上用得较多的是 1 000～2 000 比特；而下限可以为 0，即无信息字段。但监控帧（S 帧）中规定不可有信息字段。

◆ 帧校验字段（FCS）：帧校验序列字段可以使用 16 位 CRC 对两个标志字段之间的整个帧的内容进行校验。FCS 的生成多项式可采用 CCITTV4.1 建议规定的 $x^{16}+x^{12}+x^5+1$，也可采用 ANSI CRC-16 标准规定的 $x^{16}+x^{15}+x^2+1$。

3.5.2　点到点链路控制协议 PPP

　　PPP 协议是 IETF（Internet Engineering Task Force，因特网工程任务组）推出的一种适用于点到点连接的数据链路控制协议，是一种正式的因特网数据链路层协议标准，该协议在 RFC 1661、RFC 1662 和 RFC 1663 中进行了描述。PPP 协议使用链路控制协议 LCP（Link Control Protocol）为用户建立、维护与释放链路，使用网络控制协议 NCP（Network Control Protocol）为其上的网络层提供服务接口。针对网络层不同的协议类型，会使用不同的 NCP 组件，例如：对于 IP 协议提供 IPCP 接口，对于 IPX 协议（Internet work Packet Exchange，互联网络数据包交换协议，是一种供 Novell NetWare 操作系统专用的网络协议簇）提供 IPXCP 接口，对于 APPLETALK 协议（一种供 Windows NT 服务器 Macintosh 专用的网络协议）提供 ATCP 接口等。

PPP 协议中的帧格式是以 HDLC 帧格式为基础，仅做了很少的改动，二者之间的主要区别是：PPP 是面向字符的，而 HDLC 是面向位的。PPP 协议中的帧格式具体如图 3.12 所示。

标志字段 F（起始标志）	地址字段 A	控制字段 C	协议字段 P	信息字段 I	帧校验序列字段 FCS	标志字段 F（结束标志）
01111110	11111111	00000011	2 字节	0～1 500 字节	16 或 32 字节	01111110

图 3.12　PPP 的帧格式

◆ 标志字段（F）：PPP 帧是以 HDLC 的标志字节（01111110）来表示帧的开始和结束的。

◆ 地址字段（A）：缺省情况下，被固定设成二进制数"11111111"，因为点到点线路的一个方向上只有一个接收方。

◆ 控制字段（C）：缺省情况下，被固定设成二进制数"00000011"，表明这是一个无序号帧，即意味着：在默认方式下，PPP 并没有采用序号和确认来实现可靠的传输。

◆ 协议字段（P）：用来标明后面净荷域（数据字段）中携带的是什么类型的数据，其缺省大小为 2 个字节。但如果是 LCP（Link Control Protocol）包，则可以是 1 字节。

◆ 信息字段（I）：其长度可变，缺省最大长度为 1 500 字节。

◆ 帧校验和序列字段（FCS）：通常情况下是 2 个字节，但也可以是 4 字节。

PPP 连接可以随时终止，其原因可能是载波丢失、超时计数器溢出、认证失败、连接质量失败或者网络管理员关闭连接。LCP 通过交换连接终止包来终止连接。当连接正在被终止的时候，PPP 会通知网络层以便它采取相应的动作。在交换了终止请求包后，PPP 将通知物理层断开以便使得连接真正终止，尤其是在认证失败的时候。发送连接终止请求包的一方应该等待接收到连接终止确认包或超时后再断开。收到连接终止确认包的一方应该等待对方首先断开，并且决不能断开，直到至少有一个超时计时器在发送了终止连接确认包后溢出。然后，PPP 应该进入连接释放阶段，在此阶段，所有接收到的非 LCP 数据包都将被静默丢弃。

3.5.3　介质访问控制协议 MAC

局域网的数据链路层分为逻辑链路层 LLC（Logical Link Control）和介质访问控制 MAC（Medium Access Control）两个子层，其中，LLC 子层负责为网络层提供统一的接口，而 MAC 子层则负责解决当局域网中因共用信道的使用产生竞争时，如何分配信道使用权的问题。

目前，局域网中广泛采用的介质访问控制协议为 CSMA/CD（Carrier Sense Multiple Access with Collision Detection，带冲突检测的 CSMA）协议，其基本思想为：当一个站要发送数据时，首先监听信道；如果信道空闲，就发送数据，并继续监听；如果在数据发送过程中监听到了冲突，则立刻停止数据发送，并在等待一段随机的时间之后再重新开始尝试发送数据。如图 3.13 所示，CSMA/CD 的控制过程包含以下四个方面的处理内容：侦听、发送、检测、冲突处理，其中：

◆ 侦听：站点在准备发送帧之前，先通过专门的检测模块侦听总线上是否有数据正在传送（即线路是否忙）。若线路忙，则等待一个延时之后再继续侦听，若仍然忙，则继续延迟等待，一直到线路空闲可以发送数据为止，具体每次等待的延时值由二元指数退避算法（Binary Exponential Back-off）确定；若线路空闲，则向总线上发送数据帧。

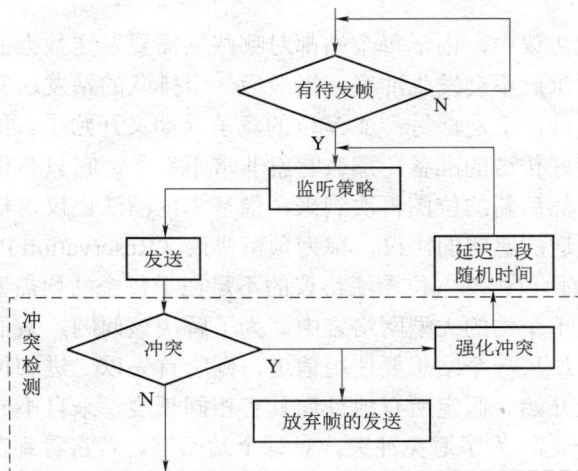

图 3.13　CSMA/CD 的工作流程

其中，二元指数退避算法的工作原理如下：在发生第 i 次冲突之后，每个站会在 $0\sim2^i$-1 之间选择一个随机数，然后等待这么多个时隙（在以太网中每个时隙的长度为 51.2 μs），但在达到 10 次冲突后，随机数将固定在最大值 1 023（=2^{10}−1）上而不再继续增加，并且在第 16 次冲突之后将放弃发送努力，同时回送一个失败报告给网络层，进一步的失败恢复工作取决于网络层协议。

◆ 发送：当确定要发送之后，通过发送模块向总线发送数据帧。

◆ 检测：数据帧发送之后也可能还是会发生碰撞冲突，因此，站点要对数据帧一边发送，一边接收，以判断是否发生了冲突（若自己收到的数据帧与原发送的数据帧不一致，则表示发生了冲突）。

◆ 冲突处理：当确认发生冲突之后，则先发送阻塞信息以强化冲突，并立刻停止数据发送，然后再进行侦听工作，以待下次重新发送。

显然，CSMA/CD 协议是一种有竞争的介质访问控制协议，该类介质访问控制协议在低负载的链路中具有较好的性能（例如：具有较小的延时），但在高负载的链路中，则无冲突的介质访问控制的性能更佳（例如：具有更高的信道利用率）。目前，代表性的无冲突的介质访问控制协议有基本位图法（Basic Bit-map Method）协议与二进制倒计数（Binary Countdown）协议等。

（1）基本位图法协议：如图 3.14 所示，基本位图法的工作原理为：假定共享信道上有 N 个站，则每个竞争周期（称为位图）也恰好分为 N 个时隙，分别与 N 站一一对应。如果一个站有帧要发送，则会在对应自己的那个时隙中插入一个"1"位来声明自己有一帧要发送，因此，当 N 个时隙都通过了之后，每个站都会知道哪些站有帧要发送，此时，有帧要发送的所有站就可以按照时隙的先后顺序来依次传输数据了。

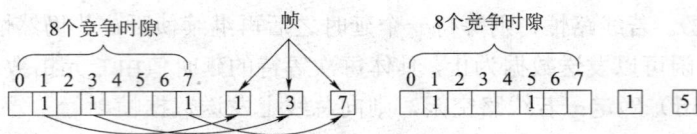

图 3.14 基本位图法协议的工作原理

在上述基本位图法协议中，由于每个站都对哪些站需要发送数据的情况非常清楚，并且遵守统一的规定，所以永远不会发生冲突。当最后一个排队的站发送完帧之后，每个站都可以很容易检测到这个事件，于是，另一个 N 位的竞争周期又开始了。如果当一个站的位时隙刚刚过去的时候它才做好传送的准备，那么它就非常不幸了，它只有保持沉默，直到每个排队的站都发送完数据，然后新的位图再次到来。像基本位图法协议这样在实际传送数据之前先广播自己有数据要发送的愿望的协议，称为预留协议（Reservation Protocol）。

（2）二进制倒计数协议：基本位图法协议的不足在于每个站均需要 1 位的位图开销，因此难以扩展到包含有上千个站的大型网络之中。为了解决该问题，人们提出了二进制倒计数协议，其工作原理为：如果一个站想要使用信道，则它首先以二进制位串的形式广播它的地址，并且从高序号的位开始。假定所有地址均具有相同长度，来自不同站的每个地址中的位利用布尔或（OR）在一起，为了避免冲突，对每个站而言，若它看到在自己的地址位中，一个值为 0 的高序号位被改写成了 1，则它将放弃本轮发送。

例如：如果站 0010，0100，1001 和 1010 都试图获得信道，则在第一个位时间内，这些站将分别发送 0，0，1，1，它们被 OR 在一起得到 1，因此，站 0010 与 0100 将选择放弃，而 1001 与 1010 则继续第二轮竞争。在第二轮竞争中，由于 1001 与 1010 的位均为 0，因此继续第三轮竞争。在第三轮竞争中，由于 1010 的位为 1，则 1001 将选择放弃，最终，1010 站获得发送权。而在 1010 站发送完一帧之后，新一轮的竞争将重新开始。

基于上述方法的协议称为二进制倒计数协议，显然，在该协议中高序站的发送优先级要高于低序站的发送优先级。

由前述分析可知，若能将有竞争协议与无冲突协议的优势结合起来，使得新协议在低负载情况下使用竞争协议，在高负载情况下使用无冲突技术，从而不但可在低负载下获得较短的延迟，同时还可在高负载下获得较高的信道利用率。我们把能满足上述要求的协议称为有限竞争协议（Limited Contention Protocol），其中，自适应树搜索协议就是一种简单有效的有限竞争协议。

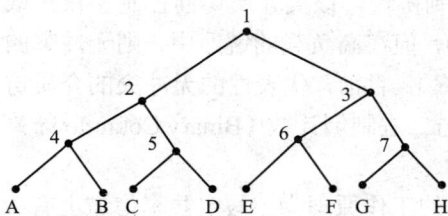

图 3.15 包含 8 个站的二叉树

自适应树搜索协议的工作原理如下：把网络中的站看作是二叉树的叶子，并根据站点之间的父子关系来将站点分组，如图 3.15 所示。在一次成功传送之后的第一个竞争时隙，即 0 号时隙中，所有站点都允许尝试获取信道，若发生了冲突，则在 1 号时隙中，只有该树中 2 号节点之下的站才可以参与竞争。若其中之一的站获得了信道，则这一帧之后的那个时隙被保留给节点 3 下面的那些站。若节点 2 之下的两个或多个站希望传送数据，则 1 号时隙将发生冲突，在这种情况下，2 号时隙就由节点 4 下面的站来竞争。

3.5.4 避免冲突的多路访问 MACA

前述协议主要适用于有线局域网之中，但在无线局域网中，若仍采用 CSMA 协议来进行信道的动态分配，考虑如图 3.16（a）中所示站 A 正在向站 B 传送数据时的情形，此时，若站 C 正在进行信道冲突检测，由于站 A 在站 C 的通信距离范围之外，因此，站 C 会错误地以为可向站 B 传送数据帧。此时，若站 C 真的开始向站 B 传送数据，则站 B 接收数据的过程将会受到干扰，从而扰乱了站 A 送出的帧。这种由于竞争对手离得太远，而导致一个站无法检测到潜在的介质竞争对手的问题，称为隐藏站问题（Hidden Station Problem）。

另外，再考虑 3.16（b）中所示站 B 正在向站 A 传送数据时的情形，此时，如果站 C 正在进行信道冲突检测，则将侦测到信道上有一个传输正在进行，从而会错误地认为不能向站 D 发送数据。上述这种问题称为暴露站问题（Exposed Station Problem）。

在无线 LAN 中由于采用 CSMA 协议时存在上述隐藏站与暴露站的问题，因此，CSMA 协议不适合于无线 LAN 的情形。

无线 LAN 中常用的动态信道分配协议为 MACA（Multiple Access with Collision Avoidance，避免冲突的多路访问协议），如图 3.16 所示，MACA 的基本思想为：发送方 A 首先发送一个短帧 RTS（Request To Send）刺激一下接收方 B，让接收方 B 输出一个短帧 CTS（Clear To Send）作为应答，当发送方 A 收到 CTS 帧之后才开始真正的数据传输。

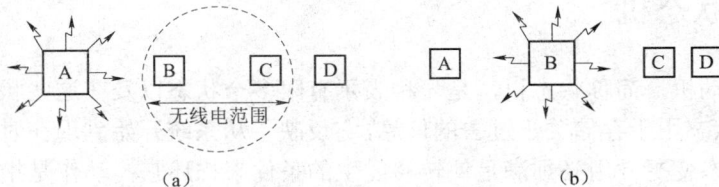

图 3.16　无线 LAN 的站点发送问题
(a) 隐藏站问题；(b) 暴露站问题

显然，MACA 协议保证了在存在多个互不可见的发送站需要同时向同一个接收站发送数据帧时，只有收到了接收站回应 CTS 的那个发送站才能进行实际数据帧的发送，从而避免了冲突的发生。此外，采用 MACA 协议时，如果某个站监听到了 RTS 帧，则该站一定是离站 A 很近，因此，该站必须等待足够长的时间以便 CTS 可以在无冲突的情况下被回送给站 A。同理，如果某个站监听到了 CTS 帧，则该站一定是离站 B 很近，因此，该站在接下来的数据帧传送过程中必须保持沉默，同时，该站只需检查一下 CTS 帧，即可知道接下来的数据传输过程需要持续多久，从而也就知道了自己需要保持多长时间的沉默。

例如：在图 3.17（b）中，由于站 C 在站 B 的通信范围内，但不在站 A 的通信范围内，从而使得站 C 可以监听到站 B 发送的 RTS 帧，但却监听不到站 A 回复的 CTS 帧，因此，只要没有干扰到站 B 对 CTS 帧的正确接收，则站 C 可以在站 B 向站 A 传输数据帧的过程中自由地向站 D 发送任何信息。

不过，尽管采取了上述防范措施，但冲突仍然可能会发生，例如：在图 3.17（a）中，若站 A 和站 C 可能会同时发送 RTS 帧给 B，则将产生冲突。在发生冲突的情况下，一个失败的发送方（即在期望的时间内没有收到 CTS 的一方）将在随机等待一段时间之后再重新尝试，其中，具体等待的延时值仍由前述二元指数退避算法确定。

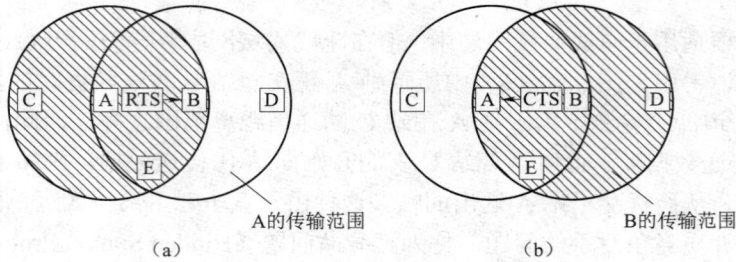

(a) A 的传输范围　　　　(b) B 的传输范围

图 3.17　MACA 协议的工作原理

（a）A 向 B 发送 RTS；（b）B 以 CTS 响应 A

3.6　协　议　验　证

由于协议程序的实现非常复杂，因此，需要有一些方法来对协议的正确性进行验证。目前，描述和验证密码协议的有效手段主要有有限状态机 FSM（Finite State Machine）模型与 Petri 网模型等。

3.6.1　有限状态机

有限状态自动机，简称状态机，是一种表示有限多个状态以及在这些状态之间转移和动作的数学模型。状态用于存储关于过去的信息，它反映了从系统开始到现在时刻输入的变化；转移用于指示状态变更，用必须满足使转移发生的条件来描述它；动作是指在给定时刻要进行的活动描述。有限状态自动机中的动作类型主要包括如下几种：

（1）进入动作：在进入状态时进行。

（2）退出动作：在退出状态时进行。

（3）输入动作：依赖于当前状态和输入条件进行。

（4）转移动作：在进行特定转移时进行。

在利用有限状态机模型验证协议的正确性时，每个协议机（即发送方或接收方）在任何一个时刻，总会处于某一种特定的状态，而对于每一种状态，当某个事件发生时，状态转换就会发生，同时，会有 0 个或多个可能的状态转换（Transition，也称为状态变迁）来使得协议机到达其他的状态。图 3.17 给出了选择性重传协议的有限状态机模型，其中，每种状态由 3 个字符 S-R-C 表示，其含义分别如下：

◆ S 为 0 或 1，对应于发送方正在或试图发送的那一帧，其中，S=0 表示发送了第 0 号帧、S=1 表示发送了第 1 号帧。

◆ R 为 0 或 1，对应于接收方期望接收的那一帧，其中，R=0 表示期待接收第 0 号帧、R=1 表示期待接收第 1 号帧。

◆ C 为 0、1、A 或空（−），对应于信道的状态，其中，C=0 表示第 0 号帧在信道上、C=1 表示第 1 号帧在信道上，C='A' 表示确认帧在信道上，而 C='−' 则表示没有帧在信道上。

基于上述状态表示方法，图 3.18 中的状态变迁过程可描述如下：

（1）有限状态机的初始状态为（S-R-C）=（000）：表示在初始阶段，发送方发送了 0 号帧（S=0）、接收方期望接收 0 号帧（R=0），而且 0 号帧当前正在信道上（C=0，表示 0 号帧还未被接收方处理，即接收方还未对 0 号帧进行确认）。

（2）当变迁 1 发生时（图 3.18（b）给出了 9 种可能的变迁），即接收方正确地收到了 0 号帧，则接收方将期望接下来能够接收到 1 号帧（R=1），并且还将回送对 0 号帧的确认帧 A 给发送方。因此，有限状态机的状态变为（01 A），即发送方发送了 0 号帧、接收方期望接收 1 号帧，而且 0 号帧的确认帧 A 当前正在信道上。

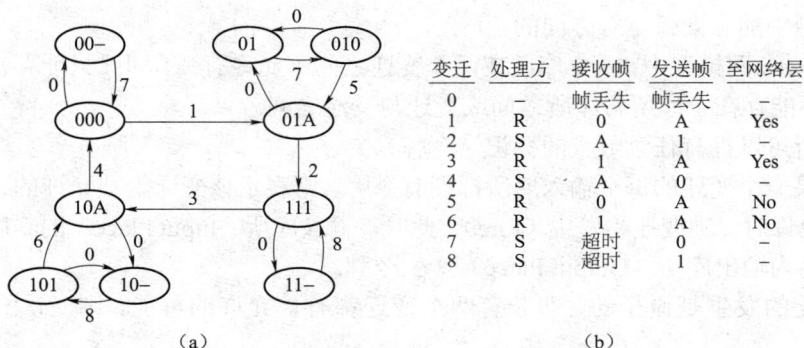

变迁	处理方	接收帧	发送帧	至网络层
0	—	帧丢失	帧丢失	—
1	R	0	A	Yes
2	S	A	1	—
3	R	1	A	Yes
4	S	A	0	—
5	R	0	A	No
6	R	1	A	No
7	S	超时	A 1	
8	S	超时	1	

图 3.18　选择性重传协议的有限状态机模型

（3）当变迁 2 发生时，即接收方正确地收到了对 0 号帧的确认帧 A，则发送方接下来将发送 1 号帧。因此，有限状态机的状态变为（111），即发送方发送了 1 号帧、接收方期望接收 1 号帧，而且 1 号帧当前正在信道上。

（4）在正常的操作过程中，变迁 1、2、3、4 顺序地不断重复。在每轮循环中，两个分组（0 号帧、1 号帧）被依次递交，从而将发送方带回初始状态（000），即发送方试图发送序号为 0 的一个新帧。

（5）若发送方发送的 0 号帧丢失（对应变迁 0），则有限状态机的状态将从（000）变迁为（00−），最终发送方超时（对应变迁 7），从而有限状态机的状态将会重新变回到（000）。

（6）若接收方发送的 0 号帧的确认帧丢失（对应变迁 0），则有限状态机的状态将从（01 A）变迁为（01−），最终发送方超时（对应变迁 7），将重新发送 0 号帧，则有限状态机的状态将变迁为（010）；若 0 号帧丢失（对应变迁 0），则有限状态机的状态将变迁为（01−）；若信道正确地将 0 号帧递交给接收方（对应变迁 5），则有限状态机的状态将变迁为（01 A）。

3.6.2　Petri 网

Petri 网是对离散并行系统的一种数学表示方法，是在 1962 年由卡尔·佩特里（Petri）发明的，是一种适合于描述异步的、并发的计算机系统的模型。如图 3.19 所示，Petri 网一般由以下四个基本元素构成：

◆ 库所（Place）：代表系统可能处于的状态，用圆圈表示。

◆ 变迁（Transiton）：代表系统状态发生改变，用竖线表示。

◆ 有向弧（Arc）：代表系统的输入/输出，用有向弧线表示。

◆ 标记（Token）：也称为令牌，代表系统当前处于的状态，用黑点表示。

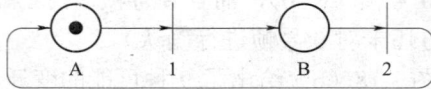

图 3.19　包含 2 个库所和 2 个变迁的 Petri 网

基于以上四个基本元素，要构建一个如图 3.19 所示的 Petri 网模型，还须满足如下几个规则：

（1）模型中的有向弧是有方向的。

（2）在 Petri 网模型中，两个库所或两个变迁之间不允许有弧，即弧只能存在于库所与变迁之间，而不能存在于库所与库所之间或变迁与变迁之间。

（3）库所可以拥有任意数量的标记（令牌）。

（4）如果一个变迁的每个输入库所都拥有令牌，则表示该变迁为被允许的（Enable）。当一个变迁被允许时，则变迁将发生（Fire），此时，输入库所（Input Place）的令牌将会被消耗掉，同时也会为输出库所（Output Place）产生令牌。

（5）变迁的发生是原子的，即若有两个变迁都有被允许的可能，则一次只能发生一个变迁。

（6）如果出现一个变迁，其输入库所的个数与输出库所的个数不相等，则令牌的个数将会发生变化。

（7）Petri 网络是静态的，Petri 网的状态由令牌在库所中的分布决定。

图 3.19 给出了选择性重传协议的 Petri 网模型，其中，Petri 网模型的左边为发送方的状态，中间为信道的状态，右边为接收方的状态，其中：

◆ 在发送方状态中，包含了 2 种可能状态，分别为：等待 0 号帧的确认帧、等待 1 号帧的确认帧。而且发送方还对应了 4 种可能变迁，分别为：发送 0 号帧（变迁 1）、等待 0 号帧的确认帧超时（变迁 2）、发送 1 号帧（变迁 3）、等待 1 号帧的确认帧超时（变迁 4）。

◆ 在信道状态中，包含了 3 种可能状态，分别为：状态 C（0 号帧在信道上）、状态 D（确认帧在信道上）、状态 E（1 号帧在信道上）。而且信道还对应了 3 种可能变迁，分别为：0 号帧丢失（变迁 5）、确认帧丢失（变迁 6）、1 号帧丢失（变迁 7）。

◆ 在接收方状态中，包含了 2 种可能状态，分别为：期望接收 1 号帧、期望接收 0 号帧。而且发送方还对应了 4 种可能变迁，分别为：接收 0 号帧（变迁 10）、拒绝 0 号帧（变迁 8）、接收 1 号帧（变迁 11）、拒绝 1 号帧（变迁 9）。

在图 3.20 中，以上各变迁所对应的情形分别如下：

变迁 1：对应于发送 0 号帧后系统在正常情况下的行为。

变迁 2：对应于发送 0 号帧后系统在超时情况下的行为。

变迁 3：对应于发送 1 号帧后系统在正常情况下的行为。

变迁 4：对应于发送 0 号帧后系统在超时情况下的行为。

变迁 5：对应于 0 号帧丢失后系统的行为。

变迁 6：对应于确认帧丢失后系统的行为。

变迁 7：对应于 1 号帧丢失后系统的行为。

变迁 8：对应于到达接收的 0 号帧发生序号错误时系统的行为。

变迁 9：对应于到达接收的 1 号帧发生序号错误时系统的行为。

变迁 10：对应于接收方正确收到 0 号帧并递交网络层后系统的行为。

变迁 11：对应于接收方正确收到 1 号帧并递交网络层后系统的行为。

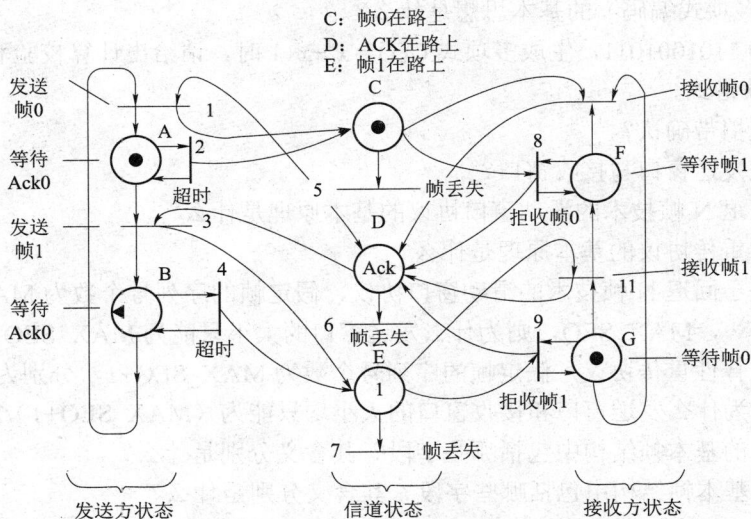

图 3.20   选择性重传协议的 Petri 网模型

3.7 本 章 小 结

本章主要对 OSI 参考模型的数据链路层的功能、协议以及其中所采用的主要技术等分别进行了详细介绍，通过本章的学习，需要掌握 OSI 参考模型中数据链路层的基本功能与相关的术语及定义。需要熟悉 OSI 参考模型中数据链路层所采用的数据交换技术、成帧技术、错误控制与流控制技术、纠错码和检错码生成技术以及各种代表性的数据链路控制协议等。

3.8 本 章 习 题

1. 数据链路层主要包括哪些功能？

2. 数据链路层主要采用何种成帧的方法？其工作原理是什么？

3. 由于帧传输过程中可能存在丢帧的现象，为了保证接收方能顺利接收到发送方发送的所有帧，数据链路层主要采用什么技术来进行错误控制？

4. 在数据链路层中，如果发送方发送帧的速度超过了接收方能够接收这些帧的速度，则发送方可能将接收方淹没，为了阻止上述这种情况的发生，数据链路层主要采用什么技术来进行流控制？

5. 什么是纠错码和检错码？其适用的环境有什么不同？

6. 海明码编码方案的原理是什么？为什么海明码编码方案可纠正单个错误？

7. 假定传输的数据为 1100101，基于海明码编码方案，采用偶校验，请给出最终的编码结果。

8. 假定在编码方案 S 中，每个 n-位码字包含 m 个数据位和 r 个校验位，且能纠正单个错误，请给出所需要的校验位数目的下界限定条件。海明码编码方案是否可以达到上述下界条件？

9. CRC（多项式编码）的基本思想是什么？

10. 当帧为 1101001011，生成多项式 $G(x) = x^4+x+1$ 时，请给出计算校验和的过程，并给出最终传输的帧格式。

11. 什么是捎带确认？

12. 什么是发送窗口与接收窗口？

13. 基于回退 N 帧技术的滑动窗口协议的基本原理是什么？

14. 选择性重传协议的基本原理是什么？

15. 采用基于回退 N 帧技术的滑动窗口协议，假定帧的序列号个数为 MAX_SEQ+1，分别为 0，1，2，…，MAX_SEQ，则为什么发送窗口的大小只能为 MAX_SEQ？

16. 采用选择性重传协议，假定帧的序列号个数为 MAX_SEQ+1，分别为 0，1，2，…，MAX_SEQ，则为什么发送窗口和接收窗口的大小均只能为（MAX_SEQ+1）/2？

17. HDLC 的基本帧结构中包括哪些字段？其含义分别是什么？

18. PPP 的基本帧结构中包括哪些字段？其含义分别是什么？

19. CSMA/CD 的工作原理是什么？

20. MACA 的工作原理是什么？

21. 什么是有限状态机？试采用有限状态机模型来对选择性重传协议的正确性进行验证。

22. 什么是 Petri 网？试采用 Petri 网模型来对选择性重传协议的正确性进行验证。

第4章

网络层

网络层是 OSI/RM 模型中的第三层，其主要任务是在数据链路层提供的两个相邻端点之间的数据帧的传送功能上，进一步管理网络中的数据通信，将数据设法从源端经过若直干个中间节点传送到目的端，从而向传输层提供最基本的端到端的数据传送服务。本章将分别针对网络层的主要功能以及网络层协议中所使用到的一些关键技术进行详细介绍。

4.1 网络层的功能

网络层主要是为传输层提供服务，为了向传输层提供服务，则网络层必须要使用数据链路层提供的服务。而数据链路层的主要作用是负责解决两个直接相邻节点之间的通信，但并不负责解决数据经过通信子网中多个转接节点时的通信问题，因此，为了实现两个端系统之间的数据透明传送，让源端的数据能够以最佳路径透明地通过通信子网中的多个转接节点到达目的端，使得传输层不必关心网络的拓扑构型以及所使用的通信介质和交换技术，网络层必须具有以下功能：

（1）分组与分组交换：把从传输层接收到的数据报文封装成分组（Packet，也称为"包"）再向下传送到数据链路层。

（2）路由：通过路由选择算法为分组通过通信子网选择最适当的路径。

（3）网络连接复用：为分组在通信子网中节点之间的传输创建逻辑链路，在一条数据链路上复用多条网络连接（多采取时分复用技术）。

（4）差错检测与恢复：一般用分组中的头部校验和进行差错校验，使用确认和重传机制来进行差错恢复。

（5）服务选择：网络层可为传输层提供数据报和虚电路两种服务，但 Internet 的网络层仅为传输层提供数据报一种服务。

（7）网络管理：管理网络中的数据通信过程，将数据设法从源端经过若干个中间节点传送到目的端，为传输层提供最基本的端到端的数据传送服务。

（8）流量控制：通过流量整形技术来实现流量控制，以防止通信量过大造成通信子网的性能下降。

（9）拥塞控制：当网络的数据流量超过额定容量时，将会引发网络拥塞，致使网络的吞吐能力急剧下降。因此需要采用适当的控制措施来进行疏导。

（10）网络互连：把一个网络与另一个网络互相连接起来，在用户之间实现跨网络的通信。

（11）分片与重组：如果要发送的分组超过了协议数据单元允许的长度，则源节点的网络层就要对该分组进行分片，分片到达目的主机之后，有目的节点的网络层再重新组装成原分组。

为了将数据从源端沿着网络路径送达目的端，网络层通常为传输层提供以下两种可能的服务：

（1）无连接的数据报服务：在数据报服务中，每个分组均包含了目的端和源端的详细地址，是一个在网络上传输的独立单元，称作数据报（Datagram），每个数据报从源端独立路由到达目的端。数据报服务的优点是通信比较迅速，使用灵活方便，网络额外开销小，其缺点是可靠性低，不能防止报文的丢失、重复或失序。例如：TCP/IP 网络（Internet）中采用的就是无连接的数据报服务。

（2）面向连接的虚电路服务：在虚电路服务中，源端和目的端在传输数据分组之前，首先建立一条从源端连接的源路由器到目的端连接目标路由器之间的逻辑路径作为连接，称为虚电路 VC（Virtual Circuit）。在虚电路建立之后，该条虚电路上的所有节点（路由器）均会为该虚电路建立端口映射，而且源端的所有数据分组都会沿着该虚电路按照顺序到达目的端。虚电路服务的优点是能够提供服务质量的承诺，即所传送的分组不会出现出错、丢失、重复和失序的情形，同时，还能够保证分组传送的时限，其缺点是需要额外建立虚电路连接，因此网络成本高。例如：ATM（异步传输模式，Asynchronous Transfer Mode）网络中采用的就是面向连接的虚电路服务。

虚电路服务和数据报服务的比较见表 4.1。

表 4.1　虚电路服务和数据报服务的比较

比较项目	数据报服务	虚电路服务
建立连接	不需要	需要
地址信息	每个分组携带完整的目标地址	每个分组包含一个很短的 VC 号
状态信息	路由器不保存任何连接信息	每个 VC 都要求路由器为该连接建立端口映射
路由	每个分组独立路由	每个分组沿 VC 路由
路由器失效影响	无	VC 中断
服务质量	难以实现	容易实现
拥塞控制	难以实现	容易实现

4.2　网络层协议与分组格式

由于受到硬件和处理能力等资源限制，计算机网络显然无法连续地传送任意长度的数据，因此，实际上网络层会把数据分割成小块，然后逐块地发送到网络上去，这种小块就称作分组（Packet，也称为"包"）。在不同的网络之中，分组的形式也不尽相同。

4.2.1 IP 协议与 IP 分组格式

Internet 的网络层协议为 IP（Internet Protocol）协议，IP 协议的任务是提供尽力投递（Best-Efforts，即不提供任何保障）的服务将数据分组从源端传送到目的端。目前，IP 协议主要包括 IPv4（Internet Protocol Version 4）和 IPv6（Internet Protocol Version 6）两个版本。

在 IPv4 协议中，每个分组均包含了一个头部和一个数据部分，其中，分组的头部总长为 20～60 字节，包括了一个 20 字节的定长部分和一个可选的变长部分（长度不超过 40 字节），如图 4.1 所示，其中：

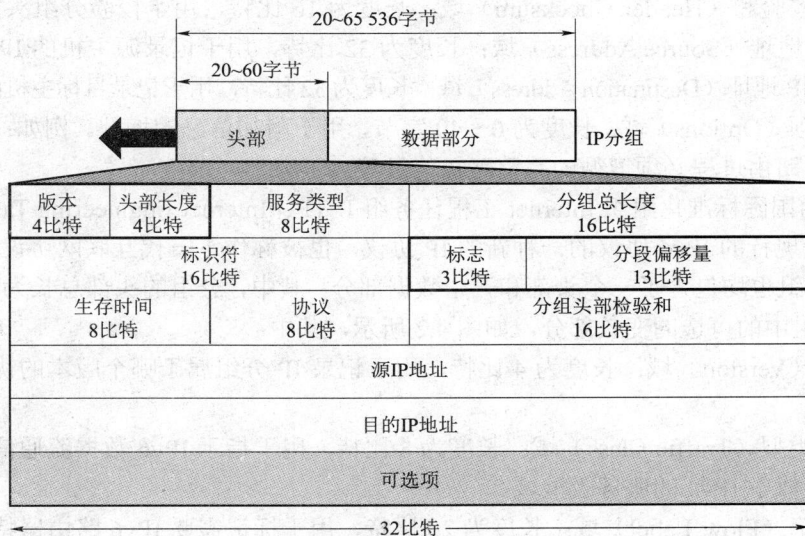

图 4.1 IPv4 分组及其头部格式

◆ 版本（Version）域：长度为 4 比特，用于记录 IP 分组属于哪个版本的协议（例如：IPv4 等）。

◆ 头部长度（Internet Header Length，IHL）域：长度为 4 比特，用于指明头部的长度。IHL 的最小值为 5（0101），最大值为 15（1111），其长度单位为 4 字节，因此对应的头部长度范围为 20～60 字节，即头部最长为 60 字节（=15×4 字节，有可选项时），最短为 20 字节（=5×4 字节，没有可选项时），故变长的可选项部分最长为 40 字节。

◆ 服务类型（Type of Service）域：长度为 8 比特，用于定义 IP 分组的优先级与源主机关心的网络质量信息等。

◆ 分组总长度（Total Length）域：长度为 16 比特，用于记录 IP 分组中所有内容（头部+数据部分）的总长度，其最大长度为 65 536 字节（即 0000000000000000～1111111111111111），因此，IP 分组中数据部分的长度范围为 65 476 字节（去掉 60 字节头部）～65 516 字节（去掉 20 字节头部）。

◆ 标识（Identification）域：长度为 16 比特，用于让目标主机确定一个新到达的分段属于哪个分组。属于同一个 IP 分组的所有分段均包含相同的 Identification 值。

◆ 标志（Flag）域：长度为 3 比特，用于标识分组是否包含了分段，其中，若包含了分段，则除了最后 1 个分段之外，分组的所有分段必须为 8 字节的整数倍，即必须采用 8 字节作为基本分段单位。

◆ 分段偏移量（Fragment offset）域：长度为 13 比特，表示一个分组最多可分为 8 192（即 0000000000000～1111111111111）个分段。

◆ 生存时间（Time to Live）域：长度为 8 比特，时间计量单位为秒，因此，每个分组的最大生存时间为 255（即 11111111）s。

◆ 协议（Protocol）域：长度为 8 比特，用于指明该分组应递交给传输层的哪个协议（进程）处理。

◆ 头部校验和（Header Checksum）域：长度为 16 比特，用于校验分组头部的正确性。

◆ 源 IP 地址（Source Address）域：长度为 32 比特，用于记录源主机的 IP 地址。

◆ 目的 IP 地址（Destination Address）域：长度为 32 比特，用于记录目标主机的 IP 地址。

◆ 可选项（Options）域：长度为 0～40 字节，用于附加信息的增补。例如：分组的安全信息以及分组路由过程必须遵循的完整路径信息等。

IPv6 是由国际标准化组织 Internet 工程任务组 IETF（Internet Engineering Task Force）设计的用来替代现行的 IPv4 协议的一种新的 IP 协议，也被称作下一代互联网协议。在 IPv6 协议中，每个分组也均包含了一个头部和一个数据部分，其中，分组的头部总长为 40 字节，去掉了 IPv4 分组中的可选的变长部分，如图 4.2 所示，其中：

◆ 版本（Version）域：长度为 4 比特，用于记录 IP 分组属于哪个版本的协议（例如：IPv6 等）。

◆ 服务类型（Traffic Class）域：长度为 8 比特，用于指示 IPv6 数据流通信类别或优先级，其功能类似于 IPv4 的服务类型域。

◆ 流标记（Flow Label）域：长度为 20 比特，用于标记需要 IPv6 路由器特殊处理的数据流。该字段用于某些对连接的服务质量有特殊要求的通信，例如音频或视频等实时数据传输情形。在 IPv6 中，同一源端和目的端之间可以有多种不同的数据流，彼此之间以非"0"流标记区分，如果不要求路由器做特殊处理，则该字段值置为"0"。

◆ 负载长度（Payload Length）域：长度为 16 比特，最多可表示 65 535 字节负载长度。超过这一字节数的负载，则应将该字段值置为"0"，并同时使用扩展头逐个跳段（Hop-by-Hop）选项中的巨量负载（Jumbo Payload）选项，其中，Jumbo Payload 选项用于传送超大分组（负载长度超过 65 535 字节的 IPv6 分组称为超大分组，使用 Jumbo Payload 选项，分组有效载荷长度最大可达 4 294 967 295 字节）。

◆ 下一分组头（Next Header）域：长度为 8 比特，识别紧跟 IPv6 头后的分组头类型，例如：扩展头（有的话）或某个传输层协议头（诸如 TCP，UDP 或 ICMPv6 等）。

◆ 跳步限制（Hop Limit）域：长度为 8 比特，其功能类似于 IPv4 的生存时间域，使用分组在路由器之间的转发次数来限定分组的生存时间，分组每经过一次转发，则该域中的值减 1，减到 0 时就把这个分组丢弃。

◆ 源地址（Source Address）域：长度为 128 比特，用于记录源端的 IP 地址。

◆ 目标地址（Destination Address）：长度为 128 比特，用于记录目的端的 IP 地址。如果存在路由扩展头，目标地址可能是源端路由表中下一个路由器的接口地址。

版本	服务类型	流标记	
负载长度		下一个头部	跳步限制
源地址			
目标地址			

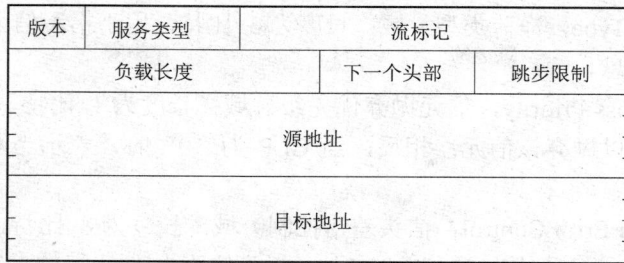

图 4.2　IPv6 分组及其头部格式

通常，一个典型的 IPv6 包是不包含扩展头的，仅当需要路由器或目的节点做某些特殊处理时，才由发送方添加一个或多个扩展头。与 IPv4 不同，IPv6 扩展头长度任意，不受 40 字节限制，以便于日后扩充新增选项。不过，为了提高处理选项头和传输层协议的性能，扩展头总是 8 字节长度的整数倍。目前，RFC 2460 中定义了以下 6 个 IPv6 扩展头：Hop-by-Hop（逐个跳段）选项分组头、目的地选项分组头、路由分组头、分段分组头、认证分组头以及 ESP（Encapsulating Security Payload，封装安全载荷）协议分组头。

4.2.2　ATM 网中的信元格式

ATM 是一种用于在 LAN 或 WAN 上传送声音、视频图像和数据的新型宽带分组交换技术，是实现宽带综合业务数字网 B-ISDN（Broadband Integrated Services Digital Network）业务的核心技术之一。ATM 采用面向连接的虚电路传输方式，将数据分割成固定长度的信元（CELL），ATM 信元和 Internet 中的 IP 分组类似，但又与 Internet 中分组长度是可变的情形不同，ATM 信元的长度固定为 53 字节，包括长度为 5 字节的信头部分和 48 字节的信元净荷部分，而信头部分的内容在用户-网络接口 UNI（User-Network Interface）和网络节点接口 NNI（Network-Network Interface）中略有差别，具体如图 4.3 所示。其中：

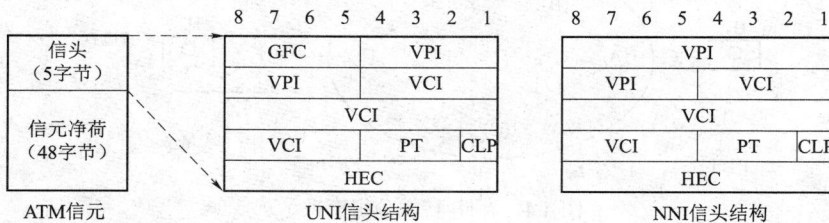

图 4.3　ATM 信元及其头部格式

◆ GFC（Generic Flow Control，通用流量控制）域：长度为 4 比特，只用于 UNI 接口，目前置为 0000，将来可能用于流量控制或在共享媒体的网络中标示不同的接入。

◆ VPI（Virtual Path Identifier，虚通道标识）域：在 UNI 中长度为 8 比特，在 NNI 中长度为 12 比特。在 ATM 中，可以将若干个虚连接 VC（Virtual Connection）组成一个虚通道 VP，并以 VP 来作为网络管理单位。

◆ VCI（Virtual Connection Identifier，虚连接标识）域：长度为 16 比特，标识虚通道中的虚连接。VPI/VCI 一起标识一个虚连接。

◆ PT（Payload Type，净荷类型）域：长度为 3 比特，用于指示信元净荷域中的信息是用户信息还是网络信息。

◆ CLP（Cell Loss Priority，信元抛弃优先级）域：长度为 1 比特，当 CLP 为"1"时，表示当网络拥塞时可以抛弃该信元；相反，当 CLP 为"0"时，表示当网络拥塞时不可以抛弃该信元。

◆ HEC（Header Error Control，信头差错控制）域：长度为 8 比特，用于校验信头的错误，CRC 校验和的生成多项为 X^8+X^2+X+1，可纠正信头中 1 比特的差错。为了提高处理效率，ATM 仅进行信头差错控制，以防 VPI/VCI 差错，即呼叫间"串话"。

4.2.3 分组交换

分组交换（Packet Switching）是一种以分组为单位进行信息传输和交换的方式，即，将到达分组交换机（路由器）的分组先送到存储器暂时存储和处理，等到相应的输出电路有空闲时再送出。在分组交换网络中，分组通过一系列中间路由器进行选路，通常要跨越多个网络，这些分组以"存储-转发"的方式在一系列的分组交换机之间转发，最终到达目的地。其中，存储-转发分组交换机制的原理如图 4.4 所示，主要包括以下步骤：

步骤 1：若源主机 H1 上的某一个进程 P1 想发送一个数据，首先源主机 H1 将该数据封装成一个分组，然后再将该分组传送到自己直连的路由器 A。

步骤 2：该分组将会被存储在路由器 A 上，直到它完全到达路由器 A 为止。

步骤 3：路由器 A 对该分组的校验和进行验证。

步骤 4：该分组将会被沿路依次转发到下一路由器 C、E、F，直至达到目标主机 H2 为止。

步骤 5：目标主机 H2 将该分组递交给相应的进程 P2。

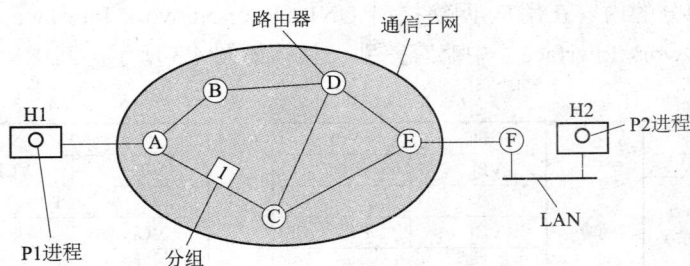

图 4.4 存储-转发分组交换示意

4.3 IP 地 址

4.3.1 IP 地址的表示

为了使连入 Internet 的众多主机与路由器在通信时能够相互识别，IP 协议为 Internet 中的每一台主机均分配了一个唯一的地址，该地址称为 IP 地址（Internet Protocol Address）。在 IPv4

中，IP 地址为一个 32 位长（即 4 个字节）的二进制数，通常采用点分十进制标记法，将 4 个字节中的每个字节均用一个十进制数单独表示。例如：IP 地址"11000010 00011000 00010001 00000100"对应的点分十进制数表示为"192.22.17.4"。

原则上，Internet 上的任何两台机器不会有相同的 IP 地址，因此，若一台机器同时位于两个网络上，则它必须拥有两个不同的 IP 地址。

4.3.2 IP 地址的分类

最初设计互联网络时，为了便于寻址以及层次化构造网络，每个 IP 地址包括两个标识码（ID），即网络 ID 和主机 ID。同一个物理网络上的所有主机都拥有一个相同的网络 ID 与一个不同的主机 ID。如图 4.5 所示，IP 地址根据网络 ID 的不同可进一步细分为 5 种类型：A 类地址、B 类地址、C 类地址、D 类地址和 E 类地址。其中：

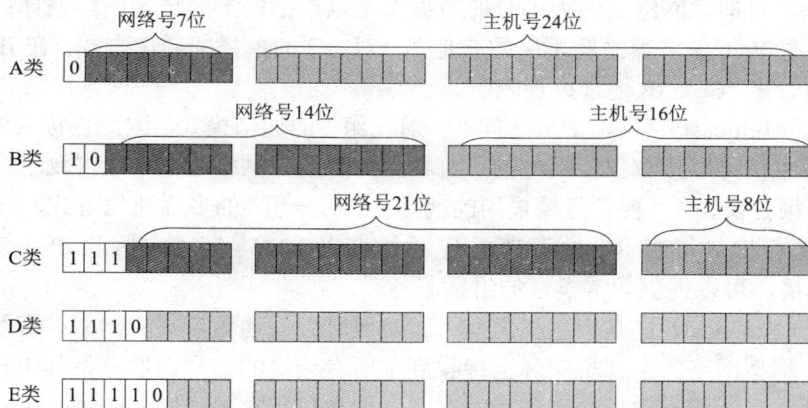

图 4.5　IPv4 的地址分类

◆ A 类地址：一个 A 类 IP 地址由 1 个字节的网络地址和 3 个字节的主机地址组成，而且网络地址的最高位必须为"0"，A 类 IP 地址的范围为 1.0.0.0～126.0.0.0。可用的 A 类网络有 126 个，每个网络能容纳 1 亿多台主机。其中，网络号不能为 0 或 127，网络号为 0 的 IP 地址用于标识主机本身，而网络号为 127 的 IP 地址为环回地址，主要用于本地软件的回送测试。

◆ B 类地址：一个 B 类 IP 地址由 2 个字节的网络地址和 2 个字节的主机地址组成，而且网络地址的最高位必须为"10"，B 类 IP 地址的范围为 128.0.0.0～191.255.255.255。可用的 B 类网络有 16 382 个，每个网络能容纳 6 万多个主机。

◆ C 类地址：一个 C 类 IP 地址由 3 字节的网络地址和 1 字节的主机地址组成，而且网络地址的最高位必须为"110"。C 类 IP 地址的范围为 192.0.0.0～223.255.255.255。可用的 C 类网络可达 209 万余个，每个网络能容纳 254 个主机。

◆ D 类地址：一个 D 类 IP 地址的第一个字节必须以"1110"开始，D 类 IP 地址不分网络地址和主机地址，是一个专门保留的地址，其地址范围为 224.0.0.0～239.255.255.255。目前，D 类 IP 地址主要用于多点广播（Multicast，也称为多播）之中作为多播组 IP 地址。其中，多播组 IP 地址让源主机能够将分组发送给网络中的一组主机，属于多播组的主机将被分配一个多播组 IP 地址。由于多播组 IP 地址标识了一组主机（也称为主机组），因此多播组 IP 地址只能作为目标地址，源地址总是为单播地址。

◆ E 类地址：以"11110"开始，为将来使用保留。

◆ 全零（0.0.0.0）地址：对应于当前主机，而全"1"地址（255.255.255.255）则用作当前子网的广播地址。

4.3.3 单播、组播与广播

除按网络 ID 的不同进行分类之外，还可根据传输的消息特征将 IP 地址分为单播地址、多播地址与广播地址三种，其中：

◆ 单播（Unicast）：是指主机之间"一对一"的通信模式。在单播通信模式中，信息的接收和传递只在两个节点之间进行，因此也称为点到点（Point to Point）通信。单播在网络通信中应用广泛，目前，网络上绝大部分的数据都是以单播的形式传输的，例如：在网页浏览时，用户主机与 Web 服务器之间采用的就是"一对一"的单播的通信方式。在 IP 网络中，单播地址可用 A、B、C 类 IP 地址进行表示。

◆ 多播（Multicast）：是指主机之间"一对一组"的通信模式，因此也称为组播，加入到了同一个组的主机可以接收到此组内的所有数据。多播在网络通信中也得到了广泛的应用，例如：网上视频会议、网上视频点播采用的就是"一对一组"的多播通信方式。在 IP 网络中，多播地址用 D 类 IP 地址表示，由于 D 类 IP 地址有 268 435 456 个，因此 IP 协议允许有 2 亿 6 千多万个组播，可以提供非常丰富的组播服务。

◆ 广播（Broadcast）：是指主机之间"一对所有"的通信模式，例如：有线电视网就是一个典型的广播型网络，电视机实际上接收到了所有频道的信号，但只将其中一个频道的信号还原成画面。在因特网中也允许广播的存在，但被限制在了局域网范围之内，禁止广播数据穿过路由器，以防止广播数据影响大面积的主机。在 IP 网络中，广播地址用 IP 地址"255.255.255.255"来表示。

4.3.4 IP 地址的分配原则

IP 地址由国际组织统一分配，逐级管理，其中，最顶级的管理者是总部设在美国加利福尼亚州的一个非营利性国际组织——互联网名称与数字地址分配机构 ICANN（Internet Corporation for Assigned Names and Numbers），该机构下辖五大区域性 IP 地址分配机构：

◆ ARIN（American Registry for Internet Numbers，美国 Internet 号码注册中心）：主要负责北美与南美地区的 IP 地址分配。

◆ RIPE（Reseaux IP Europeans，欧洲 IP 网格中心）：主要负责欧洲、中东、北非以及西亚等地区的 IP 地址分配。

◆ LACNIC（Lation American and Caribbean Network Information Center，拉美与加勒比网络信息中心）：主要负责拉美与加勒比地区的 IP 地址分配。

◆ AfriNIC（African Network Information Center，非洲网络信息中心）：主要负责非洲地区的 IP 地址分配。

◆ APNIC（Asia Pacific Network Information Center，亚太网络信息中心）：主要负责亚洲、太平洋地区的 IP 地址分配，总部设在日本的东京大学。

我国的国家级注册机构是中国互联网络信息中心 CNNIC（China Internet Network Information Center），成立于 1997 年。据国外统计机构 Whois Source 数据显示，截至 2014 年 3 月 1 日，我国拥有的 IP 地址数量近 3.31 亿，排名世界第二位，但与美国（近 15.7 亿）相比，仅为其 1/5，见表 4.2。

表 4.2　全球 IPv4 地址数量的比较

排名	国家或地区	地址总数/个	折合（A+B+C）
1	美国（US）	1 571 085 952	93A+164B+222C
2	中国（CN）	330 224 128	19A+174B+210C
3	日本（JP）	201 638 656	12A+4B+195C
4	英国（GB）	124 074 384	7A+101B+57C
5	德国（DE）	119 379 816	7A+29B+151C
6	韩国（KR）	112 263 680	6A+177B+2C
7	法国（FR）	95 836 688	5A+182B+90C
8	加拿大（CA）	80 783 616	4A+208B+169C
9	巴西（BR）	60 050 432	3A+148B+76C
10	意大利（IT）	53 141 920	3A+42B+225C

据互联网注册管理机构统计，全球未分配的 IPv4 地址目前只剩下 8%，即 3.4 亿个。日益匮乏的 IP 地址对于正在蓬勃发展的互联网而言，无疑是一场毁灭性的灾难。

4.3.5　子网与子网掩码

依据前述 IP 地址的分类方法，由于单个的 A、B 或 C 类地址只能用于同一个网络，而不是一组 LAN，而 A、B 或 C 类地址分别最多允许 126、16 384 和 200 多万个网络，因此，随着网络数量的迅猛增长，很快就出现了网络地址严重匮乏的问题，而另一方面，由于大部分的网络仅仅包含了几台到几百台主机，从而造成了大量 IP 地址的浪费。

例如：一个 A 类网络可以包含 16 777 214 台主机，所有主机均处于同一广播域中，但是，在同一广播域中有这么多主机是不可能的，因为这将使得整个网络会因广播通信而饱和，由此也就造成了 16 777 214 个 IP 地址中的绝大部分都不可能被分配出去。

为了减少 IP 地址的浪费，在现有 IP 地址分类方法的基础上，人们提出了子网（Subnet）的概念，其目的是把基于类的 IP 网络进一步细分成更小的网络（即子网），其中，每个子网由路由器界定并分配一个新的唯一的子网地址，而子网地址则是借用基于类的 IP 地址中的若干位主机位来表示的。

显然，在划分子网时，随着子网地址借用主机位数的增多，子网的数目将随之增加，而每个子网中的可用主机数则逐渐减少。以一个 C 类地址为例，原有 8 位主机位，则该 C 类网络中除了全 0 和全 1 的地址外，将包含 254（=2^8－2）个可用的主机地址。在划分子网时，若借用 1 位主机位作为子网地址,则可产生 2(=2^1)个子网,其中,每个子网将包含 126(=2^7–2)个可用的主机地址;若借用 2 位主机位作为子网地址,则可产生 4(=2^2)个子网,其中,每个子网将包含 62(=2^6–2)个可用的主机地址。

在划分子网之后,IP 地址的结构从网络 ID+主机 ID 变成了网络 ID+子网 ID+主机 ID。当一个分组到达路由器时,路由器必须知道应把该分组转发给哪个子网,即路由器必须能够从目标 IP 地址中解析出网络号和子网号。为此,人们提出了子网掩码(Subnet Mask)的概念,其实现原理为:子网掩码是一个 32 位的二进制字符串,该二进制字符串的左边为多个连续的"1",右边为多个连续的"0",其中,左边连续的"1"的个数等于网络 ID+子网 ID 的长度,而右边连续的"0"的个数则等于主机 ID 的长度。故通过子网掩码中"0"的位数即可快速确定子网中可包含的主机数量,而且,若要想从目标 IP 地址中解析出网络号和子网号,只需要将目标 IP 地址与子网掩码进行 AND(逻辑与)运算即可。

例如:对某个 C 类网络地址 192.168.1.X,假定取 3 位主机位作为子网 ID 的长度进行子网划分,则可以将该 C 类网络地址划分为以下 8 个子网:

◆ 子网 1:192.168.1.000 YYYYY,子网 1 中包含的 IP 地址为 192.168.1.0~192.168.1.31,子网 1 的网络号 192.168.1.0。

◆ 子网 2:192.168.1.001 YYYYY,子网 2 中包含的 IP 地址为 192.168.1.32~192.168.1.63,子网 2 的网络号 192.168.1.32。

◆ 子网 3:192.168.1.010 YYYYY,子网 3 中包含的 IP 地址为 192.168.1.64~192.168.1.95,子网 3 的网络号 192.168.1.64。

◆ 子网 4:192.168.1.011 YYYYY,子网 4 中包含的 IP 地址为 192.168.1.96~192.168.1.127,子网 4 的网络号 192.168.1.96。

◆ 子网 5:192.168.1.100 YYYYY,子网 5 中包含的 IP 地址为 192.168.1.128~192.168.1.159,子网 5 的网络号 192.168.1.128。

◆ 子网 6:192.168.1.101 YYYYY,子网 6 中包含的 IP 地址为 192.168.1.160~192.168.1.191,子网 6 的网络号 192.168.1.160。

◆ 子网 7:192.168.1.110 YYYYY,子网 7 中包含的 IP 地址为 192.168.1.192~192.168.1.223,子网 7 的网络号 192.168.1.192。

◆ 子网 8:192.168.1.111 YYYYY,子网 8 中包含的 IP 地址为 192.168.1.224~192.168.1.255,子网 8 的网络号 192.168.1.224。

在以上 8 个子网之中,由于网络 ID 的长度为 24,子网 ID 的长度为 3,故在设计子网掩码时,左边连续的"1"的个数应等于 27,而右边连续的"0"的个数则等于 5,因此,各子网所对应的子网掩码均为"255.255.255.224"。

为了进一步更形象地描述子网划分的具体方法,特举例说明如下:假定从 192.22.0.0(11000000 00010110 00000000 00000000)开始的 IP 地址可用,网络 A 需要 2 000 个地址,网络 B 需要 4 090 个地址,网络 C 需要 1 020 个地址,则依据以上给出的子网概念,我们可以按照如下步骤来进行子网划分:

步骤 1(确定主机位的个数):由于 2^{11}=2 048,因此,需要 11 位的主机号才能满足网络 A 的 2 000 个地址需要;由于 2^{12}=4 096,因此,需要 12 位的主机号才能满足网络 B 的 4 090 个地址需要;由于 2^{10}=1 024,因此,需要 10 位的主机号才能满足网络 C 的 1 020 个地址需要。

步骤 2（确定网络 A 所对应的子网）：由于对网络 A 应使用 11 位作为主机位，故可从 192.22.X.Y 的后 16 位中选取前 5 位作为子网位，而后 11 位则为主机位。即，网络 A 中的主机号为 11000000 00010110 00000### ########，对应的 IP 地址为 11000000 00010110 00000000 00000000（192.22.0.0）～11000000 00010110 00000111 11111111（192.22.7.255），而对应的子网掩码为 11111111 11111111 11111000 00000000（255.255.248.0）。

步骤 3（确定网络 B 所对应的子网）：由于形如 11000000 00010110 00000### ########的 2 048 个地址已分配给了网络 A，而形如 11000010 00011000 00001### ########的 2 048 个地址不能分配给网络 B，因为地址数量不满足网络 B 的 4 096 个地址的需要，由此可知，形如 11000010 00011000 0000#### ########的 4 096 个地址均不能分配给网络 B。

因此，基于 IP 地址的连续分配原则考虑，可将形如 11000000 00010110 0001#### ########的 4 096 个地址分配给网络 B（当然，也可以将形如 11000000 00010110 0011#### ########的 4 096 个地址分配给网络 B，但这样将造成 IP 地址碎片的产生，不符合 IP 地址的连续分配原则）。显然，网络 B 中的 IP 地址为 11000000 00010110 00010000 00000000（192.22.16.0）～11000000 00010110 00011111 11111111（192.22.31.255），而对应的子网掩码为 11111111 11111111 11110000 00000000（255.255.240.0）。

步骤 4（确定网络 C 所对应的子网）：由前面的分析可知，由于形如 11000000 00010110 00001### ########的 2 048 个地址没有被分配，且大于网络 C 的 1 024 个地址需要，故可将形如 11000000 00010110 00001### ########的 2 048 个地址更进一步细分为 2 个子网：11000000 00010110 000010## ########和 11000000 00010110 000011## ########，其中，每个子网都包含了 1 024 个地址，均满足网络 C 的 1 020 个地址的需要。

再考虑到地址的连续分配原则，因此，可以将形如 11000000 00010110 000010## ########的 1 024 个地址分配给网络 C。即，网络 C 中的 IP 地址为 11000000 00010110 00001000 00000000（192.22.8.0）～11000000 00010110 00001011 11111111（192.22.11.255），而对应的子网掩码为 11111111 11111111 11111100 00000000（255.255.252.0）。

4.3.6　无类别域间路由

基于子网划分的思想，可以将各类 IP 地址划分为可变大小的块（子网），而无须管它们所属的类别，且通过划分子网，实际建立起了一个由网络 ID、子网 ID 和主机 ID 构成的三级层次网络地址结构，由此使得每个子网中路由器的路由表只需记录其所在子网内的所有主机的 IP 地址，以及到达网络主路由器的 IP 地址即可，从而有效降低了路由器的表空间大小。

此外，由于子网中的路由器所存储的路由表项可表示为三元组（网络号，子网掩码，0）或（网络号，子网掩码，主机 IP 地址）的形式，其中，表项（网络号，子网掩码，0）记录了通过该路由器所有可达的子网的网络号，而表项（网络号，子网掩码，主机 IP 地址）则记录了属于当前子网（该路由器下）的所有主机的 IP 地址，为此，在设计分组路由方案时，即可将一个子网就看作是一个单独的网络，而不用再去区分其到底是 A、B 还是 C 类网络，这种路由设计方案就称为无类别域间路由（Classless InterDomain Routing，

CIDR）方案。

基于无类别域间路由方案，当一个分组到达时，路由器将首先对自己的路由表项进行逐行扫描，提取表项中的子网掩码分别与分组的目标 IP 地址进行 AND 操作，然后，再将得到的结果与路由表项中的网络号进行比较，看是否匹配。若找到多个匹配的路由表项，则选择掩码长度最长（掩码中"1"的个数最多）的路由表项所对应的线路作为输出线路。

例如：假定某路由器的路由表中存储的表项为（192.168.1.0，255.255.255.224，0）和（192.168.1.32，255.255.255.224，192.168.1.59），若有一个分组到达该路由器，其携带的目标 IP 地址为 192.168.1.12，则该路由器通过将目标 IP 地址 192.168.1.12 与路由表中的子网掩码 255.255.255.224 进行 AND 操作，即可得到该分组的目标子网的网络号为 192.168.1.0，然后，通过再次查询路由表即可易知该分组的目标主机在子网 1 中，因此，该路由器将会最终选择表项（192.168.1.0，255.255.255.224，0）所对应的线路作为输出线路，将该分组转发给子网 1 的路由器。

4.3.7　网络地址转换

为了解决 IP 地址匮乏的问题，让更多的计算机能够连上 Internet，以下 3 段 IP 地址被声明为内部 IP 地址，这些地址将不再出现在 Internet 上，任何组织均可在其内部使用这些地址：

（1）　10.0.0.0～10.255.255.255
（2）　172.16.0.0～172.31.255.255
（3）　192.168.0.0～192.168.255.255

基于以上内部 IP 地址，即可为每个组织（或公司）仅分配一个/少量的真实 IP 地址用于传输 Internet 流量，而在该组织内部，给每台主机分配一个唯一的"内部 IP 地址"用于传输内部流量。不过，这样一来，当某个仅分配了"内部 IP 地址"的主机需要向 Internet 发送分组时，则需要进行地址转换，将内部 IP 地址转换为真实 IP 地址，这样才能连接到 Internet。如图 4.6 所示，将内部 IP 地址转换为真实 IP 地址的功能一般通过部署在 NAT 服务器上的 NAT 盒（Network Address Translation Box）模块来实现，其原理如下：

步骤 1：当一个外发至 Internet 的分组进入公司的 NAT 服务器（须配置双网卡，一块连接 Internet，另一块连接公司内部网络）时，服务器上的 NAT 盒模块首先会将外发分组中的源地址域中记录的内部 IP 地址 10.x.y.z 替换为公司的真实 IP 地址。

步骤 2：NAT 盒将外发分组对应的内部 IP 地址和端口号构成的二元组（内部 IP 地址，端口号）用一个 16 位的索引值（0～65 535）表示并存储在自己的 NAT 映射表中，然后再用该索引值替代外发分组中的 16 位源端口号值。

步骤 3：当应答分组通过 Internet 进入公司的 NAT 服务器时，服务器上的 NAT 盒模块首先会从应答分组中提取出 TCP 目标端口号，然后用其作为索引值从自己的 NAT 映射表中查到对应的二元组（内部 IP 地址，端口号）。

步骤 4：NAT 盒模块再根据该二元组中记录的内部 IP 地址和端口号将该分组转发给内部网络中的对应主机。

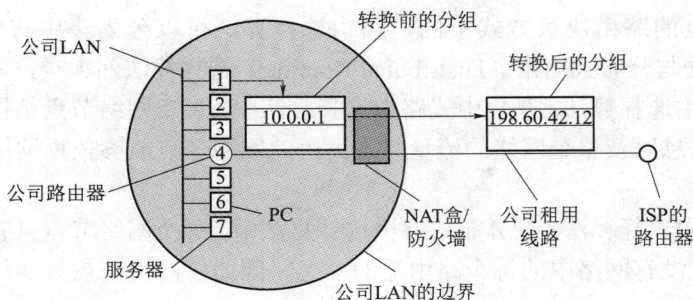

图 4.6　NAT 盒工作原理

4.4　路　由　算　法

4.4.1　路由算法涉及的主要参数

路由算法是网络层软件的一部分，主要负责通过各种参数作为度量值来决定一个进来的分组应该选择哪条路径作为到达目的节点的实际路径，其中，常用的作为度量值（Metric）的参数主要包括：

◆ 跳数（Hop Count）：分组从源节点到达目的节点经过的路由器的个数。

◆ 带宽（Bandwidth）：链路的传输速率。

◆ 延时（Delay）：分组从源结点到达目的结点花费的时间。

◆ 负载（Load）：通过路由器或线路的单位时间通信量。

◆ 可靠性（Reliability）：传输过程中的误码率。

◆ 开销（Overhead）：传输过程中的耗费，与所使用的链路带宽相关。

4.4.2　路由算法的分类

路由算法是算法设计的一个重要方面，根据网络节点对网络拓扑和通信量变化的自适应能力的不同，路由选择算法可以分为静态路由选择算法与动态路由选择算法两大类，其中：

◆ 静态路由选择算法：也叫作非自适应路由（Non Adaptive Routing）选择算法，在静态路由选择算法中，网络节点不根据实测或估计的网络当前通信量和拓扑结构来进行路由选择，网络节点之间的路由是事先计算好的。其特点是简单和开销较小，但不能及时适应网络状态的变化。代表性的静态路由选择算法有最短路径（Shortest Path）路由选择算法与洪泛（Flooding）路由选择算法等。

◆ 动态路由选择算法：也称为自适应的路由（Adaptive Routing）选择算法，在动态路由选择算法中，网络节点根据实测或估计的网络当前通信量和拓扑结构来进行路由选择，其特点是能较好地适应网络状态的变化，但实现起来较为复杂，开销也比较大。代表性的动态路由选择算法有距离矢量（Distance Vector）路由选择算法和链路状态（Link-State）路由选择算法等。

根据网络节点的路由决策方式不同，路由选择算法可以分为集中式路由（Centralized Routing）选择算法与分布式路由（Distributed Routing）选择算法两大类，其中：

◆ 集中式路由选择算法：在集中式路由选择算法中，每个网络节点都拥有网络中所有其他路由器的全部信息以及整个网络的流量状态，因此网络节点能够依据网络的全局信息来进行路由决策。

◆ 分布式路由选择算法：在分布式路由选择算法中，每个网络节点只有与它直接相连的路由器的信息，而没有网络中的每个路由器的信息，因此，网络节点只能依据网络的局部信息来进行路由决策。

根据网络节点的组织结构与功能作用的不同，路由选择算法又可以分为平面路由（Flat Routing）选择算法与层次路由（Hierarchical Routing）选择算法两大类，其中：

◆ 平面路由选择算法：在平面路由选择算法中，所有网络节点具有完全相同的地位和功能。其优点是路由算法设计简单，健壮性好，但缺点是路由的建立、维护开销很大，数据传输跳数多，因此主要适合小规模的网络。

◆ 层次路由选择算法：在层次路由选择算法中，网络节点按照不同的分簇方法分为不同的簇（Cluster），网络的逻辑结构是层次的，普通节点只需要负责簇内的路由（称作一级路由），每个簇内只有少部分节点负责簇间的路由（称作二级路由）。

根据网络节点所选取的传输路径数量的不同，路由选择算法可以分为单路径路由（Uni-path Routing）选择算法与多路径路由（Multi-path Routing）选择算法两大类，其中：

◆ 单路径路由选择算法：在单路径路由选择算法中，网络节点一般只利用一条路径来进行数据传输。其优点是算法设计简单，易于管理和配置，但缺点是无法并行或并发地发送数据，导致网络传输效率较低，延迟增加，网络的负载不平衡，容易造成网络拥塞，无法很好地支持 QoS。

◆ 多路径路由选择算法：在多路径路由选择算法中，网络节点利用多条路径来进行数据传输，可以为不同的服务质量要求提供不同的路径，也可以为同一种类型的服务提供多条路径，经聚集可实现更高的服务质量。多路径路由可以将原本集中在一条路径上的负载分配到几条不同的路径上，平衡网络负载，这样就能够充分利用网络资源，从而改善了通信性能。

1. 最短路径路由选择算法

最短路径路由选择算法是一种集中式的静态路由算法，其基本思想是：将整个网络看作一个图，图中的每一个节点代表一台路由器，每一条弧线代表一条通信线路，而弧线上的数字则代表该线路的权重，该权重可以是通信距离、信道带宽、平均通信量、通信开销、队列长度、传播时延等。算法的目的就是要为图中任意一对给定的节点（路由器），找到一条最短（权重之和最小）的路径作为这对节点之间的实际路由路径。最短路径路由选择算法有很多种，其中最著名的是 Dijkstra 在 1959 年提出来的 Dijkstra 算法。

Dijkstra 算法要求每个节点用从源节点沿已知最佳路径到本节点的距离来标注。开始时由于一条路径也不知道，故所有的节点都标注无穷大。随着算法的进行和不断找到的路径，标注随之改变，使之反映出较好的路径。一个标注可以是暂时性的（可更改的），所有标注最初都是暂时的，但一旦发现标注代表了从源节点到该节点的最短可能路径时，就使之成为永久性的，不再进行修改。如图 4.7 所示，Dijkstra 算法的具体路由过程如下：

步骤1：每个节点都有一个标记（X，Y，Z），其中，X表示从源节点到达该节点的最短距离，Y表示到达该节点的上一跳节点，Z表示该标记的状态（包括暂时状态T和永久状态P）。

步骤2：初始时，因所有路径均为未知，因此，源节点A的标记为（0，-，P），而其余所有节点的标记均为（∞，-，T）。并将A作为工作节点。

步骤3：依次检查工作节点的每个邻节点，并且用它们与A之间的距离来更新其标记。

步骤4：检查图中所有状态为T的节点，将其中具有最小标记的那个节点的状态更新为P。

步骤5：若该节点为D，则算法结束，否则，将该节点作为工作节点，然后转步骤3。

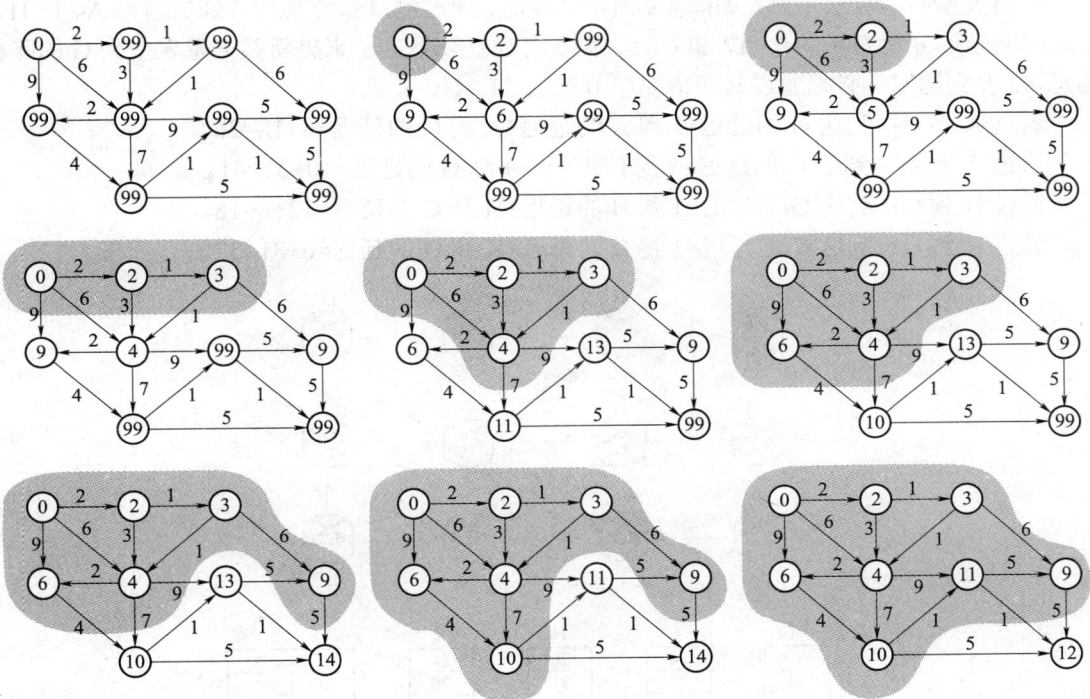

图 4.7　Dijkstra 算法原理

2. 洪泛路由选择算法

洪泛路由选择算法是一种分布式的路由选择算法，其基本思想是：如图 4.8 所示，每个网络节点均采用广播的方式来转发收到的分组，若收到重复分组，则丢弃该分组。显然，洪泛路由选择算法会产生大量的重复分组，从而使得使路由器和链路的资源过于浪费，以致效率很低。但洪泛路由选择算法由于不要求维护网络的拓扑结构和相关的路由计算，因此，在节点运动剧烈、进出网络频繁变化的场景下，全网洪泛是一种有效的方式，具有极好的健壮性，可用于军事应用，也可以作为衡量标准来评价其他路由算法。

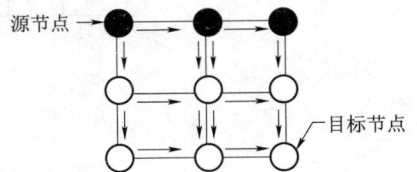

图 4.8　洪泛路由选择算法原理

3. 距离矢量路由选择算法

距离矢量路由选择算法是以 R.E.Bellman，L.R.Ford 和 D.R.Fulkerson 所做的工作为基础的，因此也称为 Bellman-Ford 或者 Ford-Fulkerson 算法。其基本思想是：每个路由器维护一张矢量表（X，Y），其中，X 表示当前已知的到每个目标路由器的最佳距离，Y 表示所使用的线路（即到达该节点的上一跳节点）。通过邻居之间相互交换信息，路由器可以不断地更新各自维护的矢量表。

距离矢量路由算法示例：如图 4.9 所示，假定 J 通过测量知道其与各邻居节点 A、I、H、K 之间的延迟分别为 8、10、12 和 6 ms。则 J 可通过以下方法来更新其矢量表中到 G 的路径信息（J 要到达 G，必须通过其四个邻居节点 A、I、H、K 之一）：

通过 A 到 G：到达 G 的延迟=J 到 A 的延迟+A 到 G 的延迟=8+18=26。

通过 I 到 G：到达 G 的延迟=J 到 I 的延迟+I 到 G 的延迟=10+31=41。

通过 H 到 G：到达 G 的延迟=J 到 H 的延迟+H 到 G 的延迟=12+6=18。

通过 K 到 G：到达 G 的延迟=J 到 K 的延迟+K 到 G 的延迟=6+31=37。

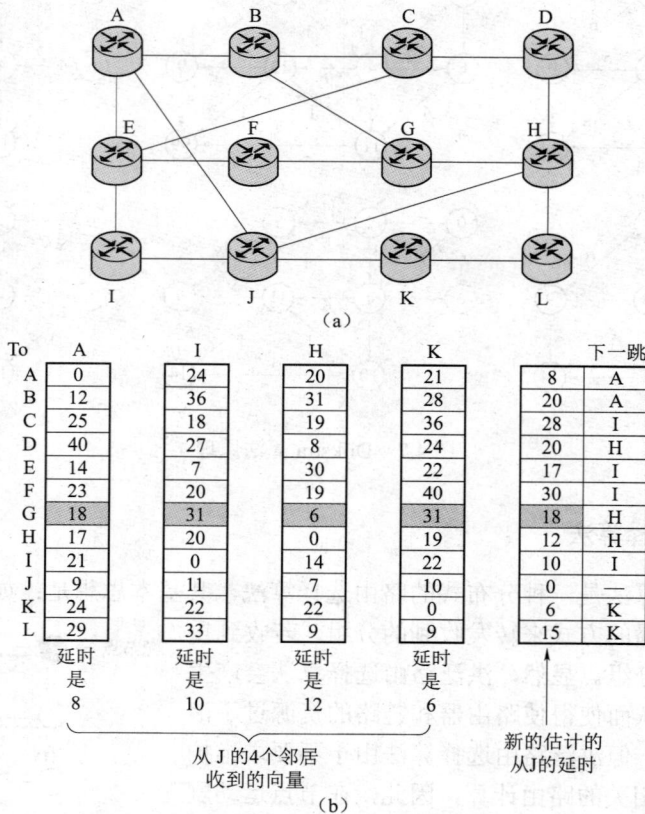

(a)

To	A	I	H	K	下一跳	
A	0	24	20	21	8	A
B	12	36	31	28	20	A
C	25	18	19	36	28	I
D	40	27	8	24	20	H
E	14	7	30	22	17	I
F	23	20	19	40	30	I
G	18	31	6	31	18	H
H	17	20	0	19	12	H
I	21	0	14	22	10	I
J	9	11	7	10	0	—
K	24	22	22	0	6	K
L	29	33	9	9	15	K
	延时是 8	延时是 10	延时是 12	延时是 6		

从 J 的 4 个邻居收到的向量

新的估计的从 J 的延时

(b)

图 4.9 距离矢量路由算法原理

（a）网络拓扑；（b）J 的路由表更新过程

因此，J 将更新其矢量表中到 G 的路径信息为（18，H）。

距离矢量路由选择算法是一种动态路由选择算法，如上所述，虽然在理论上可以工作，但在实践中却存在一个严重的缺陷：如图 4.10 所示，该算法的收敛速度非常慢，尤其是对于坏消息的反应非常迟缓，而且还存在无穷计数（Counting to Infinity）问题。

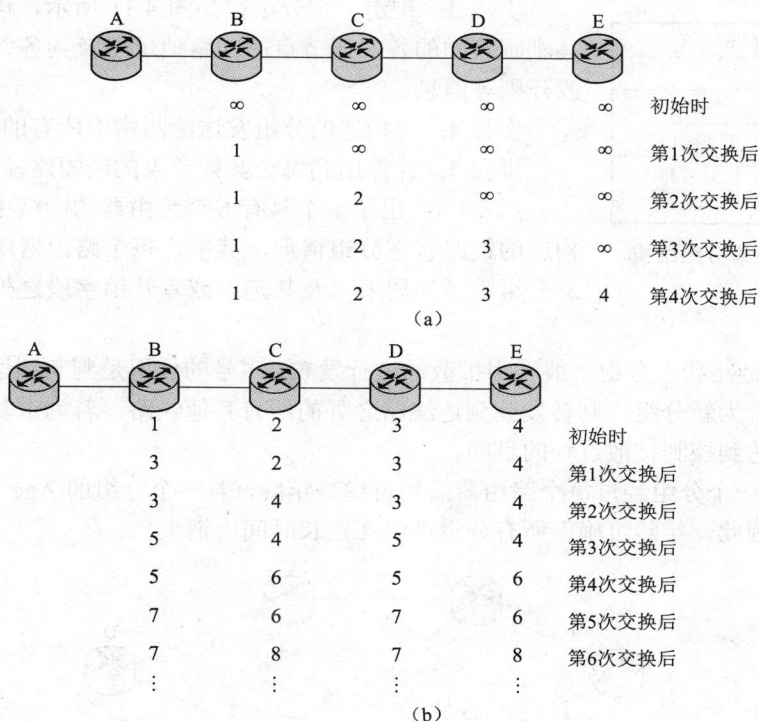

图 4.10　无穷计数问题
（a）A 新上线的情形；（b）A 断线的情形

例如：一种常用于在单一自治系统 AS（Autonomous System）内进行路由决策的内部网关协议（Interior Gateway Protocol，IGP）"路由信息协议 RIP（Routing Information Protocol）"就是一种典型的距离向量路由选择协议。在该协议中，选择了跳数作为距离的度量值，设定的最大跳数是 15 跳，如果一个分组被转发的距离大于 15 跳，RIP 协议就会丢弃该分组。

4. 链路状态路由选择算法

链路状态路由选择算法是目前使用最广的一类域内路由协议，通过采用一种类似"拼图"的设计策略来实现路由选择，即每个路由器将其到所有邻居节点的链路状态向全网的其他路由器进行广播，于是，一个路由器在收到从网络中所有其他路由器发送过来的信息之后，即可对这些链路状态进行拼装，并最终生成一个全网的拓扑视图，进而可以通过最短路径算法来计算其到其他任意路由器的最短路径。

运行链路状态路由选择算法的路由器仅在链路状态发生变化时，才将变化后的状态信息发送给其他所有路由器，然后，每台路由器将使用收到的信息重新计算前往每个网络的最佳路径，并同时将这些信息存储到自己的路由选择表中。链路状态路由选择算法的工作原理可以用以下 5 个基本步骤进行描述：

步骤 1：节点（路由器）在新上线之后，首先要发现自己的邻居节点，并获知其网络地址。

步骤 2：测量到各邻居节点的延迟或者开销。

发送者标识	
序号	
年龄	
邻居1	延时1
邻居2	延时2
...	...

图 4.11 链路状态分组结构

步骤 3：构造一个分组，如图 4.11 所示，该分组中应包含其刚刚获知的各邻居节点的网络地址以及到各邻居节点的延迟或开销等消息。

步骤 4：将构造的分组发送给网络中所有的其他节点。

步骤 5：计算出到每个其他节点的最短路径。

图 4.12 给出了一个具有 6 个路由器的网络中各个路由器所构造的链路状态分组情形，其中，每个路由器所对应的链路状态分组除了邻居节点及其延迟或者开销字段之外，还应包括以下两个字段：

◆ 序号：链路状态分组一般采用扩散法进行发布，序号的作用是判断到达的分组是新的还是重复的。若为新分组，则转发到到达线路之外的所有其他线路；若为重复的分组，则将它丢弃。从而达到控制扩散过程的目的。

◆ 年龄：一个分组经过每个路由器后均将递减年龄，若一个分组的 Age 为 0，则它将被路由器丢弃。因此，年龄可确保所有分组都将在定长时间内消失。

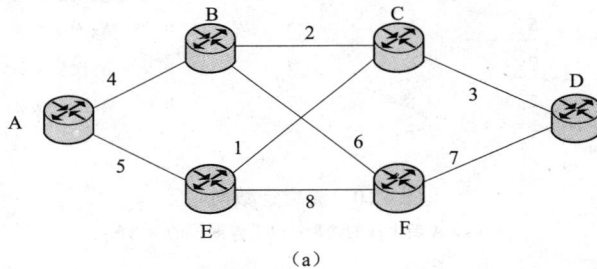

（a）

A		B		C		D		E		F	
序号		序号		序号		序号		序号		序号	
年龄		年龄		年龄		年龄		年龄		年龄	
B	4	A	4	B	2	C	3	A	5	B	6
E	5	C	2	D	3	F	7	C	1	D	7
		F	6	E	1			F	8	E	8

（b）

图 4.12 链路状态分组构造示意

（a）网络拓扑；（b）各节点构造的链路状态分组

例如：另一种常用于在单一自治系统 AS 内进行路由决策的内部网关协议"开放式最短路径优先 OSPF（Open Shortest Path First）路由选择协议"就是一种典型的链路状态路由选择协议，在 OSPF 协议中，所选择的路由度量标准为带宽与延迟。相比 RIP，OSPF 更适用于大型网络。

5. 层次路由选择算法

层次路由算法思想如图 4.13 所示。路由器被划分为区域，每个路由器知道如何将分组路由到自己所在区域内的目标路由器，以及如何将分组路由到其他区域，但对其他区域的内部结构毫不知情。

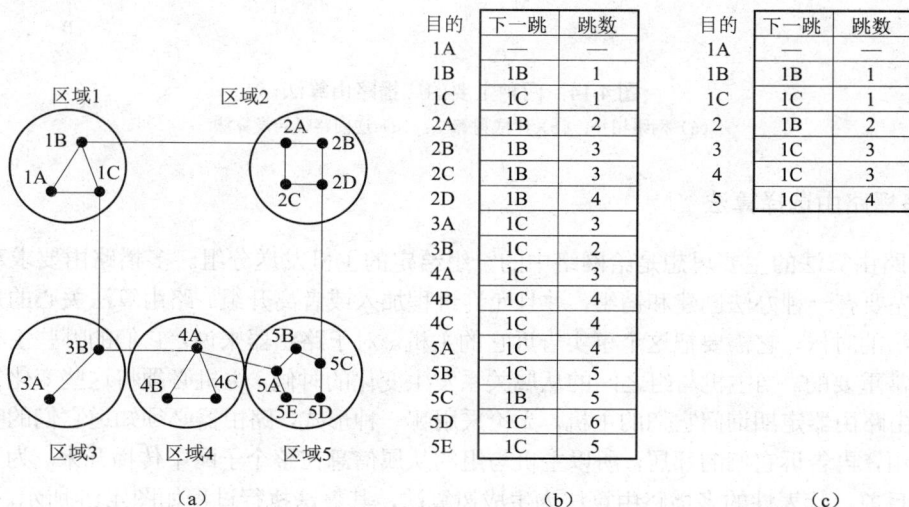

目的	下一跳	跳数
1A	—	—
1B	1B	1
1C	1C	1
2A	1B	2
2B	1B	3
2C	1B	3
2D	1B	4
3A	1C	3
3B	1C	2
4A	1C	3
4B	1C	4
4C	1C	4
5A	1C	4
5B	1C	5
5C	1B	5
5D	1C	6
5E	1C	5

目的	下一跳	跳数
1A	—	—
1B	1B	1
1C	1C	1
2	1B	2
3	1C	3
4	1C	3
5	1C	4

（a）　　　　　　　　　（b）　　　　　　　　　（c）

图 4.13　层次路由算法思想

（a）网络拓扑；（b）1A 的完全路由表；（c）1A 的层次路由表

6. 广播路由选择算法

广播路由算法的基本思想是给网络中的所有主机发送分组。目前，代表性的广播路由选择算法有生成树算法 STP（Spanning Tree Protocol）与逆向路径转发 RPF（Reverse Path Forwarding）算法两种。

◆ 生成树算法：生成树算法是由 Sun 公司的著名工程师拉迪亚·珀尔曼博士（Radia Perlman）发明的，其国际标准是 IEEE 802.1b。生成树是子网的一个子集，它包含所有的路由器，但是不包含任何环。如果每个路由器都知道它的哪些线路属于生成树，那么，它就可以将一个进来的广播分组复制到除了该分组到来的那条线路之外的所有生成树线路上，这种方法可以最佳地使用带宽，并且所生成的分组也绝对是完成这项任务所需的最少数量的分组。唯一的问题是，每个路由器必须预先构造一棵汇集树（如图 4.14（b）所示，采用生成树算法，整个广播只需要 4 跳、转发 14 个分组即可完成全网广播），然后，路由器即可将分组沿着汇集树发送。

◆ 逆向路径转发算法：当一个广播分组到达一个路由器的时候，该路由器对分组进行检查，若分组是一个新的分组，则路由器将会把该分组转发到除了到来的那条线路之外的所有其他线路上，否则，路由器会将该分组丢弃（因为是重复分组）。显然，采用逆向路径转发算法时，路由器不需要事先构造一棵汇集树（如图 4.14（c）所示，采用逆向路径转发算法，整个广播需要 5 跳、转发 24 个分组才可完成全网广播）。

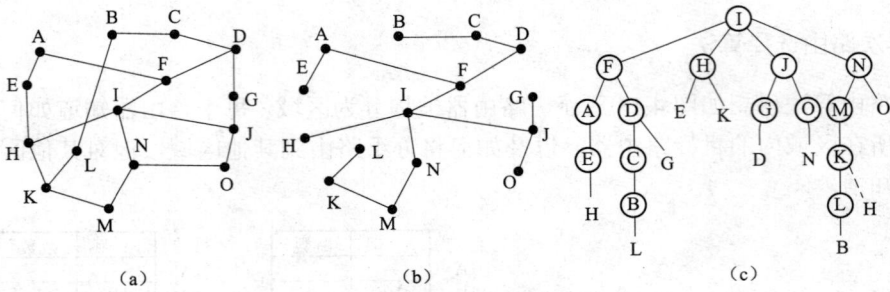

图 4.14 两种主要的广播路由算法
（a）网络拓扑；（b）生成树算法；（c）逆向路径转发算法

7. 多播路由选择算法

多播路由算法的主要思想是给网络中的一组给定的主机发送分组。多播路由要求对组进行管理，首先要有一种办法创建和销组，并且允许进程加入或者离开组。路由算法关心的是当一个进程加入组的时候，它需要把这个事实告诉它的主机。对于路由器来说，它们的哪些主机属于哪些组是非常重要的。当主机与组之间的从属关系发生变化的时候，主机必须将这些变化告诉路由器，或者由路由器定期询问它们的主机。无论采用哪一种形式，路由器必须知道它们的哪些主机属于那些组，再告诉它们的邻居，所以主机与组的从属信息在整个子网中传播开来。为了实现多播路由，目前，代表性的多播路由算法为生成树算法，其算法执行过程如图 4.15 所示。

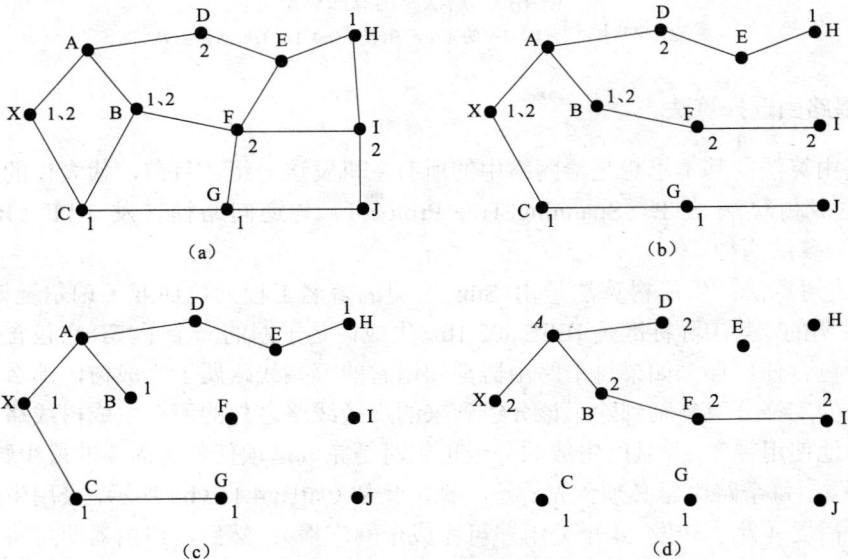

图 4.15 多播路由生成树算法示意图
（a）一个子网；（b）最左边路由器 X 的生成树；
（c）组播组 1 修剪过的生成树；（d）组播组 2 修剪过的生成树

8. 移动主机的路由选择算法

如图 4.16 所示，移动主机的路由选择算法的基本思想如下：

步骤 1：当一个分组发送给移动主机的时候，分组将被路由到该主机归属的本地局域网之中（即主场所）。

步骤 2：然后，本地局域网中的主代理（又称为本地代理，本地代理记录了所有主场所在该区域，但当前正在访问其他区域的移动主机进程）查找该移动主机的新（临时）场所，并找到管理该移动主机的外地代理地址（外地代理记录了所有当前正在访问该区域的移动主机进程，当移动主机漫游到其他区域时，需要向新区域的外地代理申请注册，外地代理将与移动主机的主代理进行联系，告之移动主机的当前位置信息）。

步骤 3：主代理将收到的分组封装到另一个外送分组的净荷域中，通过隧道机制发送到外地代理。外地代理得到封装的分组后，将从净荷域中提取原来的分组，并将它当作数据链路帧发送给移动主机。

步骤 4：主代理告诉发送方，以后给该移动主机发送的新分组可通过外地代理直接路由到移动主机，不需要再发送到移动主机的主场所。

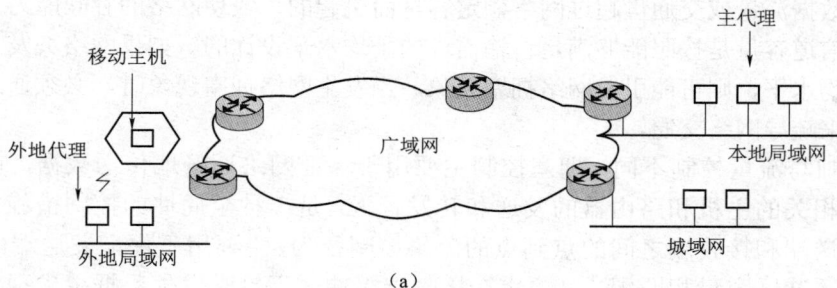

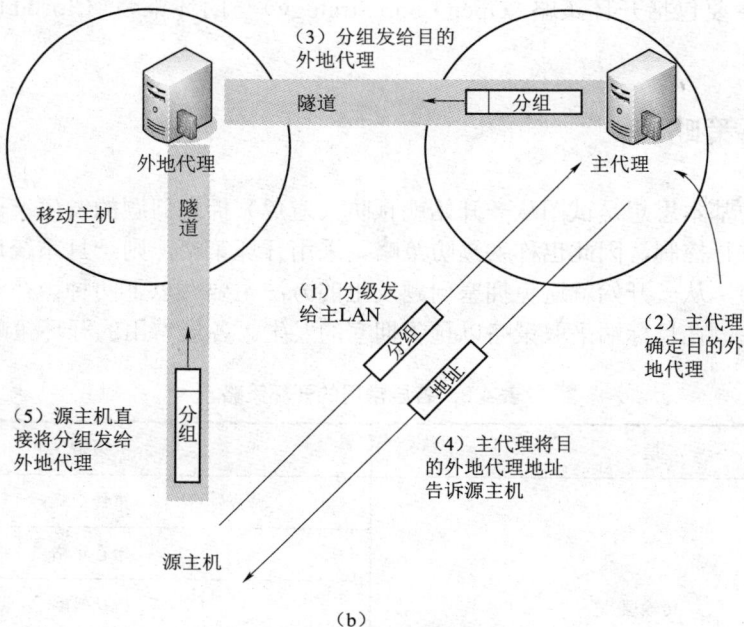

图 4.16　移动主机路由示意图

（a）网络拓扑；（b）移动主机的路由过程

4.5　差错控制策略

IP 协议仅提供尽力而为的不可靠的分组传送服务，因此，在 IP 分组传送过程中不可避免地会出现差错与意外。网络层仅采用校验和（Checksum）机制对 IP 分组的头部进行简单的差错检测，同时，对于 IP 分组在传输中出错的问题，也只是通过 Internet 控制消息协议 ICMP（Internet Cotrol Message Protocol）将相应的差错报告回送给发送方主机，而具体的差错控制则交由传输层负责处理。

4.6　拥塞控制策略

当一个子网中出现太多分组而导致网络性能下降的情况，称为网络拥塞。网络拥塞现象是由网络的数据流量或交通量超过网络额定容量而引起的，致使网络的吞吐能力急剧下降。通常，网络信道容量是按照能够满足传输需求的平均水平设计的。如果网络突发交通量大大超过这个平均水平，则可能引发网络拥塞现象。当发生网络拥塞现象时，必须通过适当的拥塞控制措施来疏导网络交通。

拥塞控制与流量控制不同，拥塞控制主要用于保证网络通畅地传送数据，它涉及网络中所有与之相关的主机和路由器的发送和转发行为，是一种全局性的控制措施。而流量控制只涉及发送端和接收端之间的点到点的流量控制行为，主要用于保证发送端的发送速率与接收端的缓冲区容量相匹配，以防止在接收端缓冲区不足时发生数据丢失现象。拥塞控制的通用策略主要包括开环策略（Open Loop Strategy）与闭环策略（Closed Loop Strategy）两种。

4.6.1　开环策略

开环策略的基本思想是试图从一开始就预防（避免）拥塞问题的发生，而不是在拥塞问题发生之后再进行控制，因此也称为预防策略。采用开环策略，则一旦系统启动，就不再做中途调整。其中，从一开始就避免拥塞问题发生的方法主要有以下两种：在源端采取策略以预防拥塞的发生；在目标端采取策略以预防拥塞的发生。各层常用的开环策略见表 4.3。

表 4.3　各层常用的开环策略

层	策略
传输层	重传策略
	缓存策略
	确认策略
	流控制策略
	超时策略

续表

层	策略
网络层	虚电路与数据报策略
	分组排队与服务策略
	分组丢弃策略
	路由算法
	分组生存期管理策略
数据链路层	重传策略
	缓存策略
	确认策略
	流控制策略

4.6.2 闭环策略

闭环策略的基本思想是当拥塞问题发生后，试图调整系统的运行，以消除拥塞，因此也称为控制策略。其中，调整的方法主要包括有以下两种：显式反馈，即从拥塞点向源端发送分组以警告源端；隐式反馈，即源端利用本地观测到的现象（如确认分组到达的时延等），来推断网络是否存在拥塞。

4.6.3 虚电路子网中的拥塞控制

虚电路子网中的拥塞控制方法主要有以下两种：准入控制，即一旦发现拥塞的信号，则不再创建任何虚电路，直到问题排除为止；选择路由，即一旦出现拥塞的信号，则使得所有新创建的虚电路均绕开问题区域。采用选择理由策略时，如图 4.17 所示，当出现拥塞后，可通过重画子网，去掉拥塞的路由器及其线路，然后在重画后的子网中进行路由选择，重新创建 A 到 B 的虚电路。

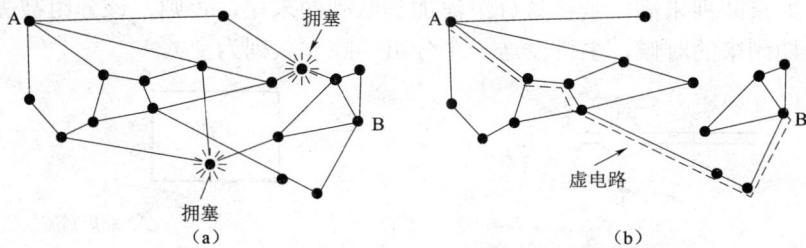

图 4.17 选择路由方法

4.6.4 数据报子网中的拥塞控制

数据报子网中的拥塞控制方法主要有以下三种：

◆ 抑制分组：每个路由器通过监视其输出线路和其他资源使用情况，判定新到达的分组所对应的输出线路是否过载。如果过载，则路由器将返回源主机一个抑制分组（在抑制分组中指明原分组的目标地址），同时在原分组上加上一个标记，使得其在后续传输路径上不再产生更多重复的抑制分组。当源主机收到抑制分组后，将降低给对应目标地址的发生流量。若在一定周期内没有收到抑制分组，可再增加流量。缺点：当发生拥塞的路由器离源主机很远时，将导致源主机的反应过慢。

◆ 逐跳抑制分组：让抑制分组不只是影响源主机，而是影响其回传途中的每一个路由器。

◆ 负载丢弃：当拥塞实在无法消除时，路由器可丢弃无法及时处理的分组，其中，丢弃分组的原则有以下两种：

（1）葡萄酒策略：丢弃新分组（老的分组比新的分组重要）。

（2）牛奶策略：丢弃老分组（新的分组比老的分组重要）。

4.7 流量控制策略

网络服务质量 QoS（Quality of Service）主要包括以下 4 个要素：

◆ 可靠性：分组的每一位都不能被错误递交，一般采用校验和的方法来保证可靠性。

◆ 延迟：实时的应用需要小的延迟，一般采用虚电路方式来保证小的延迟需求。

◆ 抖动：视频和音频对抖动很敏感（分组到达的时间变化量称为抖动），一般采用缓存的方法来降低抖动。

◆ 带宽：视频需要高的带宽，一般采用资源预留的方法来保证高的带宽需求。有三种资源可以预留：带宽、缓存区空间、CPU 周期。

为保障主机尽可能地以均衡的速率发生数据，从而提高网络的服务质量的技术，称为流量整形（Traffic Shaping）技术。流量整形技术与滑动窗口技术的区别在于：

（1）流量整形技术用于调节数据传输的平均速率以及突发性。

（2）滑动窗口技术用于限制同一时刻的数据传输总量，而不是限制其发送的速率。

常见的流量整形算法包括：

（1）漏桶算法：算法的思想如图 4.18 所示，漏桶是由一个有限队列构成的，当一个分组到达的时候，如果队列未满，则将该分组添加到队列的末尾，否则，该分组被丢弃。在每一个时钟滴答周期到来的时候，主机发送一个分组（除非队列为空）。

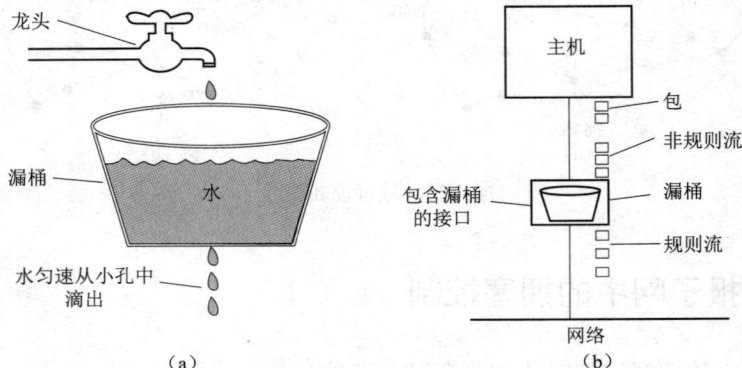

图 4.18 漏桶算法原理

漏桶算法缺陷：漏桶算法强迫输出模式保持严格的均匀速率，不能应对网络中的突发流量情况。

（2）令牌桶算法：算法的思想如图 4.19 所示，令牌桶是由一个长为 C 的有限队列构成的，令牌桶中保存的为令牌（而不是分组）。令牌由时钟产生，令牌的产生速率 ρ 等于主机允许的匀速输出速率。一个令牌的长度代表了可以发送的数据长度。当令牌桶未满时，主机按匀速输出速率发送数据，当令牌桶满时，主机按最大输出速率 M 发送数据，从而可快速处理突发流量。

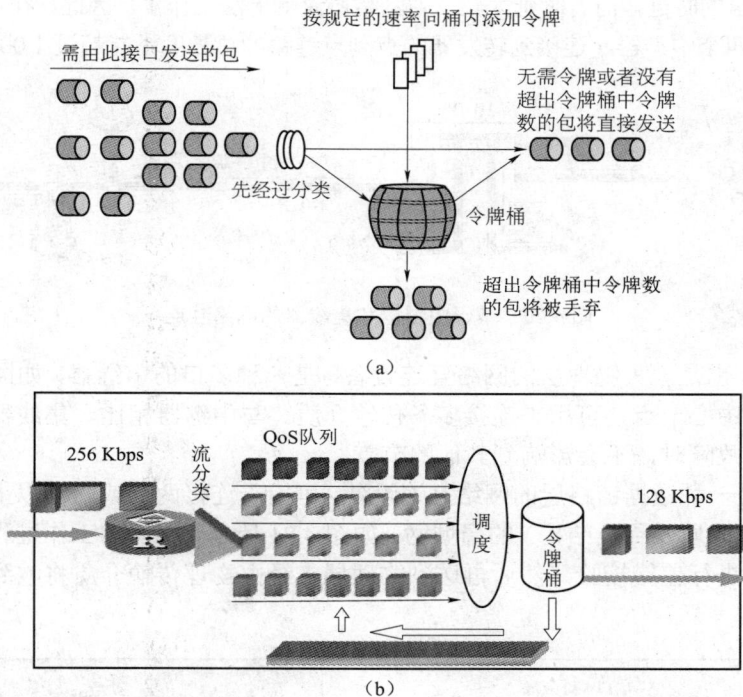

图 4.19　令牌桶算法的实现原理与形象示意
（a）令牌桶算法的实现原理；（b）令牌桶算法的实现原理形象示意

采用令牌桶算法时，主机以最大速率发送突发数据的持续时间 S 计算公式为：$C+\rho \cdot S=M \cdot S \Rightarrow S=C/（M-\rho）$。

4.8　网 络 互 连

4.8.1　网络互连设备

网络互连（Network Interconnection）就是指把一个网络与另一个网络互相连接起来，在用户之间实现跨网络的通信与操作的技术。网络互连按所连网络的类型不同，可分为广域网和广域网互连、广域网和局域网互连、局域网和局域网互连。其中，局域网的互连一般在物理层和数据链路层上进行，而广域网的互连一般都在网络层上进行。参加互连的网络差异越大，则实现互连的层次与需要做的转换工作就越复杂。而且，不管哪一种类型的网络互连，均需要有互连的设备和软件，也就是说，需要有一种转换设备，使得通信的双方通过协调，能够实现正常通信。目前，常用的互连设备有中继器（Repeater）、集线器（Hub）、网桥（Bridge）、交换机（Switcher）、路由器（Router）和网关（Gateway）等。

◆ 中继器：是一种物理层的网络互连设备，其作用是对网络电缆上传输的信号经过放大和整形后，再发送到与之相连的其他网段上。如图 4.20 所示，通过中继器连接起来的各网段仍是一个冲突域，如果用太多的中继器将多个网络连接起来，将会增加冲突的机会，降低网络的性能，增加整个网络的时延。而若时延太长，则网络协议就无法工作了。因此，在任意两个工作站之间最多可以有四个中继器，连接到转发器的点到点链路的总长度不能超过 1 000 m。

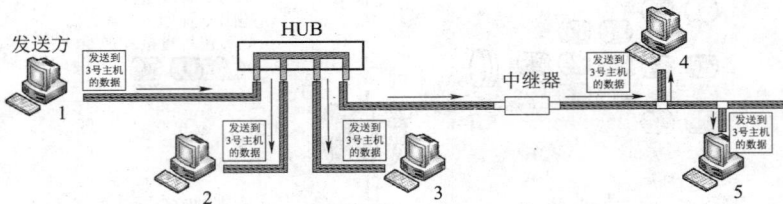

图 4.20　基于中继器和集线器的网络互连

◆ 集线器：也是一种物理层的网络互连设备，是一种多口的中继器，如图 4.21 所示。将集线器作为一个中心节点，可用来连接多条传输介质。与中继器相比，集线器的优点是当某条传输介质发生故障时，不会影响到其他的节点。

◆ 网桥：是一种数据链路层的网络互连设备，可用于连接两个或两个以上具有相同类型（通信协议、传输介质及寻址结构）的局域网。如图 4.21 所示，网桥的工作过程是先接收帧并送到数据链路层进行差错校验，然后再送到物理层，经由物理传输介质将收到的帧转发到另一个局域网。

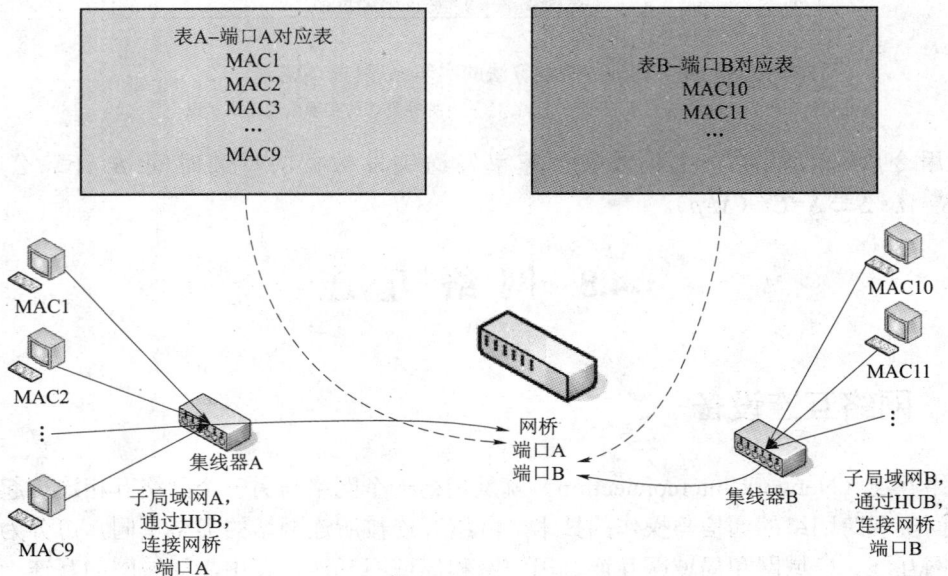

图 4.21　基于网桥的网络互连

◆ 交换机：也是一种数据链路层的网络互连设备，交换机通常采用存储-转发（Store-Forward）技术或直通（Cut-Through）技术来实现帧的转发，其工作原理如图 4.22 所示。与网桥相比，交换机的优点在于：端口数较多，数据传输效率高，转发延迟很小，吞吐量大，丢失率低，网络整体性能增强,远远超过了普通网桥连接网络时的转发性能。如图 4.23 所示，交换机一般用于互连具有相同类型的局域网，例如：以太网与以太网之间的互连。

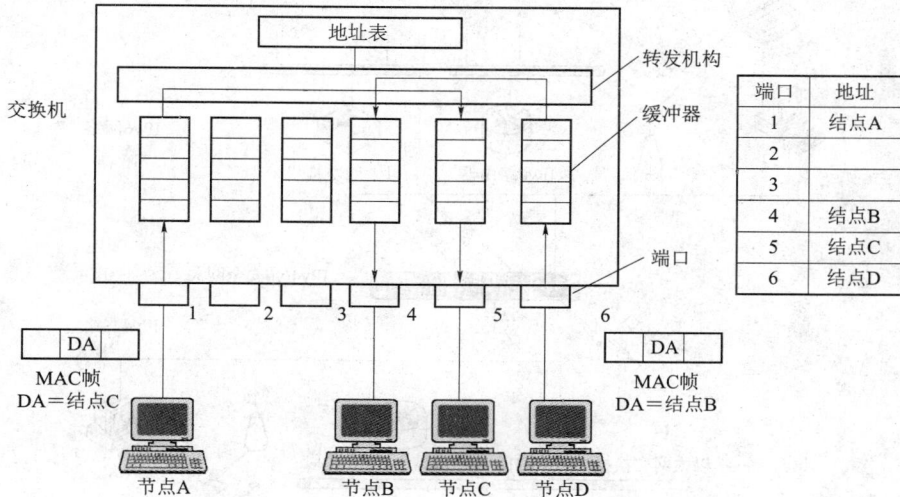

图 4.22　交换机的工作原理

◆ 路由器：是一种网络层的网络互连设备，路由器可实现网络层上数据包的存储转发，并具有路径选择功能，可依据网络当前的拓扑结构来选择"最佳"路径把接收到的数据包转发出去，从而实现网络负载平衡，减少网络拥塞。由于路由器工作在网络层，可用于连接不同类型的局域网和广域网，因此也称为"LAN 网间互联设备"。如图 4.23 所示，一个路由器可以用来连接两个局域网、一个局域网和一个广域网，或两个局域网，例如：可用路由器将一个以太局域网与一个 FDDI 局域网相连，或与 X.25 公用分组交换网相连。

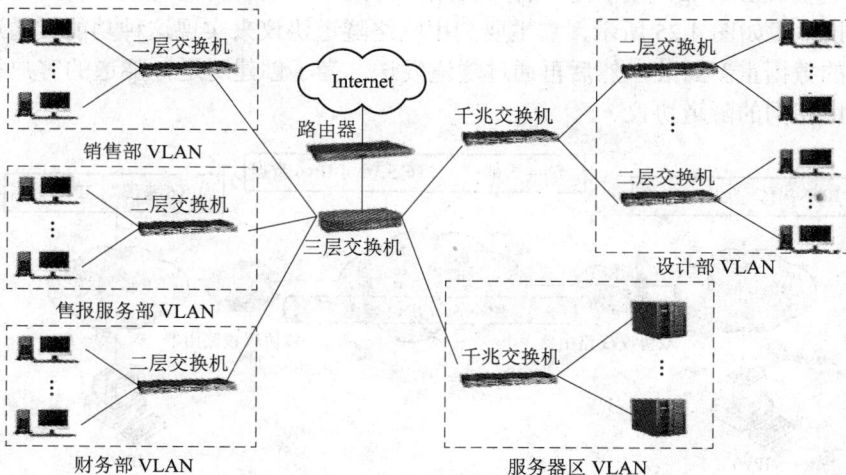

图 4.23　基于交换机和路由器的网络互连

◆ 网关：又称为协议转换器，是一种对高层协议（包括传输层及更高层的应用层）进行转换的网间连接器。如图 4.24 所示，网关可以把具有不同网络体系结构的多个计算机网络连接起来，例如：可用网关来实现局域网间的互连、局域网与广域网间互连或两个不同广域网（例如：IPv4 网络和 IPv6 网络、PSTN 网络和 Internet 等）间的互连。

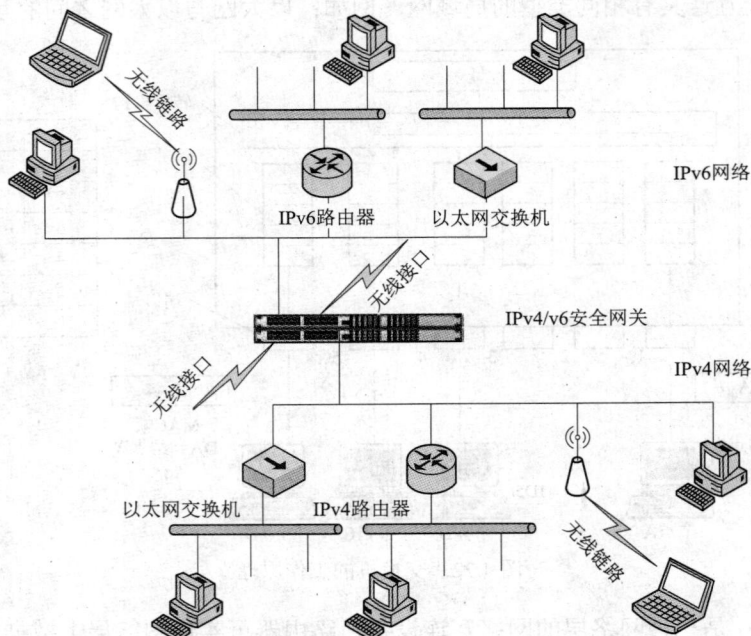

图 4.24　基于网关的网络互连

4.8.2　隧道技术

网络隧道（Tunneling）技术是一种可利用一种网络协议来传输另一种网络协议数据（帧或分组）的技术。如图 4.25 所示，它主要利用网络隧道协议来实现这种功能，通过隧道协议将其他协议的数据重新封装，然后再通过隧道发送。为了创建隧道，隧道的客户机和服务器双方必须使用相同的隧道协议。

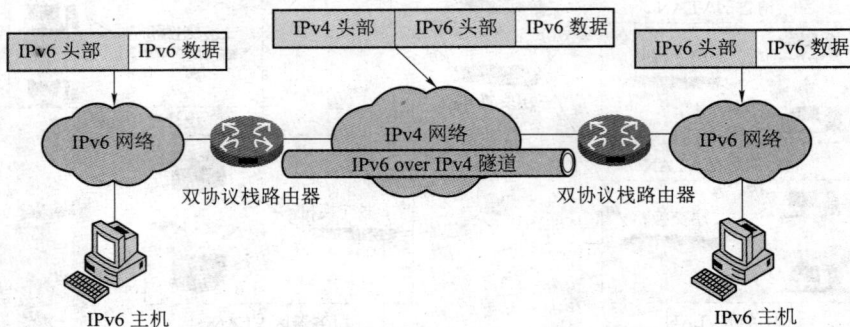

图 4.25　基于隧道技术的网络互连

隧道技术可分别以第 2 层或第 3 层隧道协议为基础。第 2 层隧道协议对应于 OSI 模型中的第 2 层（数据链路层），使用帧作为数据交换单位。例如：常用的点对点隧道协议 PPTP（Point to Point Tunneling Protocol）和第二层隧道协议 L2TP（Layer 2 Tunneling Protocol）均属于第 2 层隧道协议，是将用户数据封装在点对点协议 PPP 帧中再进行发送的。

第 3 层隧道协议对应于 OSI 模型中的第 3 层（网络层），使用分组作为数据交换单位。例如：常用的 IPIP（IP over IP）隧道协议和 IPSec 隧道协议（IP 层加密标准协议）均属于第 3 层隧道协议，是将一个 IP 分组封装在另一个 IP 分组中再进行发送的。

在 IPSec 协议中，定义了两个新的包头增加到 IP 分组之中，用于保证 IP 数据分组的安全性。这两个包头由 AH（Authentication Header）和 ESP（Encapsulating Security Payload）规定。如图 4.26 所示，其中，AH 用于保证分组的完整性和真实性，通过采用安全哈希算法来对分组进行保护，以防止黑客截断分组或者向网络中插入伪造的分组。而 ESP 则用于对需要保护的用户数据进行加密后再封装到 IP 分组之中，以保证数据的完整性、真实性和私有性。

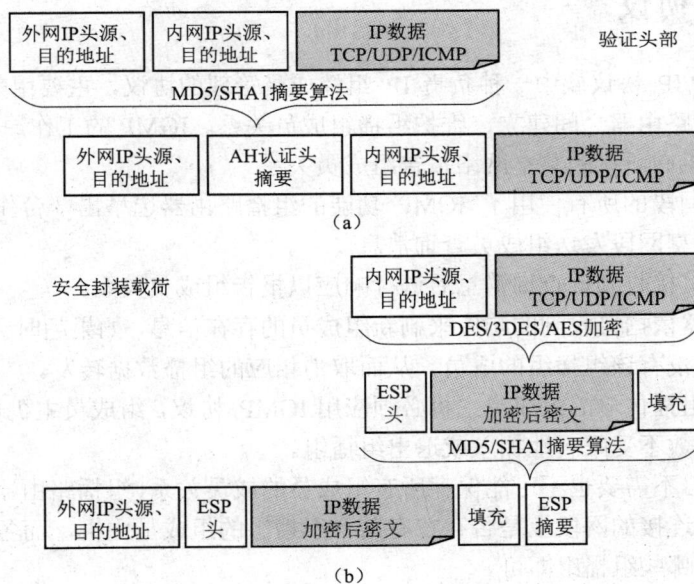

图 4.26　AH 和 ESP 隧道模式下的分组格式
（a）AH 隧道模式下的分组格式；（b）ESP 隧道模式下的分组格式

4.9　网 络 管 理

网络层的常用网络管理协议主要包括 Internet 控制消息协议 ICMP（Internet Cotrol Message Protocol）、Internet 组管理协议 IGMP（Internet Group Management Protocol）、地址解析协议 ARP（Address Resolution Protocol）以及反向地址解析协议 RARP（Reverse Address Resolution Protocol）等。

4.9.1　ICMP 协议

ICMP 协议是 TCP/IP 协议族的一个子协议，主要用于在 IP 主机、路由器之间传递控制消息。控制消息是指网络通不通、主机是否可达、路由是否可用等网络本身的消息。这些控制消息虽然并不传输用户数据，但是对于用户数据的传递起着重要的作用。

实际上，ICMP 就是一个"错误侦测与回报机制"，ICMP 提供一致易懂的出错报告信息，所发送的出错报文将返回到原数据的发送方，发送方随后可根据 ICMP 报文确定发生错误的类型，并确定如何才能更好地重发失败的分组。ICMP 唯一的功能是报告问题而不是纠正错误，纠正错误的任务由发送方的传输层完成。

在网络中经常会使用到 ICMP 协议，比如经常使用的用于检查网络通不通的 Ping 命令（Linux 和 Windows 中均有），这个"Ping"的过程实际上就是 ICMP 协议工作的过程。此外，还有其他的网络命令如跟踪路由的 Tracert 命令也是基于 ICMP 协议的。

4.9.2　IGMP 协议

IGMP 是 TCP/IP 协议族中一种负责 IP 组播成员管理的协议，主要用来在 IP 主机和与其直接相邻的组播路由器之间建立、维护组播组成员关系。IGMP 的工作原理如下：

◆ 组成员主机向所在的共享网络报告组成员关系。

◆ 处于同一网段的所有使用了 IGMP 功能的组播路由器选举出一台作为查询器，查询器周期性地向该共享网段发送组成员查询消息。

◆ 组成员主机接收到该查询消息后进行响应以报告组成员关系。

◆ 组播路由器依据接收到的响应来刷新组成员的存在信息，如果超时无响应，则组播路由器就认为网段中没有该组播组的成员，从而取消相应的组播数据转发。

◆ 所有参与组播传输的组成员主机必须应用 IGMP 协议，组成员主机可以在任意时间、任意位置、成员总数不受限制地加入或退出组播组。

◆ 组播路由器不需要也不可能保存所有组成员的成员关系，组播路由器仅通过 IGMP 协议了解在每个接口连接的网段上是否存在有某个组播组的组成员主机，而各组成员主机也仅需保存自己加入了哪些组播组即可。

4.9.3　ARP 协议

IP 分组在通过以太网发送时，由于以太网中的数据链路层设备并不识别 IP 地址，因此，IP 分组必须先要封装成数据链路层的协议数据单元"帧"之后才能通过物理媒介进行传输。而帧从一个主机传送到以太网内的另一台主机，是根据 48 位的以太网地址（即网卡地址），而不是根据 32 位的 IP 地址来进行寻址的，因此，主机在发送帧之前需要将目标节点的 IP 地址转换成目标节点的 MAC 地址，而 ARP 就是一种专用于将 IP 地址映射到网卡的 MAC 地址的协议。假设主机 A 和 B 在同一个网段，主机 A 要向主机 B 发送信息，则 ARP 协议的工作原理如下：

步骤 1：主机 A 首先查看自己的 ARP 表，确定其中是否包含有主机 B 对应的 ARP 表项。如果找到了对应的主机 B 的 MAC 地址，则主机 A 将对 IP 数据分组进行帧封装之后，直接利用 ARP 表中记录的主机 B 的 MAC 地址将帧转发给主机 B。

步骤 2：如果主机 A 在 ARP 表中找不到对应的主机 B 的 MAC 地址，则将缓存该分组，然后以广播方式向整个网段发送一个 ARP 请求报文（报文格式如图 4.27 所示），其中，该 ARP 请求报文中的源端 IP 和 MAC 地址为主机 A 的 IP 和 MAC 地址，目的端 IP 和 MAC 地址为目标主机 B 的 IP 地址和全 0 的 MAC 地址。由于 ARP 请求报文是以广播的方式发送的，因此，该网段上的所有主机都会收到该 ARP 请求报文，但只有目标主机 B 才会对其进行处理。

硬件类型		协议类型
硬件地址长度	协议长度	操作类型
发送方的硬件地址（0~3字节）		
源物理地址（4~5字节）	源IP地址（0~1字节）	
源IP地址（2~3字节）	目标硬件地址（0~1字节）	
目标硬件地址（2~5字节）		
目标IP地址（0~3字节）		

图 4.27　ARP/RARP 请求与应答的报文格式

步骤 3：主机 B 可通过比较自己的 IP 地址和 ARP 请求报文中的目标 IP 地址来确认自己是否为目标主机。当两者相同时，进行如下处理：将 ARP 请求报文中记录的主机 A 的 IP 和 MAC 地址存入到自己的 ARP 表中，然后，再以单播方式发送 ARP 响应报文（报文格式如图 4.28 所示）给主机 A，其中，在 ARP 响应报文包含了主机 B 的 IP 和 MAC 地址。

步骤 4：主机 A 在收到主机 B 回送的 ARP 响应报文之后，首先，将主机 B 的 MAC 地址加入到自己的 ARP 表中，然后，再将 IP 分组进行帧封装，并利用主机 B 的 MAC 地址将帧转发给主机 B。

如图 4.28 所示，当主机 A 和 B 不在同一网段时，主机 A 将会首先向网关发出一个 ARP 请求报文，其中，该 ARP 请求报文中的目标 IP 地址为网关的 IP 地址。当 A 在收到了网关的 ARP 响应报文之后，即可获得网关的 MAC 地址。然后，主机 A 即可再将 IP 分组进行帧封装，并利用网关的 MAC 地址将帧转发给网关。如果网关的 ARP 表中有记录主机 B 的 MAC 地址的表项，则网关即可直接将 IP 分组进行帧封装，并利用主机 B 的 MAC 地址将帧转发给主机 B。

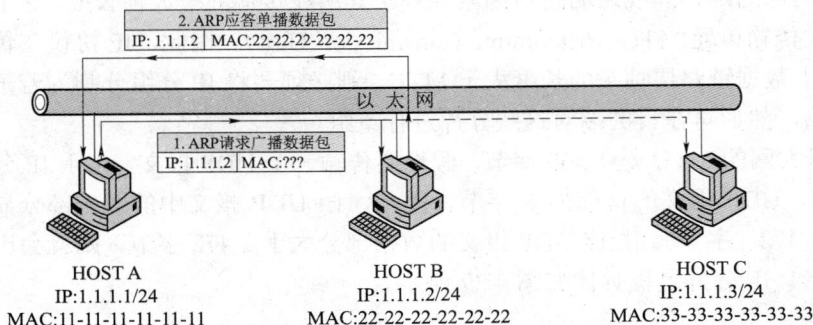

图 4.28　ARP 工作原理

如果网关的 ARP 表中也没有记录主机 B 的 MAC 地址的表项，则网关会广播一个 ARP 请求报文，其中，该 ARP 请求报文中的目标 IP 地址为主机 B 的 IP 地址。网关收到了主机 B 的 ARP 响应报文之后，即可获得主机 B 的 MAC 地址，然后，网关即可再将 IP 分组进行帧封装，并利用主机 B 的 MAC 地址将帧转发给主机 B。

4.9.4　RARP 协议

RARP 协议的主要功能是将局域网中某个主机的网卡 MAC 地址转换为 IP 地址，例如：假若局域网中有一台主机只知道自己的网卡 MAC 地址而不知道自己的 IP 地址，那么即可通过广播携带其 MAC 地址的 RARP 请求报文，来询问自己的 IP 地址。当 RARP 服务器收到该 RARP 请求报文之后，将在自己的 RARP 映射表中查找到对应的该主机的 IP 地址，并回送给该主机。RARP 协议被广泛用于获取无盘工作站的 IP 地址，其工作原理如下：

步骤 1：源主机在初始化时，首先发送一个本地的 RARP 请求报文（报文格式如图 4.28 所示），在该请求报文中，声明自己的 MAC 地址并且请求任何收到此请求的 RARP 服务器分配一个 IP 地址。

步骤 2：本地网段上的 RARP 服务器收到该请求报文之后，检查自己的 RARP 映射表，查找是否存在该 MAC 地址所对应的 IP 地址。

步骤 3：若存在，则 RARP 服务器就给源主机发送一个 RARP 响应报文（报文格式如图 4.28 所示），并将对应的 IP 地址回送给源主机。

步骤 4：若不存在，则 RARP 服务器对此不做任何响应。

步骤 5：源主机若收到从 RARP 服务器回送的 RARP 响应报文，即可利用得到的 IP 地址进行分组的发送；若源主机一直没有收到 RARP 服务器回送的 RARP 响应报文，则表示初始化失败。

注：RARP 服务器上的 MAC 地址和 IP 地址映射表必须是事先静态配置好的。

4.10　IP 分片与重组

IP 分片（分段）是网络上传输 IP 报文的一种技术手段。IP 协议在传输数据包时，将数据报文分为若干分片进行传输，并在目标系统中进行重组。这一过程称为分片（Fragmentation）。导致 IP 分片的原因是物理线路的材质因素限制了其所能传输的最大帧长度，这个最大的帧长度，称为最大传输单元 MTU（Maximum Transmission Unit）。因此，IP 协议在传输分组时，若 IP 分组加上数据链路层帧头的长度大于 MTU，则必须要将 IP 分组分割为若干个分片之后才能进行传输，然后再在目的端对这些分片进行重组。

例如：以太网的 MTU 是 1 500 字节，假设要传输一个 UDP 报文，由于 IP 分组的首部最小为 20 字节，UDP 报文的首部为 8 字节，因此，该 UDP 报文中的数据部分显然不能超过 1 500−20−8=1 472（字节）。若该 UDP 报文的数据部分大于 1 472 字节，则就会出现需要进行 IP 分片的情形。IP 分片过程具体如图 4.29 所示。

偏移=0000/8=0，大小为1 400字节，
该IP数据报分片长度为1 420字节

0000   1 399

IP头20字节

偏移=0000/8=0

偏移=1 400/8=175，大小为1 400字节，
该IP数据报分片长度为1 420字节

0000字节   3 999字节

1 400   2 799

偏移=2 800/8=350，大小为1 200字节，
该IP数据报分片长度为1 220字节

2 800   3 999

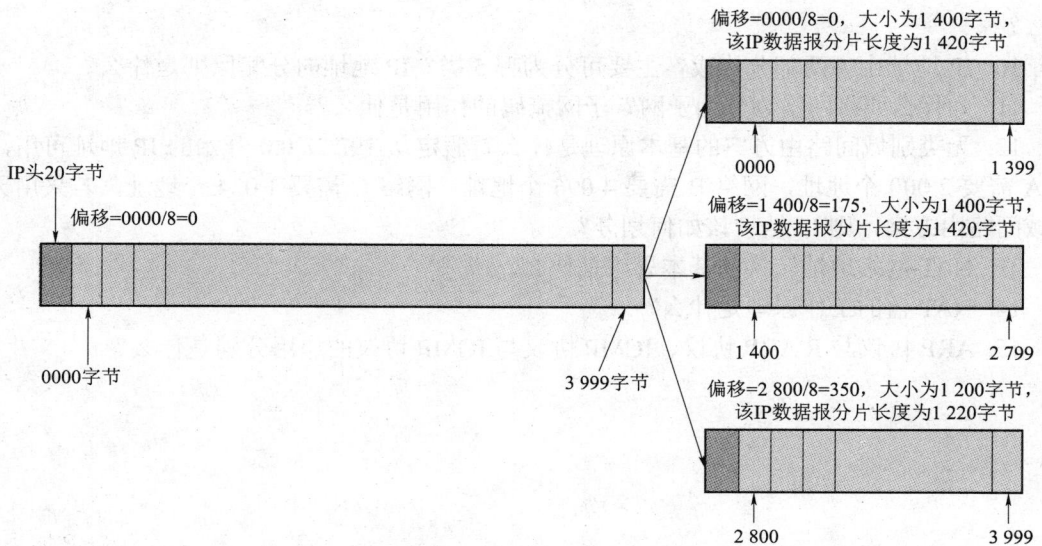

图 4.29　IP 分片过程示意

　　IP 分片在源端进行，分片后的数据分组只有到达目的节点之后才会被重新组装，重新组装由目的节点的网络层来完成，其目的是使得 IP 分片和重新组装过程对传输层而言是完全透明的。此外，已经分片过的数据分组在传送过程中也有可能会被再次分片（可能不止一次）。

4.11　本 章 小 结

　　本章主要对 OSI 参考模型中网络层的功能、协议以及其中所采用的主要技术等分别进行了详细介绍，通过本章的学习，需要掌握 OSI 参考模型中网络层的基本功能与相关的术语及定义。需要熟悉 OSI 参考模型中网络层所采用的主要技术，如各种经典的路由算法、拥塞控制策略、流量整形技术与常见的流量整形算法、IP 地址分类、子网划分与无类别域间路由技术、NAT-网络地址转换技术以及 Internet 控制消息协议与地址解析协议的基本功能等。

4.12　本 章 习 题

1. 网络层主要包括哪些功能？
2. 路由算法设计时主要涉及哪些参数？
3. 什么是静态路由选择算法与动态路由选择算法？
4. 试阐述最短路径路由、洪泛、距离矢量路由、链路状态路由、分级路由、广播、多播以及移动主机的路由算法等经典路由算法的工作原理分别是什么。
5. 什么是开环策略与闭环策略？
6. 虚电路子网与数据报子网中的拥塞控制方法主要分别有哪些？
7. 衡量网络服务质量的标准有哪些要素？
8. 什么是流量整形技术？常见的流量整形算法有哪几种？它们的工作原理分别是什么？
9. 每个 IP 数据报包含一个 20 字节的头部，试阐述该头部包括哪些字段，其含义分别是

什么？

10. IP 地址由哪两部分构成？主要可分为哪 5 类？IP 地址的分配原则是什么？

11. 为什么要将网络划分为子网？子网掩码的作用是什么？

12. 无类别域间路由方案的基本原理是什么？假定从 192.28.0.0 开始的 IP 地址可用，网络 A 需要 2 000 个地址，网络 B 需要 4 096 个地址，网络 C 需要 1 024 个地址，若采用无类别域间路由方案，则 IP 地址该如何划分？

13. NAT-网络地址转换的基本思想是什么？

14. NAT 盒的工作原理是什么？

15. ARP 协议与 R ARP 协议、ICMP 协议与 IGMP 协议的作用分别是什么？

第5章

传 输 层

　　传输层是 OSI/RM 模型中的第四层，是 OSI 参考模型中最为重要、最为关键的一层，是 OSI 参考模型中第一个提供端到端服务的层次，同时也是唯一负责网络中总体数据传输与控制的一层，其主要任务是在网络层提供的分组传送功能上，进一步为端到端连接提供流量控制、差错控制、服务质量等管理功能，从而为终端用户之间以及上层提供可靠与透明的数据传输服务。本章将分别针对传输层的主要功能以及网络层协议中所使用到的一些关键技术进行详细介绍。

5.1　传输层的功能

　　传输层也称为运输层，其主要目的是利用通信子网提供的服务，以实现两个用户进程之间端到端的可靠通信。无论通信子网提供的服务有什么特点（面向连接的或无连接的）、可靠性如何，经传输层处理后，都应表现为可靠的、按顺序提交的服务。因此，就通信功能来说，传输层是提供通信服务的最高层，它弥补了通信子网的差异和不足，即，无论网络层向传输层提供的服务是可靠的还是不可靠的，传输层对上层提供的均是端到端的可靠通信，即便是通信子网提供的服务质量很差，传输层也必须填补传输层用户所要求的服务质量与网络层所能提供的服务质量之间的差异。

　　此外，从另一个角度看，传输层又是用户功能中的最低层，也是最基本的一层。通过网络互连的用户主机之间要实现任何远程的信息交换，均须利用传输层所提供的服务。传输层的作用和数据链路层有相似之处，例如：数据链路层负责点到点之间的数据通信，而传输层负责的是一种扩大了的点到点之间的通信，即端到端之间的通信。不过，对数据链路层而言，点与点之间的信道是一条物理链路，而对传输层而言，端与端之间的信道是指整个通信子网。由于传输层负责经过通信子网互连的两个主机之间的端到端通信，显然，报文段在子网中通过时有可能会出现丢失、重组、阻塞或产生较大存储延时等情况，因此，传输层协议比数据链路层协议无疑要复杂得多。具体而言，传输层必须具有以下功能：

　　（1）分段与重组：由于网络对协议数据单元所能承载的数据量是有大小限制的，因此传输层将应用程序数据分割成大小适当的报文段，而且这些报文段在到达目的节点之后还需要按照顺序进行重组，然后再将重组后的报文段转发给目的应用程序。

（2）寻址：要实现传输地址到网络地址的映射，以便通过网络层的路由服务能够在茫茫网络中找到要进行数据传输的目的端点。

（3）传输连接管理：对于面向连接的传输服务，首先要建立连接，然后才能进行报文传输；在报文传输期间，则要维持连接畅通并监控连接的工作状态；而在传输结束之后，还要释放连接，以避免空占传输信道资源。

（4）差错控制和流量控制：当传输服务数据单元在通信子网的传输过程中发生了拥塞，或者接收端的处理速度来不及处理收到的服务数据单元，这时就要对服务数据单元的流量加以控制。此外，对于可靠传输服务，还要对传输到达端点的服务数据单元进行顺序控制、差错检测与纠正，以及 QoS 监测等。

（5）传输连接复用：传输连接建立之后，由于在一对端点之间可以同时进行多种服务数据的传输，而不同的服务数据是通过不同的服务端口进行传输的，故每一对服务端口之间的传输连接均可看作是一个传输逻辑通道，从而这一对端点之间的所有传输连接可以共用一条网络连接，即可以通过一条网络连接来实现端点到端点之间的多路传输连接。

5.2 传输层的地址表示

传输层的任务是根据通信子网的特性，最佳地利用网络资源，为两个端系统的进程（Process）之间提供建立、维护和取消传输连接的功能，负责端到端的可靠数据传输。传输层传送的协议数据单元称为报文段（Segment）。与网络层的功能不同，如图 5.1 所示，网络层只是负责根据网络地址找到一条合适的路径将源端发出的分组传送到目的端，而传输层则是负责将报文段从源端进程可靠地传送到目的端进程。为此，传输层需要解决以下问题：

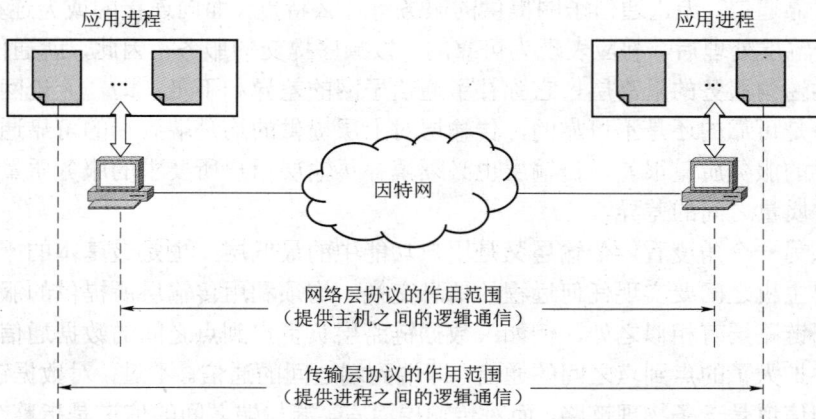

图 5.1　传输层与网络层协议的作用范围比较

（1）进程的命名与寻址：在单台主机中，不同的进程是用一个 16 比特的进程号（Process ID）来唯一标识的，其中，进程号也称为端口号（Port Number）。但在网络环境下，由于不同的主机上运行的进程可能会具有相同的端口号，从而导致不同的进程需要用二元组<IP 地址，进程端口号>才能唯一标识。因此，如图 5.2 所示，与网络层可使用基于 IP 地址来进行寻址不同，传输层需要使用上述二元组<IP 地址，端口号>才能实现寻址。显然，一个完整的传输层连接由于包括了一对参与通信的进程，因此，需要用一个五元组<协议，本地地址，本地端口号，远程地址，远程端口号>来进行标识。

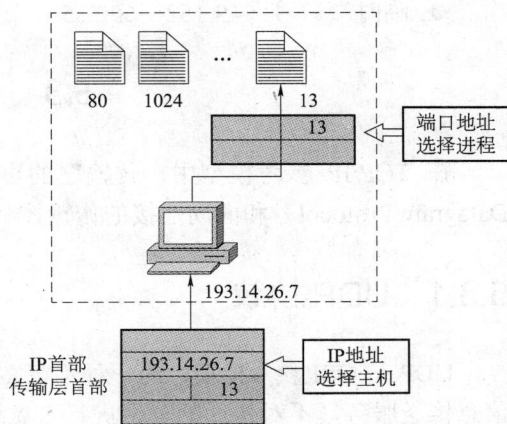

图 5.2　传输层的寻址方式

（2）进程间相互作用的模式：如图 5.3 所示，在 TCP/IP 协议体系中，进程间的相互作用一般采用的是客户/服务器（Client/Server）模型，其中，客户与服务器分别表示相互通信的两个应用程序的进程。在 C/S 模式中，客户向服务器发出服务请求，为进程通信中的发起方，服务器则响应客户的请求，并为客户提供所需要的服务，为进程通信中的接收方（服务提供方）。每一次通信均由客户进程随机启动，服务器进程处于等待状态，以及时响应客户进程的服务请求。

图 5.3　进程间相互作用的模式

在 TCP/IP 协议中，由于端口号的长度为 16 比特，因此，端口号的取值范围为 0～65 535，如图 5.4 所示。国际互联网地址指派机构 IANA（Internet Assigned Numbers Authority）将端口号数值范围划分熟知端口号、注册端口号和临时端口号三种不同类型，其中：

图 5.4　端口号的取值范围与分类

◆　熟知端口号（0～1 023）：这些端口号由 IANA 专门指派和控制，用于提供一些众所周知的数据传输服务。例如：20 为文件传输协议 FTP（File Transfer Protocol）的专用端口号，23 为电信网络协议 Telnet（Telecommunications Network Protocol，也称为远程登录协议）的专用端口号，25 为简单邮件传输协议 SMTP（Simple Mail Transfer Protocol）的专用端口号，53 为域名服务器 DNS（Domain Name Service）的专用端口号，69 为简单文件传输协议 TFTP（Trivial File Transfer Protocol）的专用端口号，80 为超文本传送协议 HTTP（Hyper Text Transfer Protocol）的专用端口号，161 为简单网络管理协议 SNMP（Simple Network Management Protocol）的专用端口号等。

◆　注册端口号（1 024～49 151）：这些端口号可以在 IANA 注册独享，以防出现重复。

◆ 临时端口号（49 152～65 535）：这些端口号可以由任何进程临时使用。

5.3 传输层协议

在 TCP/IP 参考模型中，传输层的协议主要包括无连接的用户数据报协议 UDP（User Datagram Protocol）和面向连接的传输控制协议 TCP（Transmission Control Protocol）两种。

5.3.1 UDP 协议

UDP 是 OSI 参考模型中的一种不可靠无连接的传输层协议，提供面向事务的简单不可靠信息传送服务，不对传送的分组进行可靠性与顺序保证（传输的可靠性及分组顺序检查与排序由应用层完成），不考虑流控制、错误控制，当目标主机收到坏的报文段后也没有重传机制。其优点是因控制选项较少，而且无须建立连接，从而使得数据传输过程中的延迟小、数据传输效率高，因此，UDP 通常适合对可靠性要求不高，或者网络质量有保障，或者对实时性要求较高的应用程序，例如：DNS、SNMP、QQ、视频会议等。

如图 5.5 所示，UDP 报文段分 UDP 报头和 UDP 数据区两部分，其中，报头由 4 个长为 16 位长（2 字节）的字段组成，分别说明该报文段的源端口号、目的端口号、报文总长度以及校验和。

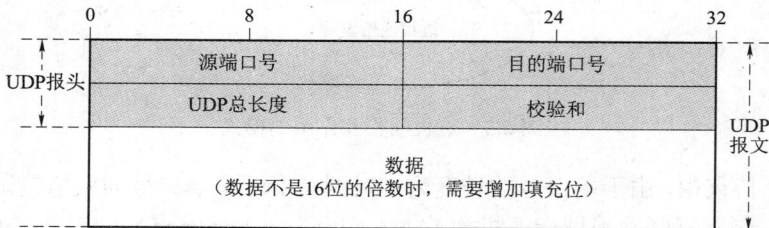

图 5.5 UDP 报文段格式

常用的 UDP 端口号见表 5.1。

表 5.1 常用的 UDP 端口号

应用	应用层协议	传输层协议
名字转换	DNS	UDP
文件传送	TFTP	UDP
路由选择协议	RIP	UDP
IP 地址配置	BOOTP.DHCP	UDP
网络管理	SNMP	UDP
远程文件服务器	NFS	UDP
IP 电话	专用协议	UDP
流式多媒体通信	专用协议	UDP
多播	IGMP	UDP

5.3.2　TCP 协议

TCP 是一种面向连接的、可靠的、基于字节流的传输层协议，使用 TCP 协议通信的双方必须首先建立连接，然后才能开始数据的传输，而且在通信完成后还要拆除连接，以释放占用的网络资源。此外，为了保证传输的可靠性，TCP 还采用了确认机制，即，发送端发送的每个 TCP 报文段均必须得到接收方的确认才会被认为传送成功。其次，TCP 协议还采用了超时重传机制，发送端在每发送出一个 TCP 报文段后均将启动一个定时器，如果在规定时间内未收到应答，则将重发该报文段。最后，因为 TCP 报文段最终是以 IP 分组发送的，而 IP 分组到达接收端时有可能乱序或重复，因此，TCP 还会对接收到的 TCP 报文段进行重新排列整理，以保证报文段最终能够按照顺序交付给应用层。

由于 TCP 是面向连接的，因此只能用于端到端的通信，通常，对可靠性要求比较高的服务一般使用 TCP 协议，例如：FTP、Telnet、SMTP、HTTP、POP3 等。如图 5.6 所示，TCP 报文段分 TCP 报头和 TCP 数据区两部分，其中，报头部分包括 20 字节的定长部分与可变长（≤40 字节）的选项和填充部分，其中：

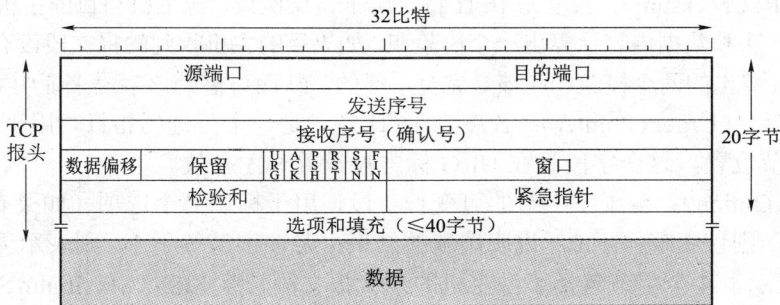

图 5.6　TCP 报文段格式

◆　源端口（Source Port）：长度为 16 比特（2 字节），用于标识发送方进程的端口号，源端口和源 IP 地址相结合即可唯一标识报文的返回地址。

◆　目的端口（Destination Port）：长度为 16 比特，用于标识接收方进程的端口号，目的端口和目的 IP 地址相结合即可唯一标识报文的目的地址。

◆　发送序号（Sequence Number）：长度为 32 比特（4 字节），用于标识 TCP 源端设备向目的端设备发送的字节流。TCP 用序号对每个字节进行计数，发送序号的值表示报文段中的第一个字节是整个字节流中的第几个字节。

◆　确认号（Acknowledge Number）：长度为 32 比特，用于标识期望收到的下一个报文段的第一个字节，并声明该字节之前的所有数据均已正确无误地收到，因此，确认号应该是上次已成功收到的字节序号加 1。确认号字段只在 ACK 标志被设置时才有效。

◆　数据偏移（Data Offset）：长度为 4 比特，用于标识 TCP 头部的长度，TCP 头部长度的单位是 32 比特（4 字节）。由于 TCP 头部可能含有可变长的选项和填充内容，因此 TCP 头部的长度是不确定的。此外，TCP 头部长度实际上也指示了数据区在报文段中的起始偏移值。

◆　保留（Reserved）：长度为 6 比特，目前未做定义，置为 0，为将来定义新的用途保留。

◆ 控制位（Control Bits）：包含 6 个 1 比特的标志位，其中，每一位标志均可打开一个控制功能。

① URG（Urgent Pointer Field Significant，紧急指针字段标志）：表示 TCP 报文段的紧急指针字段有效，用来保证 TCP 连接不被中断，并且督促中间设备尽快处理这些数据。

② ACK（Acknowledgement field significant，确认字段标志）：取 1 时表示应答字段有效，也即 TCP 应答号将包含在 TCP 段中，为 0 则反之。

③ PSH（Push Function，推功能）：表示 Push 操作，就是指在数据包到达接收端以后，立即送给应用程序，而不是在缓冲区中排队。

④ RST（Reset the connection，重置连接）：表示连接复位请求，用来复位那些产生错误的连接，也被用来拒绝错误和非法的数据包。

⑤ SYN（Synchronize sequence numbers，同步序列号）：表示同步序号，用来建立连接。

⑥ FIN（No more data from sender）：表示发送端已经发送到数据末尾，数据传送完成，发送 FIN 标志位的 TCP 段，连接将被断开。

◆ 窗口（Window）：长度为 16 比特，用于 TCP 流量控制，目的主机使用该字段告诉源主机从被确认的字节开始算起，下次可以发送多少字节。

◆ 校验和（Checksum）：长度为 16 比特，用于错误检查，源主机与目的主机分别基于部分 IP 头信息、TCP 头和数据内容计算出一个校验和。如果目的主机收到的报文段没有出错，则源主机与目的主机计算出的两个校验和应该是完全一样的，从而可借助该字段来证明数据的有效性。

◆ 紧急指针（Urgent Pointer）：长度为 16 比特，是一个可选的指针，用于指示报文段内的最后一个字节位置，这个字段只在 URG 标志被设置时才有效。

◆ 选项（Option）：至少 1 字节的可变长字段，用于标识哪个选项（如果有的话）有效。如果没有选项，则该字节等于 0，说明选项的结束；若该字节等于 1，则表示无须再有操作；若等于 2，则表示下 4 个字节包括了源主机的最大报文段长度 MSS（Maximum Segment Size），其中，MSS 不包含协议的头部，只包含应用数据部分，TCP 协议默认的 MSS 值为 536 字节。

◆ 填充（Padding）：该字段中加入额外的零，以保证 TCP 头是 32 的整数倍。

常用的 TCP 端口号见表 5.2。

表 5.2　常用的 TDP 端口号

应用	应用层协议	传输层协议
电子邮件	SMTP	TCP
远程终端接入	TELNET	TCP
万维网	HTTP	TCP
文件传送	FTP	TCP

5.4　传输连接管理

TCP 是一个面向连接的协议，在传输数据之前必须要先建立连接，而且在完成传输数据之后，还要终止连接以释放占用的网络资源。其中，TCP 通常采用三次握手法来建立一个连接，采用四次挥手法来释放一个连接。

5.4.1　TCP 连接建立的三次握手过程

为了建立连接 TCP 连接，通信双方必须从对方了解如下信息：

◆ 对方报文发送的开始序号。

◆ 对方发送数据的缓冲区大小。

◆ 能被接收的最大报文段长度 MSS。

◆ 被支持的 TCP 选项。

如图 5.7 与图 5.8 所示，在 TCP 协议中，通信双方将通过三次 TCP 报文段的交换来实现对以上信息的了解，并在此基础上建立一个 TCP 连接，而通信双方的三次 TCP 报文段的交换过程，也就是通常所说的 TCP 连接建立实现的三次握手（Three-Way Handshake）过程，其中：

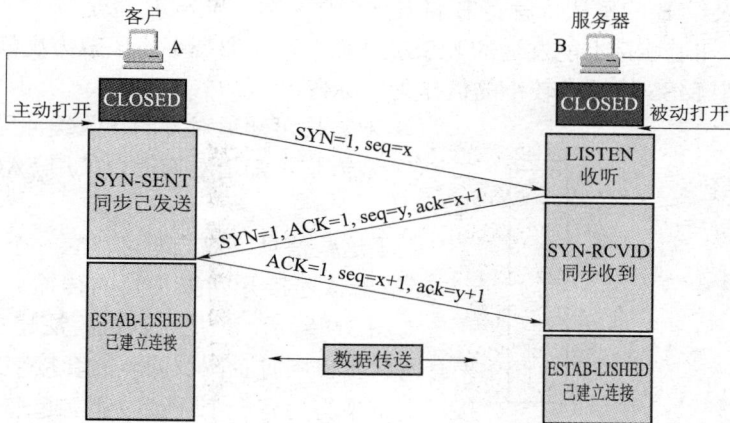

图 5.7　使用三次握手法建立 TCP 连接的过程

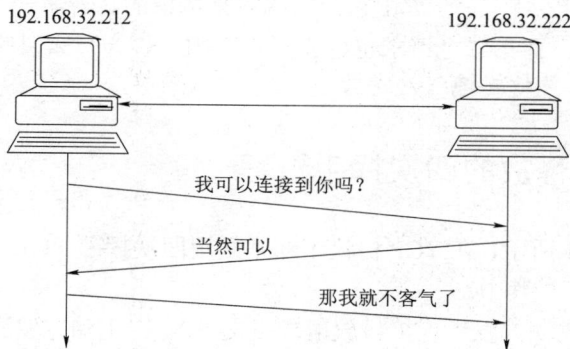

图 5.8　使用三次握手法建立 TCP 连接过程的形象描述

◆ 第一次握手（发起方发送同步报文段 SYN）：TCP 连接的发起方 A 向接收方 B 发送一个 TCP 同步报文段 SYN（Synchronize），在该报文段的头部选项中会包含一些选项与对方协商，例如：SYN 字段设为 1，表示该报文是一个同步报文；发送序号字段设为一个 A 随机生成的 32 位值 x；确认号字段设为 0；MSS 字段指明发起方 A 允许接收的 TCP 报文段的最大长度等。

◆ 第二次握手（接收方发送同步确认报文段 SYN-ACK）：在 B 收到 SYN 报文之后，B 将回送 SYN-ACK 报文段给发送方 A，在该报文段的头部选项中仅包含 A 发送的 SYN 报文段中的选项。例如：SYN 字段设为 1，表示该报文是一个同步报文；发送序号字段设置为一个 B 随机生成的 32 位值 y；确认号字段设置为 A 发送的 SYN 报文段中的发送序号字段的值再加上 1，即 x+1；MSS 字段指明接收方 B 允许接收的 TCP 报文段的最大长度等。

◆ 第三次握手（发送方发送确认报文段 ACK）：在 TCP 连接的发起方 A 收到了接收方 B 回送的 SYN-ACK 报文之后，A 再向 B 发送一个 ACK 报文，在 ACK 报文中确认被发起方 A 使用的最终 TCP 参数，同时也向 B 确认它该使用同样的参数，自此 TCP 连接建立完成。例如：发送序号字段设为 A 随机生成的 32 位值 x 再加上 1，即 x+1；而确认号字段设置为 B 随机生成的 32 位值 y 再加上 1，即 y+1，等等。

当连接建立完成之后，则：

① TCP 连接的通信双方均可知道连接上对方将被发送的第一个字节的序列号（发给对方的确认号，A 发给 B 的确认号就是 B 将发送的序列号，同样 B 也是）；

② 双方均可知道连接上能发送的 MSS，从而即可选取握手阶段双方交换的 SYN 报文和 SYN+ACK 报文中 MSS 选项中较小的值作为实际值；

③ 双方均可知道对方的接收缓冲区大小；

④ 双方均可知道对方能否使用 SACK、窗口缩放等选项。

基于这些信息，双方即可建立一个 TCP 连接（x，y）并基于该连接开始报文段的传输。

如图 5.9 所示，采用三次握手法建立 TCP 连接，如果有两台主机同时企图在同样的套接字之间建立一个连接，则结果将只有一个连接被建立起来（这两个连接被看作完全相同，即为同一个连接），因为所有的连接都是由它们的端点来标识的。若第一个请求导致建立了一个由（x，y）标识的连接，而第二个请求也建立了一个由（x，y）标识的连接，则在 TCP 实体内部只会存在一个 TCP 连接表项（x，y）。

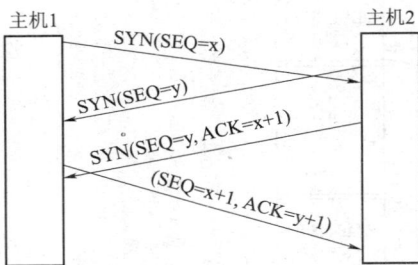

图 5.9　两台主机同时企图建立
一个相同连接的情形

5.4.2　TCP 连接释放的四次挥手过程

如图 5.10 和图 5.11 所示，在 TCP 协议中通常采用四次挥手（Four-Way Handshake）的方法来释放一个 TCP 连接，其中：

◆ 第一次挥手（主动方发送连接释放请求报文 FIN）：主动方发送设置了 FIN 位的连接释放请求报文，表示希望主动终止从主动方到远端的单向连接。此时，主动方进入 FIN_WAIT1 状态（已经发送关闭请求 FIN，等待确认），等待远端回复对该 FIN 报文的确认报文 ACK。

◆ 第二次挥手（远端发送确认报文 ACK）：远端收到 FIN 报文之后，会立即发送一个 ACK 报文，然后进入 CLOSE-WAIT 状态（收到对方关闭请求，已经确认），此时，从本地到远端的单向连接正式终止，远端将不再从该连接接收报文。而主动方在收到远端回送的 ACK 报文后将进入 FIN WAIT2 状态（收到对方关闭确认报文 ACK，等待对方关闭请求报文 FIN），在该状态下，主动方不再通过该连接发送报文，但仍可以接收来自远端的报文，因此，实际上是处于一种 HALF-CLOSE 连接状态。

◆ 第三次挥手（远端发送连接释放请求报文 FIN）：当远端进行了最终的数据发送之后，将发送一个 FIN 报文，表示从远端到主动方的单向连接也将要关闭，同时，远端进入到 LAST ACK 状态（等待主动方的最终确认报文到来）。

◆ 第四次挥手（主动方发送确认报文 ACK）：主动方在收到远端回复的 FIN 报文之后，回应一个 ACK 报文，远端就此进入 CLOSED 状态，该 TCP 连接正式完全关闭。而为了防止主动方最后发出的 ACK 丢失，由此导致远端因 LAST_ACK 超时而出现重发 FIN 的情形，主动方会在发送完 ACK 报文之后进入到 TIME_WAIT 状态。

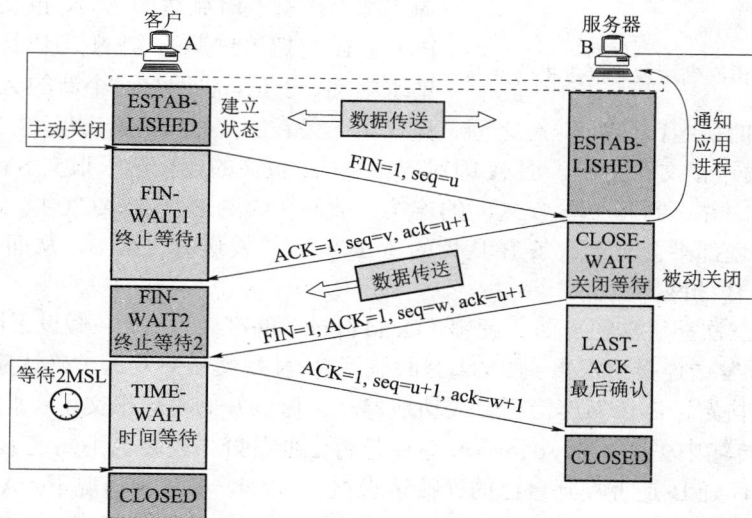

图 5.10 使用四次挥手法释放 TCP 连接的过程

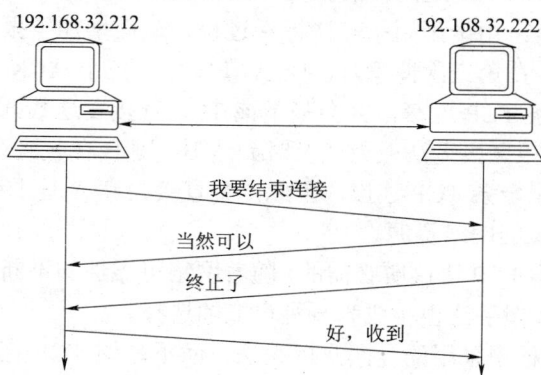

图 5.11 使用四次挥手法释放 TCP 连接过程的形象示意

5.4.3 两军问题

在 TCP 连接建立过程中，采用三次握手法的优点是：可防止过期的连接再次传到被连接

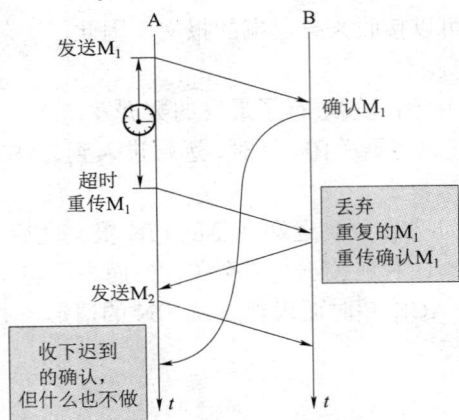

图 5.12 过期连接再次到达被连接主机的情形

的主机，而若采用二次握手法则无法防止上述情况发生。例如：如图 5.12 所示，假设采用二次握手法，主机 A 向 B 发送连接请求报文 SYN，而 SYN 报文因某种原因没有及时到达 B，于是 A 将因超时而重发该 SYN 报文，假若 B 正确收到了该重发的 SYN 报文，于是将回复 ACK 报文给 A，由此 A 和 B 之间建立了一条 TCP 连接。基于该 TCP 连接，A 和 B 在完成通信后，将断开该连接，此时，双方均已没有关于该 TCP 连接的记录了。结果这时候，假若原先那个没有及时到达的 SYN 报文突然又传到了 B，则 B 将把该过期的 SYN 当作是一个新的连接请求报文，于是，将回复一个新的 ACK 报文给 A，并按照二次握手的协定，认为和 A 之间又建立了一条新的 TCP 连接，从而会等待 A 基于该新的 TCP 连接发送报文给自己，而 A 因对应该 ACK 报文的连接请求报文 SYN 已被响应，而且通信已经完成并已断开了与 B 之间的连接，故而在收到 B 的新 ACK 报文之后，将会直接丢弃，因此永远都不会基于这条 B 认为的新 TCP 连接发送数据给 B，从而使得 B 陷入空等状态，浪费了 B 的网络资源。

此外，采用三次握手法还可防止死锁（Dead Lock）的产生，例如：假设采用二次握手法，主机 A 向主机 B 发送连接请求报文 SYN，B 收到了 SYN 报文后并发送了确认应答报文 ACK，按照二次握手的协定，B 认为连接已经成功地建立，可以开始发送报文了；此时，若 B 的应答报文 ACK 在传输中丢失，则 A 将不知道 B 是否已准备好，同时也不知道 B 建议什么样的序号，A 甚至会怀疑 B 是否收到自己的连接请求报文 SYN。在这种情况下，A 会认为连接还未建立成功，将忽略 B 发来的任何报文，而一直等待连接确认应答报文 ACK 的到来。而 B 在发出的报文超时后，将重复发送同样的报文，由此就形成了死锁。

三次握手法的缺点是：由于采用了三次握手过程，从而增加了报文段在网络传输中遇到不利情况的概率。例如：在第三次握手时，因 A 在发出第三个 ACK 报文段时，将会认为自己与 B 之间已建立了一条 TCP 连接，并会基于该 TCP 连接发送数据给 B；但假若因出现网络问题导致第三个 ACK 报文段无法或无法及时到达 B，则 B 在收到该 ACK 报文之前，不会认为自己与 A 之间建立了一条 TCP 连接，因此，会直接丢弃 A 基于该 TCP 连接发送过来的任何报文，从而浪费了 A 的网络资源。

三次握手的过程并非 TCP 协议所必需的，随着网络可靠性的不断提高，为了减少 TCP 连接建立的时延，采用二次握手法也将成为一种可能的选择。

在 TCP 连接释放过程中采用的是四次挥手法，而不是如 TCP 连接建立一样采用三次握手法，这是因为在建立 TCP 连接的过程之中，远端在收到发送方的连接建立请求报文 SYN 后，可以把 ACK 和 SYN（ACK 起应答作用，SYN 起同步作用）放在同一个应答报文 SYN-ACK 中一并发送。但在释放连接时，当远端收到连接释放请求报文 FIN 时，仅仅表示对方没有数据要发送了，但是远端可能还有数据要发送给对方，因此远端显然不能马上关闭连接，只有等到把剩余的所有数据都发送完毕之后，远端才能发送 FIN 报文给对方，表示从现在开始可以释放该连接了，因此，远端在大多数情况下需要将 ACK 和 FIN 放在两个不同的报文

（ACK 报文和 FIN 报文）中分开发送给对方，而不能像建立连接时一样将 ACK 和 SYN 放在同一个应答报文中发送给对方，其中，远端发送的 ACK 报文仅表示同意对方释放从对方到自己的单向连接，而 FIN 报文则表示远端希望释放从自己到对方的另一条单向连接。

无论是三次握手法还是四次挥手法，均不能完全保障 TCP 连接建立与释放的正确性。而实际上也不存在一个完全正确的 TCP 连接建立与释放协议，所有的 TCP 连接释放协议均存在以下"两军问题"：

（1）如图 5.13 所示，白军被两支蓝军围困山谷，白军实力超过任何一支蓝军但不及两支蓝军的合力。

（2）两支蓝军希望能够同时发动攻击，但唯一办法是派卫兵穿过山谷来传递"进攻消息"。而卫兵穿过山谷的时候可能被俘虏。

（3）由于最后一个回信的蓝军将领总是无法确信其决定是否被正确送达友军，因此，不存在一个协议能使得两支蓝军将领可以安全发动攻击。

（4）连接释放协议原理和上述"两军问题"原理相同，只需要将上述"两军问题"中的"进攻消息"替换为"连接释放请求"或"连接建立请求"即可。因此，不存在一个完全正确的 TCP 连接建立与释放协议。

图 5.13　两军问题

5.4.4　多路复用与多路分解

在包括物理链路、虚电路以及逻辑连接在内的各种信道上，都存在着充分发挥信道带宽能力的多路复用问题，在不同的网络层次上，采用了不同的多路复用机制。传输层的多路复用机制使得多个应用进程能够共享单一的传输层实体进行通信，这种多路复用机制是通过传输层地址<IP 地址，端口号>来实现的。每个主机上的多个用户进程可以利用不同的传输层地址，同时使用单一的传输层实体进行通信，并且传输层实体对传输层地址的选取都是独立的，每个主机上的传输层实体只需保证本机传输层地址的唯一性，即可保证整个通信连接的唯一性。当一次数据通信结束后，在释放连接的同时也释放了该连接所占用的传输层地址，这个传输层地址可以分配给其他连接使用。

在传输层中，从源主机的多种不同应用进程中收集数据，并将这些数据添加上头部信息封装起来，构成报文段，并将这些报文段传送到网络层的过程，就称为多路复用（Multiplexing）。而目的主机将传输层报文段中的数据分送到不同的应用进程的过程，则称为多路分解（Demultiplexing）。传输层多路复用与多路分解的过程具体如图 5.14 所示。

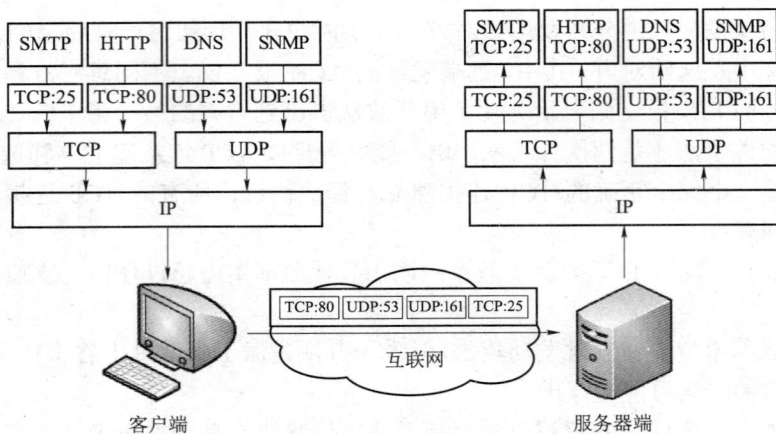

图 5.14　传输层多路复用与多路分解

5.5　报文分段与重组

为了提供传输可靠性保障，TCP 协议在传输数据之前，会首先将应用数据分割成适合发送的数据块，称为报文段（Segment），并同时在 TCP 报文格式的选项部分规定了最大报文段长度 MSS（Maximum Segment Size）。IP 分片产生的原因是受到数据链路层的最大传输单元 MTU（Maximum Transmission Unit）的大小限制，而 TCP 分段产生的原因则是受到最大报文段长度 MSS 的大小限制。不过，由于传输层的报文段最终需要交给网络层的分组来发送，而网络层的分组最终要交给数据链路层的帧来发送，因此 MSS 的大小也受限于 MTU 的大小。

例如：以太网的 MTU 是 1 500 字节，减去 IP 分组的最小头部长度 20 字节和 TCP 报文的最小头部长度 20 字节，所以 MSS 的值最大可达 1 460 字节。但在实际中，MSS 的值是可以由 TCP 连接建立的通信双方在 TCP 连接建立过程中进行协商确定的。在协商 MSS 时，一般是在通信双方发送 SYN 和 SYN-ACK 报文时相互通报的，然后选取双方允许的 MSS 的最小值作为双方约定的 MSS 大小。如果双方均没有通报该项内容，或者有一方没有通报该项内容，则将选择默认值 536 字节作为双方约定的 MSS 大小。TCP 报文的分段与重组过程如图 5.15 所示。

图 5.15　TCP 报文的分段与重组过程

5.6 差错控制和流量控制

5.6.1 传输层服务质量衡量指标

服务质量参数是传输用户在请求建立连接时设定的,表明希望值和最小可接受的值,衡量传输层服务质量 QoS 的主要指标参数如下:

◆ 连接建立延迟/连接释放延迟:主要包括从传输服务用户要求建立/释放连接到收到连接确认所经历的时间,以及远端传输实体的处理延迟。显然,连接建立/释放延迟越短,则表示服务质量越好。

◆ 连接建立/释放失败概率:定义为在最大连接建立/释放延迟时间内连接未能建立/释放的可能性;造成连接建立/释放失败主要是网络拥塞或缺少缓冲区等原因造成的。

◆ 传输时延:传输时延是指从源主机传输用户发送报文开始到目的主机传输用户接收到报文为止的时间。需要注意的是,在网络中,每个方向的传输延迟是不同的。

◆ 吞吐率:吞吐率是在某个时间间隔内测得的每秒钟传输的用户数据的字节数。每个传输方向分别用各自的吞吐率来衡量。

◆ 残留误码率:用于测量丢失或乱序的报文数占整个发送的报文数的百分比;理论上残余误码率应为零,实际上它可能是一较小的值。

◆ 传输失败概率:定义为在出现内部问题或拥塞情况下,传输层本身自发终止连接的可能性。

5.6.2 确认重传机制

在 TCP 协议中,主要是通过采用"确认-重传"机制来保证数据传输的可靠性,其实现策略如下:发送方以不同的序号发送报文段,同时为每个已发送的报文段设定一个超时计时器,并保存已发的报文段序号,然后进入等待。当收到接收方的 ACK 报文后,通过 ACK 报文中所包含的确认号来判断接收方已收到了哪些报文段。如果存在某个已发送的报文段,在其超时间隔之内,发送方没有及时收到接收方的 ACK 回复,则在该报文段的计时器时钟超时之后,发送方将会重传该报文段。

显然,通过采用"确认-重传"机制可以有效提高报文段传输的可靠性,但同时也需要制定较为复杂的确认和重传协议,并且还需要增加网络额外的通信负荷,占用网络的带宽。此外,在采用"确认-重传"机制时,一个关键的问题就是如何设定超时计时器的初值,因此,科学地确定超时间隔的长度非常重要。目前,采用较多的算法是 Jacobson 于 1988 年提出的一种不断调整超时时间间隔的动态算法。其工作原理如下:

对每条连接 TCP 都保持一个变量 RTT,用于存放当前到目的端往返所需要时间最接近的估计值。当发送一个数据段时,同时启动连接的超时计时器。

(1)如果在计时器超时前确认到达,则记录所需要的时间(M),并通过以下公式修正 RTT 的值:

$$RTT=\alpha \cdot RTT+(1-\alpha)\cdot M$$

其中：M 表示当前测量到的 RTT 值；

等式右边的 RTT 表示以前估算的老 RTT 值；

等式左边的 RTT 表示新估算的 RTT 值；

α 为平滑因子，表示老 RTT 值在新 RTT 值的估算中所占的权重。

（2）如果计时器超时前没有收到确认，则将 RTT 的值增加 1 倍。

5.6.3 拥塞控制机制

网络的吞吐量与通信子网负荷（即通信子网中正在传输的分组数）有着密切的关系。当通信子网负荷比较小时，网络的吞吐量（分组数/s）随网络负荷（每个节点中分组的平均数）的增加而线性增加。当网络负荷增加到某一值后，若网络吞吐量反而下降，则表征网络中出现了拥塞现象。在一个出现拥塞现象的网络中，到达某个节点的分组将会遇到无缓冲区可用的情况，从而使这些分组不得不由前一节点重传，或者需要由源节点或源端系统重传。当拥塞比较严重时，通信子网中相当多的传输能力和节点缓冲器都用于这种无谓的重传，从而使通信子网的有效吞吐量下降。由此引起恶性循环，使得通信子网的局部甚至全部处于死锁状态，最终导致网络有效吞吐量接近零。

针对网络拥塞的现象与问题，网络层提供了多种拥塞控制策略（如：开环策略和闭环策略等）与流量控制策略（如：漏桶策略和令牌桶策略等），为了进一步有效减少网络拥塞现象的发生，传输侧也提供了一系列的拥塞控制策略，其中最具代表性的为 V. Jacobson 在 1988 年提出的"慢启动（Slow Start）"算法，其具体实现步骤主要如下：

步骤 1：当一个 TCP 连接建立起来的时候，发送方将"拥塞窗口"大小设置为该连接上当前使用的最大 TPDU 的长度。然后，发送一个 TPDU。

步骤 2：若该 TPDU 在定时器超时之前被确认，则将"拥塞窗口"大小按照指数级增大。

步骤 3：每次成功的传输之后，"拥塞窗口"大小均将按照指数级增大，直到发生超时或者"拥塞窗口"达到"接收方窗口"的大小。此时，设定"拥塞窗口"大小为"阈值"。

步骤 4：当"拥塞窗口"达到"接收方窗口"的大小之后，"拥塞窗口"不再增大。

步骤 5：当发生超时，将"阈值"减半，而"拥塞窗口"大小重新置为该连接上当前使用的最大 TPDU 的长度。

步骤 6：若该 TPDU 在定时器超时之前被确认，则将"拥塞窗口"大小按照指数级增大。每次成功的传输之后，"拥塞窗口"大小均将按指数级增大，直到发生超时或者"拥塞窗口"大小达到"阈值"。

步骤 6.1：若发生超时，此时，设定"拥塞窗口"大小为"阈值"，转步骤 5。

步骤 6.2：当"拥塞窗口"大小达到"阈值"后，每次成功的传输将使得"拥塞窗口"大小按照线性增大，直到发生超时或者"拥塞窗口"达到"接收窗口"的大小。

（1）若发生超时，此时，设定"拥塞窗口"大小为"阈值"，转步骤 5。

（2）若"拥塞窗口"达到"接收窗口"的大小，此时，设定"拥塞窗口"大小为"阈值"，转步骤 4。

图 5.16 给出了一个慢启动算法的示例，其中，假设初始"拥塞窗口"与"阈值"大小为

32，第一次超时后，"阈值"将变为 16（$SST_1=16$）。依据步骤 6 可知，"拥塞窗口"将从 1 按指数级增长到 16，然后"拥塞窗口"将开始按照线性进行增长，直到（当"拥塞窗口"线性增大到 24 时）发生超时。依据步骤 6.1 可知，"阈值"将变为 12（$SST_2=12$，即 24 的一半），同时，"拥塞窗口"将再次从 1 开始按指数级增长到 12，"拥塞窗口"将开始按照线性再继续增长。

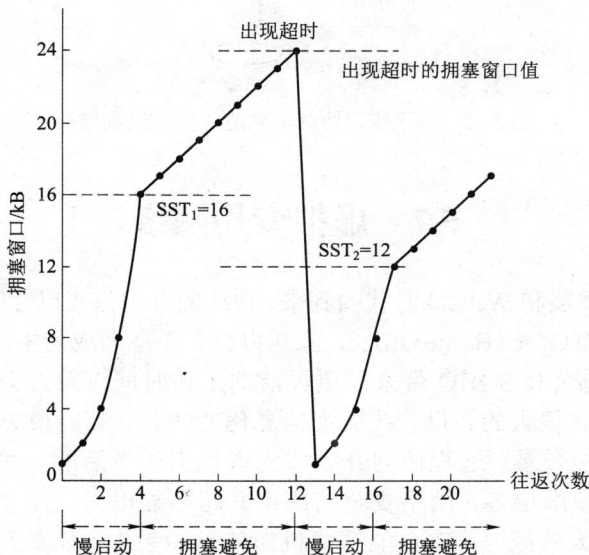

图 5.16　慢启动算法的示例

5.6.4　流量控制机制

为避免缓慢的接收方没有足够的缓存区接收接收方发送的大量报文段，在 TCP 报文段中，提供了一个 16 位长的"窗口"字段来实现收发双方之间的流量控制。该"窗口"字段与 32 位长的"确认号"字段相配合，即可向对端通告本地进程的"接收窗口"大小，即本机的接收缓存区大小。

例如：如果接收方进程发送了一个 TCP 报文段，其中，"确认号"字段的值为 5，"窗口"字段的值为 5 840，则发送方在收到该 TCP 报文段之后，即可知道自己之前发出的 4 个字节的数据接收方已经收到并确认。接下来，接收方进程最多还能够一次性接收从第 5 个字节开始的 5 840 个字节的数据。由此，接收方通过告诉发送方自己一次性所能够接收的报文段大小，从而达到了控制发送方发送速度的目的，即对发送方的发送速率进行了流量控制。

传输层基于窗口协商机制的流量控制过程如图 5.17 所示。实际上，上述窗口协商机制的作用不仅仅在于流量控制，还提供了一定程度上的拥塞控制。显然，如果不对发送方发出 TCP 报文段的速率加以限制，将会使得通信子网的负荷过重，进而可能会造成网络的拥塞。

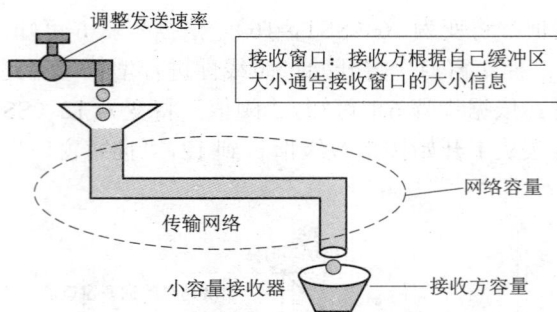

图 5.17　基于窗口协商机制的传输层流量控制

5.7　虚拟专用网络

随着企业信息化发展和 Web2.0 时代的到来，传统的办公方式已经跟不上时代的需求，移动办公、SOHO（Small Office Home Office，家居办公）正逐渐成为主流的办公方式。相比传统的办公方式，移动办公和 SOHO 带来了更灵活的工作时间以及办公地点，对于及时取得最新最有价值的信息有很大的帮助。在这个信息化的时代，谁能最先掌控信息谁就能掌控最终的胜利，因此远程登录、远程访问开始成为现代工作生活的一种必要的需求。随着远程登录、远程访问的逐渐增多，网络安全问题也开始凸显出来。开放远程登录可能会给企业的网络安全带来极大的威胁，有可能造成机密信息的丢失，如果是这样，那么远程登录就有些得不偿失了。为了保证远程登录的安全性，虚拟专用网络 VPN（Virtual Private Network）应运而生，其拓扑结构如图 5.18 所示，虚拟专用网络的出现改善了整个网络的安全性，为获取更有价值的信息打好了安全基础。

所谓虚拟专用网络，指的是依靠 Internet 服务提供商 ISP（Internet Service Provider）和其他网络服务提供商 NSP（Network Service Provider），在 Internet 或 ATM 等公用网络中通过私有的隧道技术建立一条用户自己专用的数据通信网络的技术。在虚拟专用网络中，所谓的"虚拟"，是指用户无须租用专线或拥有实际的长途数据线路，可以直接使用 Internet 的长途数据线路，而所谓的"专用网络"，则是指用户可以为自己制定一个最符合自己需求的网络。

在传统的企业网络配置中，用户在电信部门租用专线来连接需要通信的单位，所有的权限掌握在电信部门的手中。如果用户需要一些其他服务，往往需要填写大量单据并等上相当长的一段时间，才能享受到新的服务。更为重要的是，两端的终端设备不但价格昂贵，而且管理也需要一定的专业技术人员，这无疑增加了企业的成本，而且专线也不能像 Internet 那样，可立即与世界上任何一个使用 Internet 网络的单位连接。而在 Internet 上，VPN 使用者可以控制自己与其他使用者的联系，同时支持拨号的用户。所以，通常所说的 VPN 一般指的是建筑在 Internet 上能够自我管理的虚拟专用网络，而不是指租用电信部门的帧中继（Frame Relay）或 ATM 网络专线构建的用户专用网络，其中，以 IP 为主要通信协议的 VPN，也称为 IP-VPN。

由于 VPN 是在 Internet 上临时建立的安全专用虚拟网络，而在 VPN 上传输的则是私有信息，因此，安全问题是 VPN 的核心问题。通常，VPN 的安全保证主要是通过防火墙技术、路由器配以隧道技术（Tunneling）、密钥管理技术（Key Management）、加解密技术（Encryption & Decryption）以及使用者与设备身份认证技术（Authentication）等来保证企业员工安全地访问公司网络。

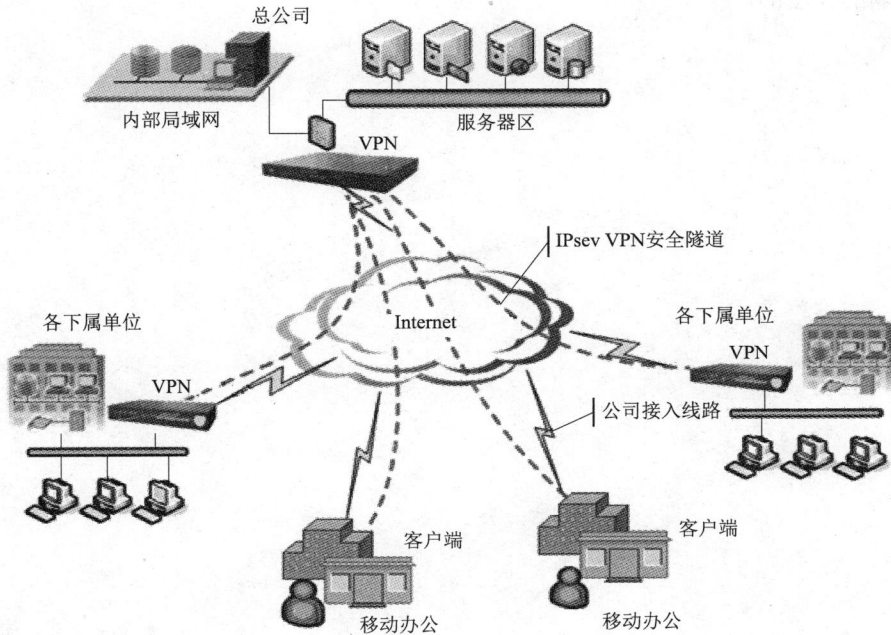

图 5.18　VPN 网络拓扑结构

5.8　本章小结

　　本章主要对 OSI 参考模型的传输层的功能、协议以及其中所采用的主要技术等分别进行了详细介绍，通过本章的学习，需要掌握 OSI 参考模型中传输层的基本功能与相关的术语及定义。需要熟悉 OSI 参考模型传输层所采用的主要技术，如：三次握手法、四次挥手法，以及存在的"两军队"问题、TCP 协议中的拥塞控制算法（慢启动算法）以及 TCP 协议中基于定时器的超时重传机制及其超时间隔确定算法（Jacobson 算法）等。

5.9　本章习题

1. 传输层主要包括哪些功能？
2. 衡量传输层服务质量 QoS 的主要指标参数有哪些？
3. UDP 用户数据报格式主要包括哪些字段？其含义分别是什么？
4. TCP 报文格式主要包括哪些字段？其含义分别是什么？
5. 试分别阐述 TCP 连接建立过程与释放连接的三次握手过程。

6. 当一个网络面对的负载超过其处理能力的时候，将发生拥塞。代表性的 TCP 拥塞控制算法为慢启动算法，试阐述慢启动算法的工作原理。

7. TCP 使用定时器进行超时后的 TPDU 重传，因此，科学地确定超时间隔的长度非常重要。代表性的 TCP 超时间隔确定算法为 Jacobson 算法，试阐述采用 Jacobson 算法是如何计算超时间隔的长度的。

第 *6* 章

应 用 层

应用层是 OSI/RM 模型中的最高层，其主要任务是负责直接和应用程序接口并提供常见的网络应用服务，因此，相比 OSI/RM 模型中的其他层来说，应用层需要的标准最多，同时也是最不成熟的一层。但随着应用层的发展与各种特定应用服务的增多，对应用服务的标准化方面开展了许多研究工作，目前，ISO 已为应用层制定了一些国际标准 IS（International Standard）和国际标准草案 DIS（Draft International Standard）。本章将分别针对应用层的主要功能以及应用层协议中所使用到的一些关键技术进行详细介绍。

6.1　应用层的功能

应用层是 OSI/RM 模型中的第七层，同时也是整个开放系统的最高层，其主要任务是负责直接和应用程序接口并提供常见的网络应用服务。此外，为了向应用进程提供有效的网络服务，应用层还需要确立相互通信的应用进程的有效性并提供双方之间的同步，需要提供应用进程所需的信息交换和远程操作，需要建立错误恢复的机制以保证应用层数据的一致性。

应用层中包含了若干个独立的、用户通用的服务协议模块，应用层的内容主要取决于用户的各自需要，这一层涉及的主要问题是：分布数据库、分布计算技术、网络操作系统和分布操作系统、远程文件传输、电子邮件、终端电话及远程作业录入与控制等。目前，虽然已经有了一些标准的应用层协议，但本层在国际上还没有完整的标准，是一个范围很广的研究领域。具体来说，应用层的主要功能包括：

（1）为应用程序提供网络服务。

（2）应用层需要识别并保证通信对方的可用性，使得协同工作的应用程序之间保持同步。

（3）建立传输错误纠正与保证数据完整性的控制机制。

6.2　应用层协议

每个应用层协议都是为了解决某一类应用所存在的共性问题，而问题的解决往往又需要通过位于不同主机中的多个应用进程之间的通信与协同工作来完成的。为此，应用层协议的具体内容就是规定应用进程在相互通信时所应遵循的协定。目前，常用的 TCP/IP 应用层协议主要包括文件传输协议 FTP（File Transfer Protocol）、简单文件传送协议 TFTP（Trivial File Transfer Protocol）、远程登录协议 Telnet（Telecommunication Network，电信网络协议）、域名系统协议 DNS（Domain Name System）、超文本传送协议 HTTP（Hyper Text Transfer Protocol）、简单邮件传送协议 SMTP（Simple Mail Transfer Protocol）与邮局协议 POP3（Post Office Protocol 3）、简单网络管理协议 SNMP（Simple Network Management Protocol）以及动态主机配置协议 DHCP（Dynamic Host Configuration Protocol）等。

6.2.1　FTP 协议

FTP 是用于在网络上进行文件传输的一套标准协议，主要用于实现 Internet 上文件的双向传输。FTP 的目标是提高文件的共享性，提供一种非直接的方式来使用远程计算机，使得存储介质对用户透明和可靠高效地传送数据。FTP 通常采用客户/服务器（Client/Server）模式，客户机与服务器之间利用 TCP 协议建立连接，客户可以从服务器上下载文件，也可以把本地文件上传至服务器。

客户机访问 FTP 服务器通常有两种方法：用 FTP 命令访问和用 FTP 客户端软件访问。其中，常用的 FTP 命令包括：

- ◆ open：与服务器相连接。
- ◆ put：上传文件。
- ◆ get：下载文件。
- ◆ mget：下载多个文件。
- ◆ cd：切换目录。
- ◆ dir：查看当前目录下的文件。
- ◆ del：删除文件。
- ◆ bye：中断与服务器的连接。

在采用 FTP 命令访问远程 FTP 服务器时，以 Windows 环境为例，其具体过程如下：

首先，打开 Windows 的开始菜单，执行"运行"命令，在对话框中输入 ftp 命令，按下"确定"按钮将会切换至 DOS 窗口，将出现 FTP 命令提示符：

ftp>

键入 open 命令连接 FTP 服务器：

ftp> open www.sohu.com（回车）

回车之后，屏幕将提示连接成功：

ftp> connected to open ftp.sohu.com（回车）

接下来，服务器将询问用户名和口令，分别输入正确的用户名和口令，在认证通过之后，即可使用相应的 FTP 命令进行文件的上传与下载，例如：要把 D:\index.html 文件传至 FTP 服务器的根目录中，可以键入：

ftp> put a:\index.html（回车）

回车之后，当屏幕提示文件已传输完毕时，即可键入相关命令查看：

ftp> dir（回车）

此外，如果想要把 FTP 服务器\images 目录下的所有.jpg 文件传下载至本机之中，则可以输入指令：

ftp> cd images（回车） /*注：进入 FTP 服务器的\images 目录*/

ftp> mget *.jpg（回车）

回车之后，即可把 FTP 服务器\images 目录下的所有.jpg 文件下载至本机之中。

当文件上传与下载工作完毕之后，可以通过键入 bye 命令来中断连接，结束 FTP 服务。

ftp> bye（回车）

6.2.2 TFTP 协议

TFTP 是一种简化的文件传输协议，主要用于在客户机与服务器之间进行简单文件传输的协议，提供不复杂、开销不大的文件传输服务。TFTP 是基于 UDP 协议的，因此不具备 FTP 的许多功能，只能从服务器上获得或写入文件，不能列出目录，而且也不支持用户身份验证。TFTP 命令的语法如下：

tftp [-i] [Host] [{get | put}] [Source] [Destination]

其中，各参数的含义为：

◆ -i：二进制传送模式，在该模式下文件以字节为单位进行传输，在传送二进制文件时使用该模式。如果省略了-i，文件将以 ASCII 模式（默认传送模式）传送，在传送文本文件时使用该模式。

◆ Host：指定本地或远程计算机。

◆ put：将本地计算机上的 Destination 文件传送到远程主机上的 Source 文件。因为 TFTP 不支持用户身份验证，所以用户必须登录到远程计算机，同时文件在远程计算机上必须可写。

◆ get：将远程计算机上的 Destination 文件传送到本地计算机上的 Source 文件。

◆ Source：指定要传送的文件。

◆ Destination：指定将文件传送到的位置。如果省略了 Destination，将假定它与 Source 同名。

例如：在 Windows 环境下执行“运行”命令，在对话框中输入：

tftp -i 171.171.150.111 put install.log install.log（回车）

表示将 install.log 文件上传到服务器 171.171.150.111 上。

6.2.3 Telnet 协议

Telnet 是 TCP/IP 环境下的终端仿真协议，通过 TCP 建立服务器与客户机之间的连接。其主要功能是允许用户登录进入远程主机系统，当登录上远程计算机后，可以像操纵本地计算机一样直接操纵远程计算机。因此，Telnet 一般用于远程管理一台主机，例如：服务器、路由器和交换机等。Telnet 通常采用客户机/服务器模式，在本地主机上运行 Telnet 客户机进程，在远程主机上运行 Telnet 服务器进程。Telnet 远程登录服务分为以下 4 个过程：

（1）首先，本地与远程主机建立 TCP 连接，用户必须知道远程主机的 IP 地址或域名。

（2）将本地终端上输入的用户名和口令及以后输入的任何命令或字符以网络虚拟终端 NVT（Net Virtual Terminal）格式传送到远程主机。

（3）将远程主机输出的 NVT 格式的数据转化为本地所接受的格式送回本地终端，包括输入命令回显和命令执行结果。

（4）最后，本地终端对远程主机进行 TCP 连接撤销。

telnet 命令的一般形式为：

telnet 主机名/IP

其中，"主机名/IP"是要连接的远程机的主机名或 IP 地址。例如：

telnet 192.168.0.1

一旦 telnet 成功地连接到远程系统上，就显示登录信息并提示用户输入用户名和口令。如果用户名和口令输入正确，就能成功登录并在远程系统上工作。在 telnet 提示符后面可以输入很多命令，用来控制 telnet 会话过程，例如：可以用 TFPT 命令在 telnet 中进行传输文件等。当用户结束了远程会话后，还需要使用 logout 命令退出远程系统。

6.2.4 DNS 协议

DNS 是因特网的一项核心服务，其主要功能就是通过用户友好的名称为用户提供域名解析服务，即，将易于人类理解的主机名域名解析为计算机和网络可以识别的 IP 地址。其中，域名（Domain Name）是指由一串用点分隔的名字组成的 Internet 上某一台计算机或计算机组的名称。在 Internet 上，一个域名必须与一个 IP 地址相对应，但一个 IP 地址却不一定只对应了一个域名。域名的作用主要是便于人们记忆，但却无法被网络主机识别，网络主机之间只能识别 IP 地址，因此，需要有专门的域名解析服务器（即 DNS 服务器）来负责实现域名与 IP 地址之间的转换（即域名解析）工作。

域名由两个或两个以上的词构成，中间由点号分隔开，其中，最右边的那个词称为顶级域名。以下是几个常见的顶级域名及其用法：

◆ .COM：用于商业机构和企业。

◆ .NET：用于网络组织，例如：因特网服务商和维修商等。

◆ .ORG：用于各种非营利组织。

◆ .EDU：用于教育机构。

◆ .GOV：用于政府机构。

◆ 国家代码：由两个字母组成的顶级域名，例如：.cn，.uk 等，其中，.cn 是中国专用的顶级域名，简称为国内域名，其注册归 CNNIC 管理。

DNS 服务器的工作原理如图 6.1 所示。

第一步：客户机向本地的域名服务器提出域名解析请求。

第二步：当本地的域名服务器收到请求后，首先查询自己本地的缓存，如果有该记录项，则本地的域名服务器就直接把查询的结果返回。

第三步：如果本地的缓存中没有该记录，则本地域名服务器就直接把请求发给根域名服务器，然后根域名服务器再返回给本地域名服务器一个所查询域（根的子域）的主域名服务器的地址。

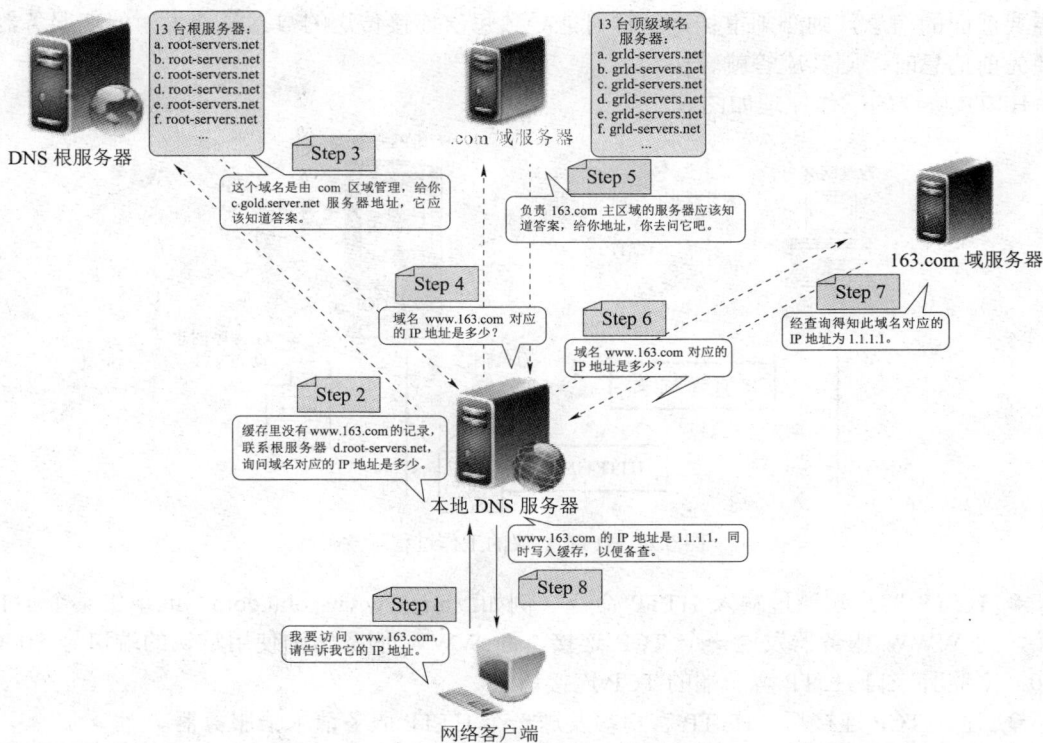

图 6.1　DNS 服务器的工作过程示意

第四步：本地域名服务器再向上一步返回的远程域名服务器发送请求，然后收到该请求的远程域名服务器将查询自己的缓存，如果没有该记录，则返回其相关的下一级远程域名服务器的地址。

第五步：重复第四步，直到找到正确的远程服务器。

第六步：本地域名服务器向该远程域名服务器发送域名解析请求。

第七步：远程域名服务器将查询结果返回给本地域名服务器，本地域名服务器将首先保存该查询结果到自己本地的缓存之中，以备下一次使用。

第八步：同时，本地域名服务器将查询结果返回给提出域名解析请求的客户机。

6.2.5　HTTP 协议

HTTP 是一种详细规定了浏览器和万维网服务器之间互相通信的规则，通过因特网传送万维网文档的数据传送协议。HTTP 协议的主要特点可概括如下：

（1）支持客户/服务器模式。

（2）简单快速：客户向服务器请求服务时，只需传送请求方法和路径，而且由于 HTTP 协议简单，使得 HTTP 服务器的程序规模小，因而通信速度很快。

（3）灵活：HTTP 允许传输任意类型的数据对象。

（4）非持久性连接：每次连接只处理一个请求，服务器在处理完客户的请求并收到客户的应答后，就会马上断开该 TCP 连接。

（5）无状态：HTTP 协议是无状态协议，对于事务处理没有记忆能力，因此，如果后续处理需要前面的信息，则必须重传，这样可能导致每次连接传送的数据量增大，但在服务器不需要先前信息时，则其应答就较快。

HTTP 协议的工作原理如图 6.2 所示。

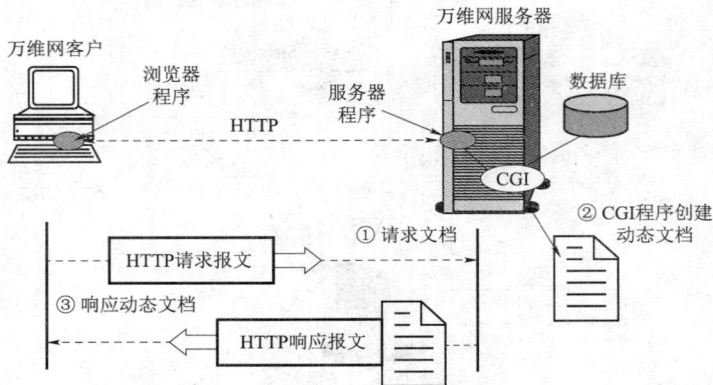

图 6.2　HTTP 协议的工作过程示意

◆　HTTP 客户端通过输入 HTTP 命令（例如：http://www.sohu.com）或单击某个 HTTP 链接，向 WWW 服务器发送一个 TCP 连接，而 WWW 服务器则使用默认的端口号 80（或 8080）来监听来自 HTTP 客户端的 TCP 连接请求。

◆　建立 TCP 连接后，HTTP 客户端发送一个 HTTP 服务请求给服务器。

◆　服务器在收到 HTTP 服务请求后，将构造相应的响应信息，并回送给 HTTP 客户端。

◆　HTTP 客户端接收到服务器所返回的响应信息后，通过浏览器显示在用户的显示屏上，然后，立即断开与服务器的连接。

◆　如果在以上过程中的某一步出现错误，那么产生错误的信息将返回到客户端，由显示屏输出。对于用户来说，这些过程是由 HTTP 自己完成的，用户只要用鼠标点击，等待信息显示就可以了。

6.2.6　SMTP 协议与 POP3 协议

在电子邮件服务中，收信和发信是两个独立的过程，分别使用一种不同的协议来实现，而 SMTP 和 POP3 就是目前最普遍使用的发信和收信协议。其中，SMTP 是个请求/响应协议，默认使用 TCP 25 端口，用于接收用户的邮件请求，并与远端邮件服务器建立 SMTP 连接。SMTP 主要工作在以下两种情况下：一是电子邮件从客户机传输到服务器；二是从某一个服务器传输到另一个服务器。SMTP 的一个重要特点是它能够在传送中接力传送邮件，即邮件可以通过不同网络上的主机接力式传送。因此，使用 SMTP 不但可以实现相同网络上主机之间的邮件传输，也可通过中继器或网关实现某主机与其他网络中的主机之间的邮件传输。基于 SMTP 协议的邮件发送过程为：

① 建立 TCP 连接。

② 客户端向服务器发送 HELLO 命令以标识发件人自己的身份，然后客户端发送 MAIL 命令。

③ 服务器端以 OK 作为响应，表示准备接收。

④ 客户端发送 RCPT 命令。

⑤ 服务器端表示是否愿意为收件人接收邮件。

⑥ 协商结束，发送邮件，用命令 DATA 发送输入内容。

⑦ 结束此次发送，用 QUIT 命令退出。

POP3 主要用于支持使用客户端远程管理在服务器上的电子邮件，该协议是在 RFC-1939 中定义的，是 Internet 上的大多数人用来接收邮件的机制。POP3 采用 Client/Server 工作模式，默认使用 TCP 110 端口。基于 POP3 协议的邮件接收过程为：

① 客户端使用 TCP 协议连接邮件服务器的 110 端口。

② 客户端使用 USER 命令将邮箱的账号传给 POP3 服务器。

③ 客户端使用 PASS 命令将邮箱的账号传给 POP3 服务器。

④ 完成用户认证后，客户端使用 STAT 命令请求邮件服务器返回邮箱的统计资料。

⑤ 客户端使用 LIST 命令列出邮件服务器里邮件数量。

⑥ 客户端使用 RETR 命令接收邮件，接收一封后便使用 Dele 命令将邮件服务器中的邮件置为删除状态。

⑦ 客户端发送 QUIT 命令，邮件服务器将设置为删除标志的邮件删除，连接结束。

HTTP 协议与 POP3 协议的工作原理如图 6.3 所示。

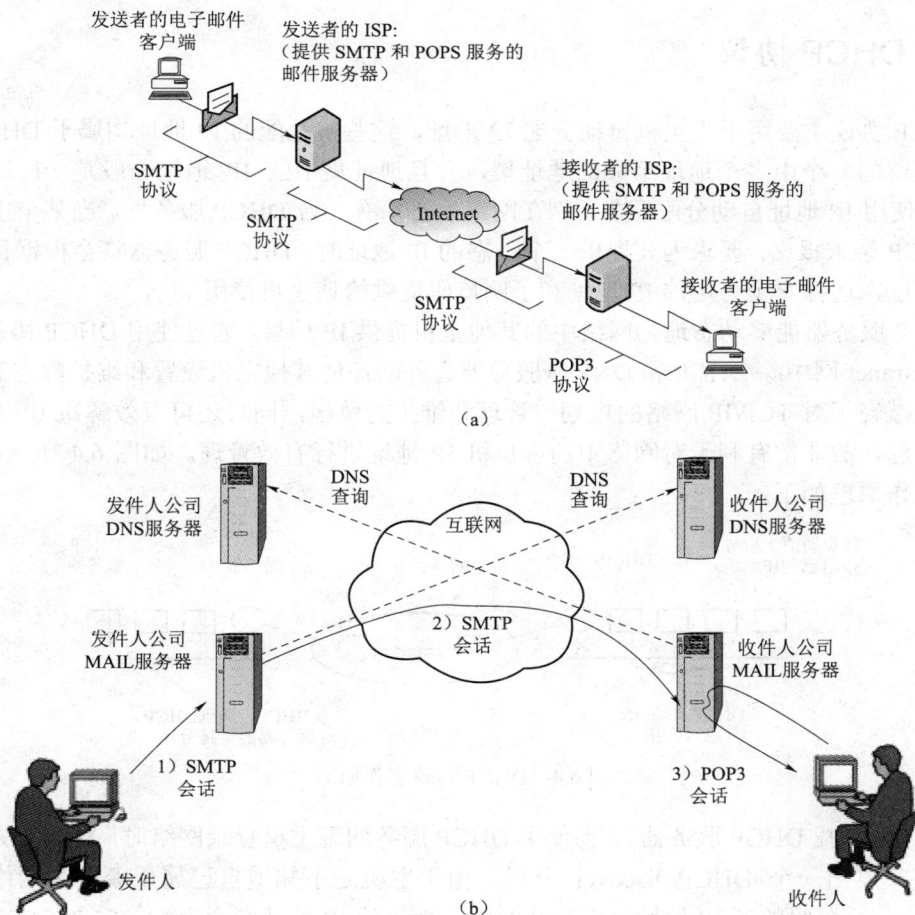

图 6.3　SMTP 和 POP3 协议的工作过程示意

（a）SMTP 和 POP3 协议的工作过程；（b）SMTP 和 POP3 协议的工作原理

6.2.7　SNMP 协议

　　SNMP 是由互联网工程任务组 IETF（Internet Engineering Task Force）定义的一套网络管理协议，是专门设计用于在 IP 网络管理网络节点（服务器、工作站、路由器、交换机及 HUB等）的一种标准协议。SNMP 有 2 个主体：管理端和 Agent，其中，管理端指的是运行了可以执行网络管理任务软件的服务器，通常被称作网络管理工作站 NMS（Network Management Station），主要负责采样网络中 Agent 的信息并接收 Agent 的告警（Trap），而 Agent 则是指运行在网络设备上的软件，可以是一个独立的程序（在 UNIX 中叫作守护进程），也可是已整合到操作系统中的程序。

　　SNMP 采用 UDP 协议在管理端和 Agent 之间传输信息，采用 UDP 161 端口接收和发送请求，162 端口接收 Agent 的告警（Trap），执行 SNMP 的设备缺省都必须采用这些端口。目前 SNMP 已成为网络管理领域中事实上的工业标准，并被广泛支持和应用，大多数网络管理系统和平台都是基于 SNMP 的。

6.2.8　DHCP 协议

　　DHCP 协议主要用于为主机自动分配 IP 地址，这些被分配的 IP 地址均属于 DHCP 服务器预先保留的一个由多个地址组成的地址集，并且地址集中的 IP 地址一般是一段连续的地址。若要使用 IP 地址自动分配服务，则在网络上必须有一台 DHCP 服务器。当某个主机发出一个 DHCP 请求报文，要求为其提供一个动态的 IP 地址时，DHCP 服务器将会根据目前已经配置的地址，选择一个可用的 IP 地址和子网掩码提供给该主机使用。

　　DHCP 服务器能够动态地为网络中的其他主机提供 IP 地址，通过使用 DHCP 协议，即可无须给 Intranet 网中除 DHCP 和 DNS 等服务器之外的任何其他主机设置和维护静态 IP 地址，由此极大减轻了对 TCP/IP 网络的规划、管理和维护的负担，同时还可有效解决 IP 地址空间匮乏的问题，故非常有利于对网络中的客户机 IP 地址进行有效管理。如图 6.4 所示，DHCP协议的工作原理如下：

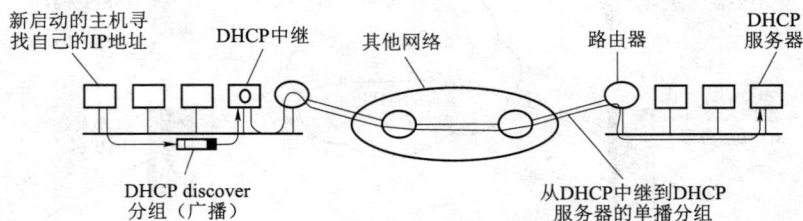

图 6.4　DHCP 协议工作原理

　　步骤 1（寻找 DHCP 服务器）：当使用 DHCP 服务的源主机登录网络时，将会首先向网络以广播方式发出一个 DHCP discover 分组。由于主机还不知道自己属于哪一个网络，所以DHCP discover 分组的源 IP 地址会设为 0.0.0.0，而目的 IP 地址则会设为 255.255.255.255。

　　步骤 2（提供 IP 租用地址）：当某个 DHCP 服务器收到该源主机发出的 DHCP discover

广播分组之后，将会从自己的地址集中还没有被租出的地址范围内，选择最前面的一个空置 IP 地址，连同其他相关的 TCP/IP 设定以及租约期限等信息，构造成一个 DHCP offer 响应分组回送给该源主机（由于该源主机此前还没有 IP 地址，故在其广播的 DHCP discover 分组内会带有其 MAC 地址，因此 DHCP 服务器即可根据 DHCP discover 分组内携带的源主机的 MAC 地址将 DHCP offer 响应分组回送给该源主机）。

步骤 3（接受 IP 租约）：如果该源主机收到网络上多台 DHCP 服务器回送的 DHCP offer 响应分组，则只会挑选其中一个 DHCP offer（通常是选择最先抵达的那个），并且同时向网络发送一个 DHCP request 广播分组，告诉所有 DHCP 服务器它将接收哪一台 DHCP 服务器所提供的 IP 地址。

此外，该源主机还会向网络发送一个 ARP 分组，查询网络上面有没有其他机器正在使用该 IP 地址。如果发现该 IP 已被占用，则该源主机会送出一个 DHCP declient 分组给 DHCP 服务器，拒绝接收其 DHCP offer 响应分组，并重新发送一个 DHCP discover 分组。

6.3　本章小结

本章主要对 OSI 参考模型的应用层的功能、协议以及其中所采用的主要技术等分别进行了详细介绍，通过本章的学习，需要掌握 OSI 参考模型中的应用层的基本功能与相关的术语及定义。需要熟悉 OSI 参考模型中应用层所采用的主要协议，如 FTP、DNS、HTTP、DHCP、SMTP 与 POP3 等。

6.4　本章习题

1. 应用层主要包括哪些功能？
2. FTP 协议的主要作用是什么？
3. Telnet 协议的主要作用是什么？
4. DNS 协议的工作原理是什么？
5. HTTP 协议的工作原理是什么？
6. SMTP 与 POP3 协议的工作原理是什么？
7. SNMP 协议的主要作用是什么？
8. DHCP 协议的工作原理是什么？

第7章

<<<<<<

现代计算机网络

网络技术的发展变化日新月异，移动互联网、云计算、大数据、物联网、无线传感器网络、P2P 网络等新技术层出不穷，网络正以惊人的速度深刻地影响着社会进程和人类未来，改变着人们的生活、学习、工作与思维方式，并影响着社会的方方面面。本章将分别针对移动互联网、云计算、大数据、物联网、无线传感器网络、P2P 网络等现代网络新技术进行详细介绍。

7.1　移动互联网

7.1.1　移动互联网简介

随着移动终端设备技术、HTML5 和云计算技术的日渐成熟，以及传统互联网服务商对于 4G 的布局和推进，人们迫切希望能够随时随地乃至在移动过程中都能方便地从互联网获取所需的信息和服务，由此，移动互联网（Mobile Internet）应运而生并迅猛发展。所谓的移动互联网，就是指将移动通信技术和互联网技术二者结合起来，成为一体，是一种互联网的技术、平台、商业模式和应用与移动通信技术结合并实践的活动的总称。4G 时代的开启以及移动终端设备的快速发展为移动互联网的发展注入了巨大的能量，同时也为移动互联网产业带来了前所未有的飞跃。

移动互联网继承了移动通信网络所具有的随时、随地、随身特性以及互联网所具有的分享、开放、互动特性，具有开放性、互动性、大数据三大特性，包含无线宽带、移动智能终端以及基于云计算的大数据平台三个要素。目前，移动互联网正逐渐渗透到人们生活、工作的各个领域，其主要应用领域包括移动医疗、移动支付、位置服务、移动搜索、移动电子商务以及多屏互动等，正在深刻地改变信息时代的社会生活。

7.1.2　移动通信网络

1. 移动通信网络的发展历程

移动通信（Mobile Communication）是移动体之间的通信，或移动体与固定体之间的通信。移动体可以是人，也可以是汽车、火车、轮船、收音机等处于移动状态中的物体。移动通信系统从 20 世纪 80 年代诞生以来，目前大致已经过了四个不同的时代（Generation），目前正在向第五个时代迈进，其中：

◆　第一代移动通信网络（简称 1G）：1G 网络为模拟网络，是在 20 世纪 80 年代初提出的，其特点是业务量小、质量差、交全性差、没有加密，而且传输速率低。对应的接入技术为频分多址技术 FDMA，主要基于蜂窝结构组网，直接使用模拟语音调制技术，传输速率约为 2.4 Kbps。典型的 1G 网络主要包括美国的模拟电话系统 AMPS（Advanced Mobile Phone System）、北欧的移动电话系统 NMTS（Nordic Mobile Telephone System）和英国的全接入通信系统 TACS（Total Access Communication System）等。

◆　第二代移动通信网络（简称 2G）：2G 网络为窄带数字网络，起源于 20 世纪 90 年代初期，对应的接入技术主要包括时分多址技术 TDMA 和码分多址技术 CDMA 两种。典型的 2G 网络主要包括欧洲的全球移动通信 GSM 系统与美国的 CDMA IS-95（也称 CDMA One 或窄带 CDMA）系统等。其中，GSM 网络可提供 9.6～28.8 Kbps 的传输速率，而窄带 CDMA 网络可提供的理论最大传输速率为 115 Kbps，但实际只能实现 64 Kbps。与 1G 网络相比，2G 网络具有保密性强、频谱利用率高、能提供丰富的业务、标准化程度高等特点。但无论是 1G 还是 2G 网络，主要都是针对话音通信设计的。

◆　第 2.5 代移动通信网络（简称 2.5G）：随着全球范围的 Internet 用户数与移动数据业务的爆炸式增长，使得在专门针对多媒体通信的 3G 网络还未建成之前，有必要研究如何利用现有的 2G 网络来实现数据通信，由此产生了多种相关技术，如：高速电路交换数据 HSCSD（High Speed Circuit Switched Data）、通用分组无线服务 GPRS（General Packet Radio Service）、无线应用协议 WAP（Wireless Application Protocol）、蓝牙（Bluetooth）、CDMA2000 1x 以及增强数据速率 GSM 演进 EDGE（Enhanced Data Rate for GSM Evolution）等，其中：

（1）HSCSD：是 GSM 网络的升级版本，可透过多重时分同时进行传输，而不是只有单一时分，因此，能够将传输速度大幅提升到平常的 2～3 倍。新加坡电讯的移动电话采用的就是 HSCSD 系统，其传输速率能够达到 57.6 Kbps。

（2）GPRS：是一种基于 GSM 网络的无线分组交换技术，提供端到端的、广域的无线 IP 连接。在 GPRS 网络中，声音的传送继续使用原有的 GSM 网络，而数据的传送则是通过 GPRS 网关以"分组"的形式传送到用户手上。GPRS 网络的峰值传输速率可以达到 115 Kbps。

（3）CDMA2000 1x：是指 CDMA2000 的第一阶段（传输速率高于 CDMA IS-95，但低于 2 Mbps），可提供 308 Kbps 的峰值传输速率。CDMA2000 1x 的网络部分引入分组交换技术，可支持移动 IP 业务。

（4）WAP：是一种向移动终端提供互联网内容和先进增值服务的全球统一的开放式协议

标准，是简化了的无线 Internet 协议。简单地说，就是网站向手机提供内容的一种协议，可以把网络上的信息传送到移动电话或其他无线通信终端上。它使用一种类似于互联网上的 HTML（超文件标记语言）的标记式语言 WML（Wireless Markup Language，无线标记语言），并可通过 WAP 网关直接访问一般的网页。通过 WAP，用户可以随时随地利用无线通信终端来获取互联网上的即时信息或公司网站的资料，真正实现无线上网。它是移动通信与互联网结合的第一阶段性产物。

（5）Bluetooth：是一种短距离无线电技术，利用"蓝牙"技术，能有效简化掌上电脑、笔记本电脑和移动电话手机等移动通信终端设备之间的通信，也能够成功地简化以上这些设备与因特网 Internet 之间的通信，从而使这些现代通信设备与因特网之间的数据传输变得更加迅速高效，为无线通信拓宽道路。Bluetooth 的传输速度可以达到 1 Mbps。

（6）EDGE：在 GSM 网络的基础上，通过采用一种新调制方法，从而有效地提高了 GPRS 信道的编码效率，因此相当于 GPRS 技术的升级版。EDGE 的峰值传输速度可以达到 384 Kb/s，可应用在诸如无线多媒体、电子邮件、网络信息娱乐以及电视会议上等。

基于上述技术的移动通信网络统称为 2.5G 网络，其中，基于 EDGE 技术的移动通信网络有时也称为 2.75G 网络。

◆ 第三代移动通信系统（简称 3G）：目前包括基于码分多址 CDMA 技术的四个国际标准：WCDMA、CDMA2000、TD-SCDMA 以及 WiMAX。其中，WCDMA 是 GSM 的升级，主要支持者为欧洲、日本、韩国；CDMA2000 是窄带 CDMA 的升级，主要支持者为美国；TD-SCDMA 则是中国提出的一种基于 GSM 的 3G 标准。3G 网络的传输速率为室内低速时 2 Mb/s，室内/室外中速时 384 kbps，车载高速时 144 kbps。

◆ 第四代移动通信系统（简称 4G）：与以 CDMA 为核心技术的 3G 网络不同，4G 网络主要是以正交频分复用 OFDM 为技术核心。目前 4G 网络的主要标准包括有由 3GPP 提出的 LTE-Advanced（3GPP Release 10）以及由 IEEE 提出的 WirelessMAN-Advanced（IEEE 802.16m）两种。其中，LTE-Advanced 又包括 TDD-LTE-Advanced（Time Division Duplex-Long Term Evolution，时分双工-长期演进技术）和 FDD-LTE-Advanced（Frequency Division Duplex，频分双工-长期演进技术）两种不同制式，其峰值上/下行速率分别为 500 Mbps/1 Gbps，而 WirelessMAN-Advanced 在高速移动时的峰值速率为 300 Mbps、在固定或低速移动时的峰值速率为 1 Gbps。

◆ 第五代移动通信系统（简称 5G）：目前 5G 正在研究之中，尚无具体的官方标准。2013 年 5 月，韩国三星宣布已经成功开发出 5G 的核心技术，能够以每秒 10 Gbps 的传输速度传递信息。而作为全球最大的电信设备商的华为公司在 2013 年 11 月也正式对外宣布，已在包括加拿大、英国等地为 5G 投入 200 多位研发人员，并将在未来的 5 年投入 6 亿美元用于 5G 研发，预计首个 5G 商用网络将于 2020 年面世。

2. 移动通信网络的基本体系结构

如图 7.1 所示，移动通信系统一般主要由移动台 MS（Mobile Station）、网络交换子系统 NSS（Network Switching Subsystem）、基站子系统 BSS（Base Station Subsystem）和操作支持子系统 OSS（Operation and Supporting Subsystem）四个部分组成，其中：

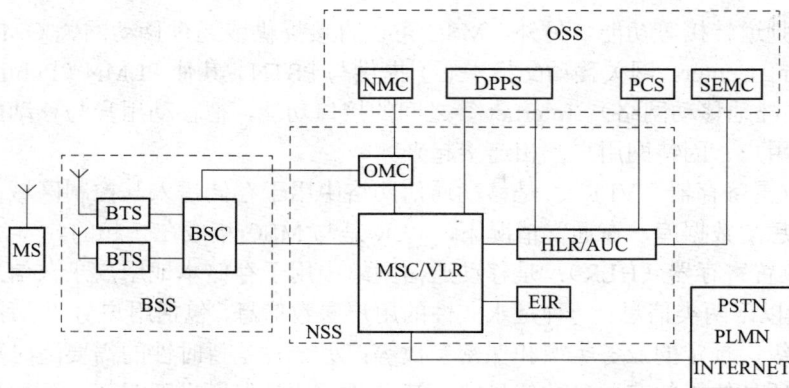

图 7.1 移动通信系统的体系结构

（1）移动台（MS）：包括移动台物理设备和用户识别模块 SIM（Subscriber Identity Module）卡两大部分，是移动通信网络中用户使用的设备。

◆ 移动台物理设备：包括手持台（手机）、车载台和便携式台（例如：Portable Android Device，PAD）等。

◆ SIM 卡：是移动通信网络用户的身份识别卡，主要用于存储用户的身份识别码和密钥，并支持移动通信网络对用户的鉴权。

（2）基站子系统（BSS）：包括基站控制器 BSC（Base Station Controller）和基站收发信台 BTS（Base Station Transceivers）两大部分，主要负责通过无线接口直接与移动台相接以及通过有线接口与 NSS 中的 MSC 相连，以实现移动用户之间或移动用户与固话网 PSTN（Public Switched Telephone Network，公共交换电话网络）用户之间的相互通信以及系统信号与用户信息的传送等。

◆ 基站控制器（BSC）：是 BTS 和 MSC 之间的连接点，一个 BSC 通常控制几个 BTS，其主要功能是进行无线信道管理、实施呼叫和通信链路的建立和拆除，并为本控制区内移动台的过区切换进行控制等。

◆ 基站收发信台（BTS）：包括无线传输所需要的各种硬件和软件，主要负责无线传输，完成无线与有线的转换、无线信道加密、跳频等功能。

（3）网络交换子系统（NSS）：主要负责移动通信网络内的指令交换、路由选择以及用户数据与安全管理等功能。主要包括移动交换中心 MSC（Mobile Switching Center）、访问位置寄存器 VLR（Visitor Location Register）、归属位置寄存器 HLR（Home Location Register）、操作与维护中心 OMC（Operation and Maintenance Center）、鉴权中心 AUC（Authentication Center）以及移动设备识别寄存器 EIR（Equipment Identification Register）等六大部分，其中：

◆ 移动交换中心（MSC）：是移动通信网络的核心，主要负责控制所有 BSC 的业务，从移动通信网络内的三个数据库 HLR、VLR 和 AUC 中获取用户位置登记和呼叫请求所需的全部数据，提供交换功能，完成移动用户寻呼接入、信道分配、呼叫接续、话务量控制、计费、基站管理等功能，还可完成 BSS、MSC 之间的切换和辅助性的无线资源管理、移动性管理等，并与移动通信网络中的其他部件协同工作，完成移动用户位置登记、越区切换和自动漫游、合法性检验及频道转接等功能。另外，MSC 可以直接提供或通过移动网关 GMSC（Gateway Mobile Switching Center，网关移动交换中心）提供与 PSTN、其他 PLMN（Public Land Mobile Network，公共陆地移动网络）、Internet 等之间的接口功能，把移动用户与移动用户以及移动用户和固话网用户、因特网用户互相连接起来。

◆ 访问位置寄存器（VLR）：是移动通信网络中用于存储进入其控制区域内已登记的来访用户位置信息的数据库，在通常情况下，VLR 是与 MSC 集成在一起的。

◆ 归属位置寄存器（HLR）：是移动通信网络中用于存储本地用户永久信息的数据库。HLR 主要存储以下两类信息：一种是永久性的用户参数信息，包括用户号码、移动设备号码、接入的优先等级、预定的业务类型和保密参数等；另一种是暂时性的需要随时更新的参数，包括用户当前所处位置的有关参数信息等，其主要目的是保证当呼叫任一不知处于哪个地区的移动用户时，均可由该移动用户所属的 HLR 获知其当前处于哪个地区，进而建立起通信链路。

◆ 鉴权中心（AUC）：是移动通信网络中用于存储用户鉴权信息与加密密钥参数的数据库，其作用是用来可靠地识别用户的身份，以及保证移动用户的通信安全。

◆ 移动设备识别寄存器（EIR）：是移动通信网络中用于存储有关移动台设备参数的数据库，保存着关于移动设备的国际移动设备识别码 IMEI（International Mobile Equipment Identity）的三份名单：白名单、黑名单和灰名单。在这三份名单中分别列出了准许使用的、出现故障需监视的、失盗不准使用的移动设备的 IMEI 识别码，通过对这三种表格的核查，使得运营部门对于不管是失盗还是由于技术故障或误操作而危及网络正常运营的设备，都能采取及时的防范措施，以确保网络内所使用的设备的唯一性和安全性。

（4）操作支持子系统（OSS）：主要包括网络管理中心 NMC（Network Management Center）、数据后处理系统 DPPS（Data Post Processing System）、用户识别卡个人化中心 PCS（Personalization Center System）以及安全管理中心 SEMC（Security Management Center）等四大部分，负责完成移动用户管理、移动设备管理以及网路操作和维护等功能。

3. 移动通信网络中的移动性管理

移动通信网络中的移动性管理主要包括以下两个方面的内容：切换管理和位置管理。其中，切换管理反映移动台在小区之间甚至不同地区之间切换的无线链路接续以及移动通信网络管理的过程；而位置管理则确保了移动台在移动过程中能被移动通信网络有效地寻呼到。移动通信网络通过实时跟踪记录 MS 的位置信息，把来话发送给移动用户。

（1）位置管理。为了实现位置跟踪，一般是通过将一个移动服务区划分成几个定位区 LA（Location Area）或注册区来实现的，其中，每个定位区 LA 都包括一组基站收发信台（BTS），这些 BTS 通过无线连接与 MS 进行通信。移动性管理的主要任务就是当 MS 从一个 LA 移动到另一个 LA 时及时更新 MS 的位置信息，移动通信网络中的位置更新过程称作"注册"，该过程由 MS 发起，其具体的实现步骤如下。

步骤 1：BTS 周期性地向自己所辖区域内的所有 MS 广播自己的 LA 地址，当漫游到该区域的 MS 收到该 LA 地址时，通过对比可发现该 LA 地址与自己原来存储的 LA 地址不同，于是，MS 就会向 BTS 发送一个注册消息。

步骤 2：BTS 将 MS 的注册消息转发给自己所属的 MSC，而 MSC 在收到 MS 的注册消息后将会在自己的 VLR 中创建一个该 MS 的临时记录，同时给该用户临时分配一个新的漫游号码 MSRN（Mobile Station Roaming Number），并通知该用户的 HLR 修改该用户的位置信息，准备为其他用户呼叫该移动用户时提供路由信息。如果移动用户是由一个 MSC/VLR 服务区移动到另一个 MSC/VLR 服务区，该用户的 HLR 在修改完该用户的位置信息后，还要通知原来的 VLR 删除该移动用户的位置信息记录。

（2）切换管理。为了保证通信的连续性，当正在通话的移动台从一个小区移动到邻接的另一个小区时，移动台需要从一个无线频道上的通话切换到另一个无线频道上，以维持通话信道的连续性，该切换过程通常称为越区切换（Handover 或 Handoff）。在移动通信系统中，一般可以根据射频信号强度、载干比、移动台到基站的相对位置以及数字系统中的误码率等参数来判断是否应该进行越区切换。例如：在采用基于从基站接收的信号强度平均值作为越区切换参数时，移动台连续监测相邻小区的信号强度，当某个相邻小区基站的信号强度超过了当前基站时，就可发起越区切换。

在越区切换过程中，为了确保通信过程不会中断，通常是在维持旧的连接的基础上，又同时建立新的连接，并利用新旧链路的分集合并来改善通信质量，在与新基站建立可靠连接之后再中断旧链路，该切换方法又称为软切换。越区切换主要有以下三种不同情形：

◆ 同一个 BSC 控制区内不同 BTS 小区之间的切换，也包括不同扇区之间的切换，如图 7.2 所示。其切换过程如下：首先，由 MS 向 BSC 报告原基站和周围基站的信号强度，由 BSC 发出切换命令，MS 切换到新基站后告知 BSC，由 BSC 通知 MSC/VLR，该 MS 已完成此次切换。若 MS 所在位置区也变了，那么在呼叫完成后还需要进行位置更新。

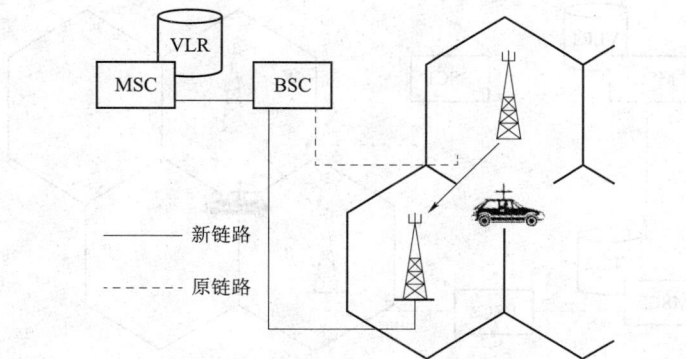

图 7.2　同一个 BSC 控制区内不同 BTS 小区之间的切换

◆ 同一个 MSC/VLR 业务区内，不同 BSC 控制区之间的切换如图 7.3 所示。其切换过程如下：首先，由 MS 向原基站控制器 BSC1 报告原基站和周围基站的信号强度，BSC1 向 MSC 发送切换请求，再由 MSC 向新基站控制器 BSC2 发送切换指令，BSC2 向 MSC 发送切换证实消息；然后，MSC 向 BSC1 和 MS 发送切换命令；待 MS 完成切换之后，MSC 还会向 BSC1 发清除命令，以释放 MS 原占用的 BSC1 信道资源。

◆ 不同 MSC/VLR 控制区之间的越区切换如图 7.4 所示。其切换过程如下：首先，当移动台在通话中发现信号强度过弱，而邻近小区信号较强时，即可通过正在服务的基站 BTS1 向正在服务的 MSC1 发出越区切换请求。由 MSC1 向新的移动交换中心 MSC2 转发此切换请

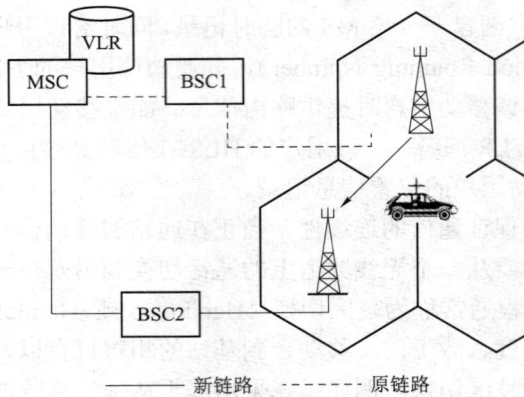

——— 新链路   ------- 原链路

图 7.3   同一个 MSC/VLR 内不同 BSC 控制区之间的切换

求，请求信息中包含该移动台的标志和所要切换到的新基站 BTS2 的标志。当 MSC2 收到切换请求之后，将通知其相关的 VLR2 给该 MS 分配一个临时漫游号码 MSRN，并通知新基站 BTS2 分配无线信道，然后传送临时漫游号码给 MSC1。MSC1 收到临时漫游号码后，要在 MSC1 和 MSC2 之间建立起一条隧道。当隧道建立完成后，MSC2 向 MSC1 发送隧道建立证实信息，并向 BTS2 发出切换指令，MSC1 在收到隧道建立证实信息后，将向 MS 发送切换指令，MS 完成切换之后，BTS2 向 MSC2 发送切换证实信息，MSC2 收到后向 MSC1 发出结束信息，MSC1 收到之后即可释放原 MS 占用信道资源，整个切换过程结束。

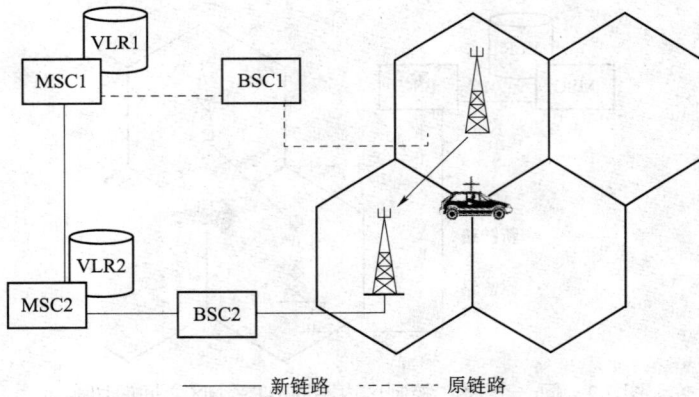

——— 新链路   ------- 原链路

图 7.4   不同 MSC/VLR 控制区之间的切换

（3）移动用户的漫游过程。将呼叫先接至一个就近的 MSC，也称接入移动电话局。此移动电话局通过信令系统向原籍位置寄存器 HLR 询问移动台目前的位置信息，原籍位置寄存器 HLR 向移动台目前所在位置的访问寄存器 VLR 请求一个临时的漫游号码，回发给接入移动电话。依据漫游号码，呼叫接至移动台实际所处的移动电话局，在相应的位置区所有基站的下行控制信道上发送包含用户识别码的寻呼消息，找到移动台。

7.1.3　移动 IP 技术

移动 IP（Mobile IP）技术是移动节点（计算机/服务器/移动终端等）以固定的网络 IP 地址，实现跨越不同网段的漫游功能，并保证了基于 IP 的网络权限在漫游过程中不发生任何改变。移动 IP 可应用于所有基于 TCP/IP 网络环境中，是移动互联网的核心技术之一，为人们提供了无限广阔的网络漫游服务。

例如：在用户离开北京总公司，出差到美国分公司时，只要简单地将移动节点（例如：笔记本电脑、PDA 设备）连接至美国分公司网络上，那么用户就可以享受到跟在北京总公司里一样的所有操作（例如：用户依旧能使用北京总公司的共享打印机，或者可以依旧访问北京总公司同事电脑里的 share 文件及相关数据库资源等），诸如此类的种种操作，让用户感觉不到自己身在外地，同事也感觉不到其已经出差到外地了。换句话说，移动 IP 的应用可以让用户无须再忍受因出差所带来的上网不便之苦。

如图 7.5 所示，为了实现移动节点能以固定的网络 IP 地址进行跨网漫游的功能，移动 IP 技术借鉴了移动通信网络中的移动性（漫游）管理技术，定义了以下三种功能实体：移动节点（Mobile Node）、归属代理（Home Agent）和外部代理（Foreign Agent），其中：

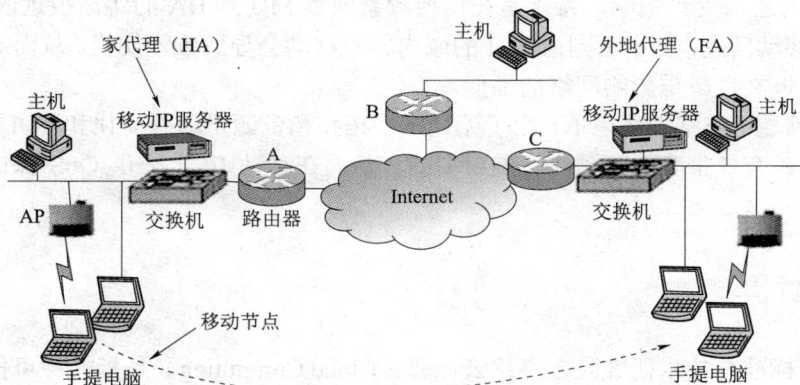

图 7.5　移动 IP 技术的实现原理

◆ 首先，需要部署本地代理服务器，每一台本地的终端设备都需要在一个本地代理路由器上注册（如同每个 MS 都需要在一个本地位置寄存器 HLR 上注册一样），终端设备将会获得一个唯一的归属于该本地网络 IP 地址，所有数据包均可通过以该 IP 地址作为目的地址到达该终端设备，其中，该本地代理路由器就称为归属代理（HA）。

◆ 其次，需要部署外地代理服务器，当终端设备漫游到外地网络时，终端设备需通知归属代理以及其所在外地网络的外地代理路由器，该外地代理路由器就称为外地代理（FA）。

◆ 最后，还需要使用隧道技术。在通信过程中，数据包仍然将终端设备的原地址作为目的地址，首先到达其归属代理，归属代理再根据终端设备的漫游记录，通过隧道将该数据包转发给外地代理，外地代理再转发给处于外地网络中的终端设备（如同移动通信网络中，呼叫首先达到被呼叫号码的归属地网络中，归属地网络再根据被呼叫号码的漫游记录把该呼叫转到漫游地，再由漫游地网络互通手机一样）。

基于以上定义的三种功能实体，移动 IP 技术的基本通信流程可描述如下：

步骤 1：远程通信实体通过标准 IP 路由机制，向移动结点发送出一个 IP 数据包。

步骤 2：移动结点的归属代理截获该数据包，将该包的目标地址与自己移动绑定表中移动结点的归属地址比较，若与其中任一地址相同，继续下一步，否则丢弃。

步骤 3：归属代理用封装机制将该数据包封装，采用隧道操作发送给移动结点的漫游地址。

步骤 4：移动结点的拜访地代理收到该数据包后，再转发给移动结点。

步骤 5：移动结点收到数据包后，用标准 IP 路由机制与远程通信实体建立连接。

虽然移动 IP 得到了快速发展，但移动 IP 还存在很多问题，主要问题有：

◆ 三角路由问题：由于通信主机 CH（Communication Host）发往移动主机 MH（Mobile Host）的分组必须经过本地代理 HA（Home Agent），而从 MH 发往 CH 的分组是直接发送的，从而造成两个方向的通信不是同一路径，由此将产生 CH-HA-MH-CH 之间的三角路由问题，这在 MH 远离 HA，CH 与 MH 相邻的情况下效率尤其低下。

◆ 切换问题：是指从 MH 离开原先的外地网络开始，到 HA 接收到 MH 的新注册请求为止的这段时间内，由于 HA 不知道 MH 的最新转交地址，所以它仍然会将属于 MH 的 IP 包通过隧道发送到原先的外地网络，从而将导致这些 IP 包会被原先的外地网络丢弃，由此使得 MH 与 CH 间的通信受到影响，特别是在切换频繁或者 MH 到 HA 的距离很远的时候。

◆ 域内移动问题：在小范围内 MH 的域内频繁移动会导致频繁切换，从而导致网络中产生大量的注册报文，严重影响网络的性能。

◆ QoS 问题：在移动环境下，由于无线网络拓扑和资源是动态变化和不可预测的，并且由于资源有限、有效带宽不可预测、差错率高，从而在移动 IP 上提供 QoS 保证是一个非常棘手的问题。

7.1.4　云计算

美国国家标准与技术研究院定义：云计算（Cloud Computing）是指一种可按使用量付费的模式，该模式提供可用的、便捷的、按需的网络访问，进入可配置的计算资源共享池（资源包括网络、服务器、存储、应用软件、服务等），这些资源能够被快速提供，只需要投入很少的管理工作，或与服务供应商进行很少的交互。云计算的出现类似于从古老的单台发电机模式转向了电厂集中供电的模式，意味着计算能力也可以作为一种商品进行流通，就像煤气、水电一样，取用方便，费用低廉。而它们之间最大的不同在于，云计算提供的计算能力是通过互联网进行传输的，目前，云计算可提供以下几个层次的服务：

◆ 基础设施即服务 IaaS（Infrastructure-as-a-Service）：消费者通过 Internet 可以从完善的计算机基础设施获得服务，例如：硬件服务器租用等。

◆ 软件即服务 SaaS（Software-as-a-Service）：是一种通过 Internet 提供软件的模式，用户无须购买软件，而是向提供商租用基于 Web 的软件，来管理企业经营活动，例如：SUN 云服务器等。

◆ 平台即服务 PaaS（Platform-as-a-Service）：是指将软件研发的平台作为一种服务，并以 SaaS 的模式提交给用户。因此，PaaS 也是 SaaS 模式的一种应用。显然，PaaS 的出现可以加快 SaaS 的发展，尤其是加快 SaaS 应用的开发速度，例如：软件的个性化定制开发等。

云计算服务除了提供计算服务外，还必然提供了存储服务。但是云计算服务当前垄断在私人机构（企业）手中，而他们仅仅能够提供商业信用。对于政府机构、商业机构（特别像银行这样持有敏感数据的商业机构）对于选择云计算服务应保持足够的警惕。一旦商业用户大规模使用私人机构提供的云计算服务，无论其技术优势有多强，都不可避免地让这些私人机构以"数据（信息）"的重要性挟制整个社会。对于信息社会而言，"信息"是至关重要的。另外，云计算中的数据对于数据所有者以外的其他云计算用户是保密的，但是对于提供云计算的商业机构而言确实毫无秘密可言。所有这些潜在的危险，是商业机构和政府机构选择云计算服务，特别是国外机构提供的云计算服务时，不得不考虑的一个重要的前提。

目前，我国云计算服务市场处于起步阶段，大型互联网企业是主要的云计算服务提供商，业务形式以 IaaS+PaaS 形式的开放平台服务为主，其中，PaaS 服务初具雏形，而 IaaS 服务相对较为成熟，业务形式多以企业客户关系管理（Customer Relationship Management，CRM）服务为主。例如：中国电信发布了天翼云计算战略、品牌及解决方案，现在主要可提供云主机、云存储等 IaaS 服务，未来还将提供云化的电子商务领航等 SaaS 服务和开放的 PaaS 服务平台；中国移动搭建了大云（BigCloud）平台；中国联通则自主研发了面向个人、企业和政府用户的云计算服务"沃•云"，其业务主要以云存储服务为主，实现了用户信息和文件在多个设备上的协同功能，以及文件、资料的集中存储和安全保管。

云计算的核心技术基础为传统的集群计算（Cluster Computing）技术和分区计算（Partition Computing）技术，其中，集群计算技术是指一种将多台服务器虚拟为一台服务器的技术，其作用是提高设备的计算与容错能力，以及实现负载的均衡，目前，集群计算技术已被广泛应用于操作系统、数据库和中间件等系统软件平台的构建之中；而分区计算技术则是指一种将一台服务器虚拟为多台服务器的技术，其中，每个虚拟单元称为一个分区，而各个分区之间是相互隔离的，其目的是提高设备的资源利用率，目前，即便是低端的 INTEL 架构的 PC 服务器也已支持分区计算技术。

云计算被视为科技业的下一次革命，将为中小企业带来工作方式和商业模式的根本性改变。例如：中小企业不用再试图去买价格高昂的硬件，而是可以从云计算供应商那里租用计算能力，在避免了硬件投资的同时，企业的技术部门也无须为忙乱不堪的技术维护而头痛，节省下来的时间可以进行更多的业务创新。云计算技术的主要特点如下：

◆ 超大规模：Google 云计算已经拥有 100 多万台服务器，Amazon、IBM、微软、Yahoo 等云平台也均拥有几十万台服务器，这些云平台能够赋予用户前所未有的计算能力。

◆ 虚拟化：云计算支持用户在任意位置、使用各种终端获取应用服务。所请求的资源来自"云"，而不是固定的有形的实体。应用在"云"中某处运行但实际上用户无须了解、也不用担心应用运行的具体位置。只需要一台笔记本或者一个手机，就可以通过网络服务来实现我们需要的一切，甚至包括超级计算这样的任务。

◆ 高可靠性："云"使用了数据多副本容错、计算节点同构可互换等措施来保障服务的高可靠性，使用云计算比使用本地计算机可靠。

◆ 通用性：云计算不针对特定的应用，在"云"的支撑下可以构造出千变万化的应用，同一个"云"可以同时支撑不同的应用运行。

◆ 高可扩展性："云"的规模可以动态伸缩，可以满足应用和用户规模增长的需要。

◆ 按需服务："云"是一个庞大的资源池，可按需购买；"云"可以像自来水、电、煤气那样按需计费。

◆ 极其廉价：由于"云"的特殊容错措施，可以采用极其廉价的节点来构成云，"云"的自动化集中式管理使大量企业无须负担日益高昂的数据中心管理成本，"云"的通用性使资源的利用率较之传统系统大幅提升，因此用户可以充分享受"云"的低成本优势，经常只要花费几百美元、几天时间就能完成以前需要数万美元、数月时间才能完成的任务。

7.1.5　大数据

大数据（Big Data）是指那些超过传统数据库系统处理能力的数据。它的数据规模和转输速度要求很高，或者其结构不适合原本的数据库系统。为了获取大数据中的价值，我们必须选择另一种方式来处理它。数据中隐藏着有价值的模式和信息，在以往需要相当的时间和成本才能提取这些信息。如沃尔玛或谷歌这类领先企业都要付高昂的代价才能从大数据中挖掘信息。而当今的各种资源，如硬件、云架构和开源软件使得大数据的处理更为方便和廉价。因此，大数据技术的战略意义不在于掌握庞大的数据信息，而在于对这些含有意义的海量数据如何进行专业化处理。

对于企业组织和政府机构而言，大数据的价值主要体现在两个方面：大数据的分析使用和二次开发。对大数据进行分析能揭示隐藏其中的信息。例如零售业中对门店销售、地理和社会信息的分析能提升对客户的理解。对大数据的二次开发则是那些成功的网络公司的长项。例如，Facebook 通过结合大量用户信息，定制出高度个性化的用户体验，并创造出一种新的广告模式。这种通过大数据创造出新产品和服务的商业行为并非巧合，谷歌、雅虎、亚马逊和 Facebook 它们都是大数据时代的创新者。大数据通常用来形容一个公司创造的大量非结构化数据和半结构化数据，这些数据在下载到关系型数据库用于分析时会花费过多时间和金钱。

大数据具有数据量大（Volume）、类型繁多（Variety）、价值密度低（Value）与速度快（Velocity）的"4V"特征，而业务需求和竞争压力又对大数据处理的实时性、有效性提出了更高要求，从而使得传统的以处理器为中心的数据分析处理技术根本无法应付。在大数据环境下，需要采取以数据为中心的模式，减少数据移动带来的开销。一个完整的大数据处理流程至少应满足以下四个步骤：

步骤 1（数据采集）：大数据的采集是指利用多个数据库来接收发自客户端（Web、App 或者传感器形式等）的数据，并且用户可以通过这些数据库来进行简单的查询和处理工作。在大数据的采集过程中，其主要特点和挑战是用户的并发数高，因为同时有可能会有成千上万的用户来进行访问和操作，比如火车票售票网站和淘宝，它们并发的访问量在峰值时达到上百万，所以需要在采集端部署大量数据库才能支撑。并且如何在这些数据库之间进行负载均衡和分片的确是需要深入的思考和设计。

步骤 2（数据导入和预处理）：虽然采集端本身会有很多数据库，但是如果要对这些海量数据进行有效的分析，还是应该将这些来自前端的数据导入到一个集中的大型分布式数据库，或者分布式存储集群，并且可以在导入基础上做一些简单的清洗和预处理工作。导入与预处理过程的特点和挑战主要是导入的数据量大，每秒钟的导入量经常会达到百兆，甚至千兆级别。

步骤 3（数据统计与分析）：统计与分析主要利用分布式数据库，或者分布式计算集群来对存储于其内的海量数据进行普通的分析和分类汇总等，以满足大多数常见的分析需求。其中，一些实时性需求会用到 EMC 的 GreenPlum、Oracle 的 Exadata，以及基于 MySQL 的列式存储 Infobright 等，而一些批处理，或者基于半结构化数据的需求可以使用 Hadoop。统计与分析这部分的主要特点和挑战是分析涉及的数据量大，其对系统资源，特别是 I/O 会有极大的占用。

步骤 4（数据挖掘）：主要是在现有数据上面进行基于各种算法的计算，从而起到预测（Predict）的效果，以实现一些高级别数据分析的需求。比较典型算法有用于聚类的 Kmeans、用于统计学习的 SVM 和用于分类的 NaiveBayes，主要使用的工具有 Hadoop 的 Mahout 等。该过程的特点和挑战主要是用于挖掘的算法很复杂，并且计算涉及的数据量和计算量都很大，常用数据挖掘算法都以单线程为主。

目前，随着移动互联网技术的飞速发展，特别是近年来云计算、物联网、社交网络等新兴服务促使人类社会的数据种类和规模正以前所未有的速度增长，大数据时代已经悄然到来。数据正在从简单的处理对象开始转变为一种基础性资源，如何更好地管理和利用大数据已经成为普遍关注的话题。大数据的规模效应给数据存储、管理以及数据分析带来了极大的挑战，数据管理方式上的变革正在酝酿和发生，大数据正在"吞噬"和重构很多传统行业，并已在众多的行业领域得到了成功应用，例如：

◆ 智能电网在欧洲已经做到了终端，也就是所谓的智能电表，通过智能电表，电网每隔 5 min 或 10 min 即可收集一次数据，收集来的这些数据可以用来预测客户的用电习惯等，从而推断出在未来 2～3 个月时间里，整个电网大概需要多少电。有了这个预测后，就可以向发电或者供电企业购买一定数量的电。因为电有点像期货一样，如果提前买就会比较便宜，买现货就比较贵。通过这个预测后，可以降低采购成本。

◆ 丹麦维斯塔斯风力系统公司通过使用 BigInsights 软件和 IBM 超级计算机对气象数据进行分析，找出安装风力涡轮机和整个风电场最佳的地点。利用大数据，以往需要数周的分析工作，现在仅需要不足 1 h 便可完成。

◆ 美国电信运营商 XO Communications 公司通过使用 IBM SPSS 预测分析软件，减少了将近一半的客户流失率。XO 现在可以预测客户的行为，发现客户的行为趋势，并找出公司存在缺陷的环节，从而帮助公司及时采取措施，保留客户。此外，IBM 新的 Netezza 网络分析加速器，将通过提供单个端到端网络、服务、客户分析视图的可扩展平台，帮助通信企业制定更科学、合理决策。

◆ 日本电信公司 NTT docomo 通过把手机位置信息和互联网上的信息结合起来，可以为顾客提供附近的餐饮店信息，而且在接近末班车时间时，可为顾客提供末班车信息服务。

◆ 零售企业通过监控客户的店内走动情况以及与商品的互动，将这些数据与交易记录相结合来展开分析，从而在销售哪些商品、如何摆放货品以及何时调整售价上给出意见。此类方法已经帮助某领先零售企业减少了 17% 的存货，同时在保持市场份额的前提下，增加了高利润率自有品牌商品的比例。

7.1.6 移动互联网的未来发展趋势

移动互联网在短短几年时间里，已渗透到社会生活的方方面面，产生了巨大影响。作为互联网的重要组成部分，移动互联网目前还处在发展阶段，变化与革新仍是其主要特征，未来的发展趋势将表现在以下六个方面：

（1）移动互联网将超越 PC 互联网，引领发展新潮流。有线互联网（又称 PC 互联网、桌面互联网、传统互联网）是互联网的早期形态，移动互联网（无线互联网）是互联网的未来。PC 只是互联网的终端之一，智能手机、平板电脑、电子阅读器业已成为重要终端之一，电视机、车载设备正在成为终端，冰箱、微波炉、抽油烟机、照相机，甚至眼镜、手表等穿戴之物，都可能成为泛终端。

（2）移动互联网和传统行业融合，将催生新的应用模式。在移动互联网、云计算、物联网等新技术的推动下，传统行业与互联网的融合正在呈现出众多新的特点，平台和模式都发生了改变。一方面，移动互联网可以作为传统行业业务推广的一种新手段，例如：食品、餐饮、娱乐、航空、汽车、金融、家电等传统行业的 APP 和企业推广平台；另一方面，与传统行业的融合也重构了移动端的业务模式，例如：医疗、教育、旅游、交通、传媒等领域的业务改造等。

（3）不同终端的用户体验更受重视，助力移动业务普及扎根。2011 年，主流的智能手机屏幕是 3.5～4.3 in[①] 2012 年发展到 4.7～5.0 in，而平板电脑却以 mini 型为时髦。但是，不同大小屏幕的移动终端，其用户体验是不一样的，适应小屏幕的智能手机的网页应该更加轻便、轻质化，所承载的广告也必须适应这一要求。而目前，大量互联网业务迁移到手机上，为适应平板电脑、智能手机及不同操作系统，开发了不同的 APP，HTML5 的自适应较好地解决了用户的阅读体验问题，但是，还远未实现轻便、轻质、人性化，缺乏良好的用户体验。

（4）移动互联网商业模式多样化，细分市场继续发力。随着移动互联网发展进入快车道，网络、终端、用户等方面已经打好了坚实的基础，盈利情况已开始改善，移动互联网已融入主流生活与商业社会，移动游戏、移动广告、移动电子商务、移动视频等业务模式流量变现能力有了快速提升。

（5）用户期盼跨平台互通互联，目前形成的 iOS、Android、Windows Phone 三大系统各自独立，相对封闭、割裂，应用服务开发者需要进行多个平台的适配开发，这种隔绝有违互联网互通互联的精神。不同品牌的智能手机，甚至不同品牌、类型的移动终端都能互联互通，是用户的期待，也是发展趋势，HTML5 技术让人充满期待。

（6）大数据挖掘成蓝海，精准营销潜力正在凸显。随着移动带宽技术的迅速提升，更多的传感设备、移动终端随时随地地接入网络，加之云计算、物联网等技术的带动，中国移动互联网也逐渐步入"大数据"时代。目前的移动互联网领域，仍然是以位置的精准营销为主，但未来随着大数据相关技术的发展，人们对数据挖掘的不断深入，针对用户个性化定制的应用服务和营销方式将成为发展趋势，将是移动互联网的另一片蓝海。

---

① 1 in=2.54 cm。

7.2 物 联 网

7.2.1 物联网的定义

无线传感器网络 WSN（Wireless Sensor Network）与射频识别 RFID（Radio-Frequency Identification）技术的发展为物联网 IoT（Internet of Things）的出现奠定了技术基础。2005 年 11 月 17 日，在突尼斯举行的信息社会世界峰会（World Summit of Information Society）上，国际电信联盟（ITU）发布了《ITU 互联网报告 2005：物联网》，正式提出了"物联网"的概念，并在年度报告中指出：无所不在的"物联网"通信时代即将来临。所谓的"物联网"，就是指通过各种信息传感设备，如 RFID 装置、红外感应器、全球定位系统、激光扫描器等，按照约定的协议，把世界上任何物品（Things）都与互联网连接起来进行信息交换和通信，以实现智能化识别、定位、跟踪、监控和管理的一种网络。即，物联网的目标是要形成一种"物物相连的互联网"，这包括以下两层意思：

（1）物联网的核心和基础仍然是互联网，是在互联网基础上的延伸和扩展的网络。

（2）物联网的用户端延伸和扩展到了任何物品，可实现物品与物品之间的信息交换和通信。

由上述物联网的定义可知，虽然物联网的概念是基于传统互联网与无线传感器网络概念的延伸，但与这两种传统网络相比，物联网有着以下本质的不同：

（1）与传统互联网相比，互联网连接的是虚拟世界，而物联网连接的则是真实世界。如果想通过互联网了解一个东西，必须先通过人去收集其相关信息，数字化后再放置到互联网（服务器）上供人们浏览其信息，人在其中需要做很多的工作，而且还难以动态了解其变化；而物联网则是通过在物体上植入各种微型感应芯片、借助无线通信网络与互联网相互连接，让物体自己"开口说话"，这样，人们不仅可以和物体进行"对话"，物体和物体之间也能进行"交流"。

（2）与传统无线传感器网络相比，无线传感器网络中的传感器主要是用于实现对信号的感知，而并不强调对物体本身的标识，例如：让温度传感器来感知森林的温度，但不一定需要标识出具体感知的是哪根树木的温度；而在物联网中由于需要对物体进行定位与追踪，因此往往需要对物体的本身进行标识。

物联网由于具有广泛的应用前景和重大的科学意义，目前已被业界公认为是继计算机、互联网与移动通信网之后的世界信息产业的又一次浪潮，正成为国内外政府机构、学术界以及产业界关注的一大热点。自 2008 年以来，全球各主要发达国家和地区纷纷抛出与物联网相关的信息化战略，例如：2008 年 11 月，IBM 提出了基于互联网和物联网技术的"智慧地球（Smarter Planet）"概念，并于 2009 年 1 月被美国确立为其国家发展战略的一部分；2009 年 6 月，欧洲信息业与企业界人士在布鲁塞尔对物联网进行了广泛的讨论，提出了欧盟的"物联网行动计划"；另外，2009 年 7 月，日本也提出了"I-Japan"计划。

上述这些国家和地区的信息化战略都确立了融合各种信息技术，突破互联网的限制，将物体接入信息网络，实现"物联网"的目标；都计划在网络泛在的基础上，将信息技术应用到各个领域之中，从而影响到国民经济与社会生活的方方面面。由此可见，各国对于未来信息化战略都正在以不同的概念向"物联网"发展。在我国，物联网的研究也正引起我国政府部门、产业界以及研究人员的高度重视，2009 年 8 月，温家宝总理在无锡考察时提出了"感知中国"的概念，明确指出应高度重视物联网的发展。

7.2.2 物联网的体系结构

物联网的基本体系结构一般如图 7.6 所示。其中，每个物体都被赋予了一个独一无二的代码，该代码被存储在 RFID 标签（Tag）中并被嵌入到物体上，同时，该代码所对应的详细信息和属性都被存储在了 RFID 信息服务系统的服务器中；当物体从生产到流通的各个环节中被 RFID 阅读器（Reader）识别并记录时，将通过对象名解析服务 ONS（Object Naming Service）的解析来获得该物体所属信息服务系统的统一资源标识 URI（Universal Resource Identifier），进而再通过网络从 RFID 信息服务器中获得其代码所对应的信息和属性，以进行物体的识别和达到对物流供应链自动追踪管理的目的。

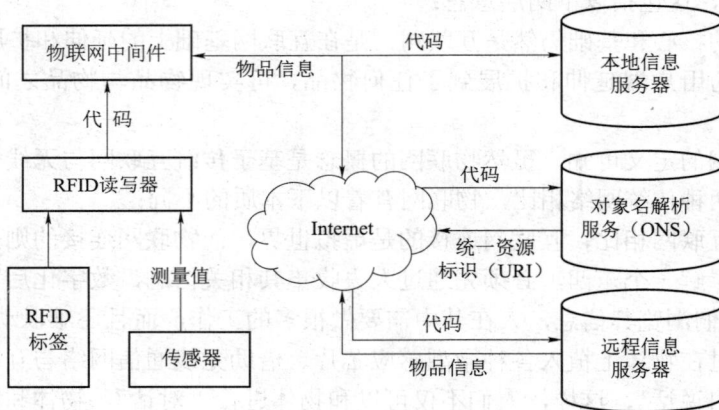

图 7.6　物联网的基本体系结构

由图 7.6 可知，物联网的产业链可细分为标识、感知、信息传送与信息处理等四个环节，其中，标识环节主要是实现对物体属性进行标识，属性包括静态和动态的属性，静态属性可以直接存储在标签中，动态属性需要先由传感器实时探测；感知环节主要是利用识别设备完成对物体属性的读取，并将信息转换为适合网络传输的数据格式；信息传送环节主要实现将物体的信息通过网络传输到信息处理中心；而信息处理环节则主要实现由信息处理中心来负责完成物体通信的相关计算。

如图 7.7 所示，物联网是技术变革的产物，它代表了计算技术和通信技术的未来，它的发展主要依靠的是无线射频识别技术（RFID）、无线传感技术、纳米技术以及智能技术等领域的技术革新。在物联网中，首先，基于无线射频识别技术通过射频信号自动识别目标对象并获取物体的特征数据，同时，将日常生活中的物体连接到同一个网络和数据库中。其次，基于无线传感技术来检测事物物理特征的变化并实时收集变化数据，并对之进行处理（变换）和识别。另外，纳米技术的发展则使得越来越小的物体也可实现连接与交流。以上主要技术的发展将创建连接所有物体的物联网。此外，随着集成化信息处理技术的发展，工业产品和日常物体都将表现出智能化的特征，可以被远程识别或被检测。甚至连垃圾也可以被标记和网络化，最终由完全静态的物体转变为新型动态的物体。

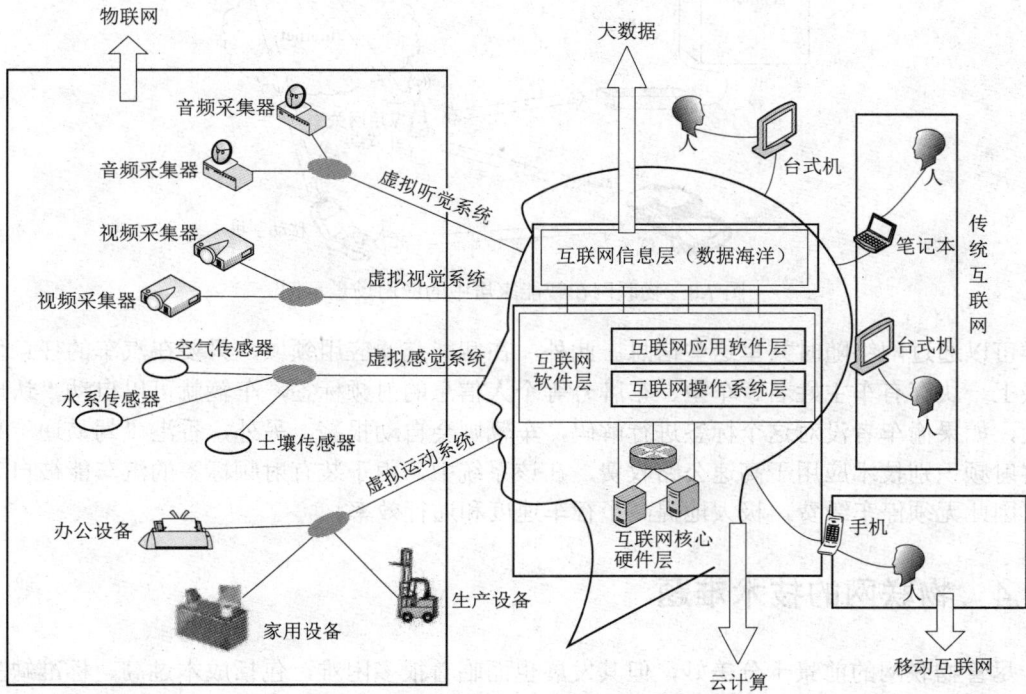

图 7.7 物联网与互联网、移动互联网、云计算、大数据之间的关系

7.2.3 物联网的应用场景

物联网的用途广泛，遍及智能交通、环境保护、政府工作、公共安全、平安家居、智能消防、工业监测、老人护理、个人健康等众多领域，被称为是继互联网之后的下一个万亿级的信息技术产业。目前，一些基于物联网的应用已经初见雏形。例如：图 7.8 给出了一个物联网在智能家居中的应用场景示例，其中，通过在家中的冰箱上嵌入智能传感器，当主人外出时（例如：在汽车中）即可随时随地通过手机来查询并控制冰箱的工作状态。

其次，在物流跟踪信息服务领域，通过在超市销售的禽肉蛋奶的包装上嵌入微型感应器，可让顾客用手机扫描就能了解食品的产地和转运、加工的时间地点等每个环节，甚至还能显示加工环境的照片，以及食品是否绿色安全等，一目了然。另外，澳大利亚和英国的西思罗机场通过将射频识别技术应用于旅客行李管理中，大大提高了分拣效率，降低了出错率。而在动物的跟踪及管理方面，目前已有许多发达国家采用射频识别技术，通过对牲畜个别识别，保证了牲畜大规模疾病暴发期间对感染者的有效跟踪及对未感染者进行隔离控制。

在健康护理应用领域，可通过在病人身上安装一个小传感器，从而使得医生坐在办公室里就可以 24 小时获知病区内所有病人的脉搏、体温等身体状况，而病人家属在经过授权后也

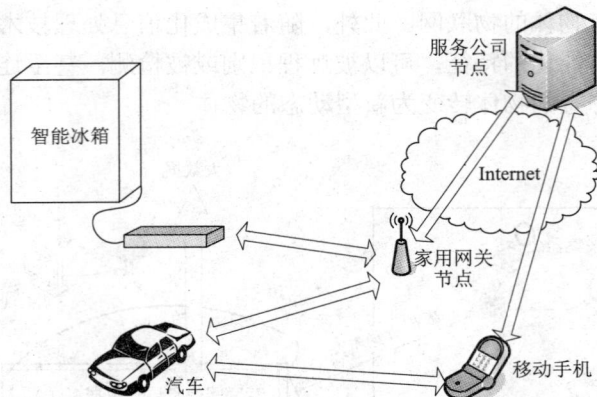

图 7.8　物联网在智能家居中的应用场景示例

同样可以通过网络随时共享这些信息。此外，在智能交通应用领域，只要在汽车的任意位置处嵌上一块存有车主姓名、车型、车牌号等个人信息的射频标签，车辆就可以自动"认出"主人，如果偷车者没对这个标签进行解码，车辆则会自动报警。另外，香港"驾易通"系统还将射频识别技术应用于高速公路收费，在该系统中，由于装有射频标签的汽车能被自动识别，因此无须停车缴费，极大地提高了行车速度和通行效率。

7.2.4　物联网的技术难题

尽管物联网的前景十分美妙，但其发展也面临着很多困难，包括成本过高、标准缺失、商业模式不明等诸多因素。因此，虽然目前世界各国都在投入巨资深入研究探索物联网，但目前的物联网还只能是一个概念。在上述物联网所面临的众多困难之中，目前，最迫切需要解决的就是其中的网络安全与隐私保护这两大难题。

（1）网络安全问题：根据物联网自身的特点，物联网除了需要面对移动通信网络的传统网络安全问题之外，还存在着一些与已有移动网络安全不同的特殊安全问题。这些特殊的安全问题主要包括以下几个方面：

◆　物联网机器/感知节点的本地安全问题：由于物联网的应用可以取代人来完成一些复杂、危险和机械的工作。所以物联网机器/感知节点多数部署在无人监控的场景中。那么攻击者就可以轻易地接触到这些设备，从而容易对他们造成破坏，甚至通过本地操作更换机器的软硬件。

◆　感知网络的传输与信息安全问题：由于在通常情况下，感知节点的功能简单（如自动温度计等）、携带能量少（使用电池供电），从而使得它们无法拥有复杂的安全保护能力，而感知网络却多种多样，从温度测量到水文监控，从道路导航到自动控制，它们的数据传输和消息也没有特定的标准，所以难以提供统一的安全保护体系。

◆　核心网络的传输与信息安全问题：核心网络具有相对完整的安全保护能力，但是由于物联网中节点数量庞大，且以集群方式存在，因此会导致在数据传播时，由于大量机器的数据发送使网络拥塞，产生拒绝服务攻击。此外，现有通信网络的安全架构都是从人通信的角度设计的，并不适用于机器的通信。使用现有安全机制会割裂物联网机器间的逻辑关系。

◆ 物联网业务的安全问题：由于物联网设备可能是先部署后连接网络，而物联网节点又无人看守，所以如何对物联网设备进行远程签约信息和业务信息配置就成了难题。另外，庞大且多样化的物联网平台必然需要一个强大而统一的安全管理平台，否则，独立的平台会被各式各样的物联网应用所淹没，但是，如此一来，如何对物联网机器的日志等安全信息进行管理成为新的问题，并且可能割裂网络与业务平台之间的信任关系，导致新一轮安全问题的产生。

目前，物联网的发展还是初级阶段，更多的时候只是一种概念，其具体的实现结构等内容更无从谈起。关于物联网的安全机制，在业界也是空白，关于物联网的安全研究任重而道远。

（2）隐私保护问题：在物联网中，射频识别（RFID）技术是一个很重要的技术，而在射频识别系统中，标签有可能预先被嵌入到任何物品中，例如：被嵌入到人们的日常生活物品中，但由于该物品（例如：衣物）的拥有者不一定能够觉察该物品预先已嵌入电子标签，以及自身可能不受控制地被扫描、定位和追踪等，这势必会使个人的隐私问题受到侵犯。因此，如何确保标签物的拥有者个人隐私不受侵犯便成为射频识别技术以至物联网推广的关键问题。而且，这不仅仅是一个技术问题，还涉及政治和法律问题。这个问题必须引起高度重视并从技术上和法律上予以解决。

造成侵犯个人隐私问题的关键在于射频识别标签的基本功能：任意一个标签的标识（ID）或识别码都能在远程被任意地扫描，且标签自动地，不加区别地回应阅读器的指令并将其所存储的信息传输给阅读器。这一特性可用来追踪和定位某个特定用户或物品，从而获得相关的隐私信息。这就带来了如何确保嵌入标签的物品的持有者个人隐私不受侵犯的问题。

7.2.5　无线传感器网络技术

1. 无线传感器网络的体系结构

无线传感器网络 WSN（Wireless Sensor Networks）由于在军事国防、环境监测、城市管理、生物医疗、抢险救灾、远程控制等许多领域具有十分广阔的应用前景，已引起人们的高度重视，并被认为是将对 21 世纪产生巨大影响力的主要技术之一。无线传感器网络诞生于军事领域，并逐步应用到民用领域，是无线 Ad-hoc 网络的一个重要研究分支，是随着微机电系统（Micro-Electro-Mechanism System，MEMS）、无线通信和数字电子技术的迅速发展而出现的一种新的信息获取和处理模式。它是由随机分布的集成传感器、数据处理单元和通信模块的微小节点通过自组织的方式构成网络，借助于节点中内置的形式多样的传感器测量所在周边环境中的热、红外、声呐、雷达和地震波信号，从而可探测包括温度、湿度、噪声、光强度、压力、土壤成分，以及移动物体的大小、速度和方向等众多我们感兴趣的物质现象，实现对所在环境的监测。传感节点的体系结构如图 7.9 所示，一般由传感单元、处理单元、收发装置、定位装置（GPS）、移动装置以及能源模块六大部件组成，其中：

◆ 传感单元：主要负责被监测对象原始数据的采集。

◆ 处理单元：主要负责控制整个传感器节点的操作，存储和处理采集的数据以及其他节点发送来的数据；传感器网络节点的处理器一般选用嵌入式CPU，目前已有多款适合传感器节点设计的超低功耗微处理器，例如：Motorola 的 68HC16、ARM 公司的 ARM7 和 Intel 的 8086 等。

◆ 收发装置（网络通信单元）：主要负责与其他传感器节点以无线方式进行通信，交换控制消息和收发采集数据。

◆ 能源模块：主要负责为传感器节点提供运行所需要的能量，通常采用微型电池。

◆ 移动装置：使得传感器节点具有自移动的功能。

◆ 定位装置：主要用于无线传感器节点的定位。但由于 GPS 价格高及有特殊环境要求等因素，在无线传感器网络中一般不能为每个节点均配备 GPS 接收装置，一般假定只有一定比例的节点位置已知或具有 GPS 定位功能，这些节点的位置可作为定位参考点。

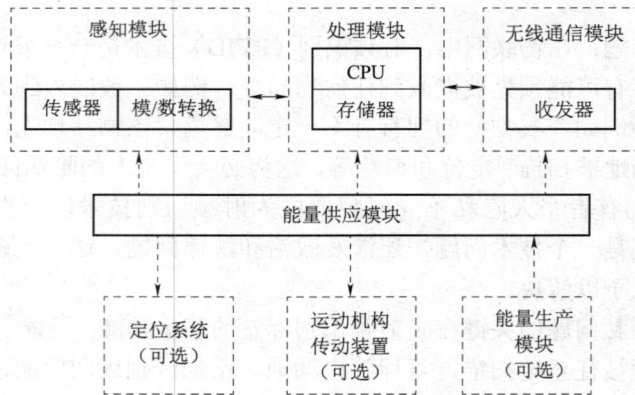

图 7.9　传感器节点的体系结构

无线传感器网络的部署往往可通过飞行器撒播、人工埋置和火箭弹射等多种方式来实现，当部署完成之后，传感器节点将随机分布在被监测区域内，并以自组织的形式构成网络。如图 7.10 所示，无线传感器网络一般由传感器节点、汇聚节点（Sink）、Internet 或通信卫星、任务管理节点等部分构成。传感器节点散布在指定的感知区域内，每个节点都可以收集数据，并通过"多跳"路由方式把数据传送到 Sink 节点。Sink 节点也可以用同样的方式将信息发送给各节点。另外，Sink 也可以把数据发送到 Internet 或通信卫星，通过 Internet 或通信卫星实现任务管理节点（即观察者）与传感器之间的通信。

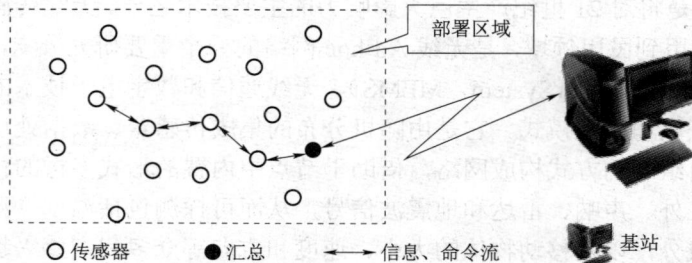

图 7.10　无线传感器网络的体系结构

2. 无线传感器网络的主要特点

在无线传感器网络中，由于传感器节点本身的不确定性（容易失效、不稳定性、能量的有限性）及传感器节点的规模（数量、密集程度）等问题决定了无线传感器网络是以数据为中心的，只考虑信息的获取，对网络的物理结构和传感器节点本身的状况较少考虑。无线传感器网络的这些特殊性，导致它与传统网络存在许多差异，主要表现为以下几方面：

◆ 硬件资源受限：作为一种微型的嵌入式系统，传感器节点要求必须是功耗低、体积小、成本低的设备。这些限制就必然导致它携带的处理器的处理能力弱，拥有的存储器的容量小，因此，要求应用于无线传感器网络的算法应该计算简单，对存储空间要求小，易于在传感器节点上实现。也由于成本和体积的限制，传感器节点通常使用其携带的容量有限的电池为其提供能量，且在使用过程中常常不能或不允许给电池充电或更换电池，因此，一旦其携带的电池能量耗尽，传感器节点将失效，如何高效地使用有限的能量以使 WSN 的生存寿命最长是设计 WSN 面临的一个重要挑战。传感器节点的能量消耗主要用于通信，而根据无线通信的相关理论，无线通信的能耗与其通信距离的 $n(2 \leqslant n \leqslant 4)$ 次幂成正比，n 与具体的通信环境有关，因而通信能耗将随通信距离的增加而急剧增加。为减少传感器节点的能量消耗，WSN应该在满足需求的通信连通度前提下尽量缩短其传感器节点一跳直接通信的距离。

◆ 密集部署、冗余度高：为了提高无线传感器网络的可靠性，网络在部署时通常采用密集部署传感器节点的方式。无线传感器网络中的传感器节点数可能成千上万，因而利用大量具有有限计算能力的传感器节点进行协作的分布式信息处理是其必然的选择。无线传感器网络的密集部署使得其通常具有较高的传感器节点冗余、通信链路冗余以及采集到的数据的冗余，从而使其具有较强的容错能力与鲁棒性。无线传感器网络一方面可以利用传感器节点之间的高度连通性来保证网络的容错性和抗毁性，另一方面，也可以利用传感器节点采集数据的冗余实现节点之间的协作。

◆ 自组织性：无线传感器网络需要在无人值守、没有干预的环境中长时间工作，因此要求其对环境的适用性强，能自主地处理所遇到的问题。无线传感器网络中并没有严格意义上的控制中心（主节点），所有传感器节点都是平等地位的，它们可以根据自己的情况随时加入网络或者离开网络。WSN 的运行不会因为单个传感器节点的故障而受影响，具有很强的抗毁性。WSN 的部署不需要依赖任何已有的网络基础设施。传感器节点通过分布式算法协调自己的行为。WSN 中的传感器节点在启动后可以自动地、快速地组建成一个数据采集网。由于传感器节点容易故障，为了弥补失效的传感器节点或者增加监测精度，会根据需要随时补充传感器节点到网络中，网络需要在恶劣的环境中自动配置与容错。传感器节点通过联网协议形成自组织网络，并能够根据传感器节点的移动、加入、退出、剩余能量以及传输范围的改变而自动调整。

◆ 多跳路由：传感器节点受通信距离、功率控制或能耗的限制，当传感器节点无法与汇聚节点（网关）直接通信时，需要由其他传感器节点转发完成数据的传输，因此网络的数据传输路由是多跳的。

◆ 动态拓扑：影响无线传感器网络的拓扑结构的因素有很多，除了传感器节点因移动带来的拓扑结构发生变化外，传感器节点故障、传感器节点失效、网络中新增传感器节点、因为网络管理的原因而使传感器节点进入睡眠状态、传感器节点的通信功率控制以及因环境原因造成的无线通信链路发生变化等因素均可导致动态网络拓扑结构。

◆ 空间位置寻址：无线传感器网络是一种典型的以数据为中心的网络，通常以数据本身作为查询或传输的线索。网络中的通信一般情况下不存在任意两个传感器节点之间的点对点

（Peer to Peer）通信，因此，传感器节点没有必要具有全局的身份标识，不必采用像 Internet 中的 IP 地址之类的寻址方式。在 WSN 的应用中，用户关心的不是数据由哪个传感器节点采集，而是数据在哪个空间位置上采集到的，因此，传感器节点的寻址方式可采取空间位置寻址方式。

◆ 应用相关：无线传感器网络的主要作用是感知客观物理世界，扩展人类获取物理世界信息的能力。无线传感器网络的不同应用所关心的物理量是不相同的，比如地震关心的是震动、温度控制关心的是温度等。在不同的应用背景之中，传感器节点的硬件平台、软件系统和网络协议将会采用不同的内容，因此必须针对具体的应用来研究传感器节点的硬件平台、软件系统和联网技术。

7.2.6　RFID 技术

1. RFID 系统的组成与工作原理

射频识别（RFID）技术被认为是物联网的关键技术，有时也被称为"第二代条形码"，是一种利用射频信号通过空间耦合（交变磁场或电磁场）来实现无接触信息传递并通过所传递的信息达到识别目的的技术。它利用无线射频方式在阅读器和射频卡之间进行非接触双向数据传输，以达到目标识别和数据交换的目的，具有非接触、阅读速度快、无磨损、不受环境影响、寿命长且便于使用等诸多特点，同时，它还具有防冲突的功能，能同时处理多张卡片。目前，RFID 技术已被广泛应用于工业自动化、商业自动化、交通运输控制管理等众多领域。一般而言，一个 RFID 系统至少应包括以下三个部分：

◆ 标签（Tag，也称为射频卡或电子标签）：由耦合元件及芯片组成，标签含有内置天线，用于和射频天线间进行通信。标签主要用于存放有一定格式的电子数据，常以此作为待识别物品的标识性信息。在实际应用中，一般是将电子标签附着在待识别物品上，作为待识别物品的电子标记。

◆ 阅读器（Reader）：是一种可读取（在读写卡中还可以写入）标签信息的设备。阅读器与电子标签可按约定的通信协议互传信息。通常的情况是由阅读器向电子标签发送命令，电子标签根据收到的阅读器的命令，将内存的标识性数据回传给阅读器。这种通信是在无接触方式下，利用交变磁场或电磁场的空间耦合及射频信号调制与解调技术实现的。

◆ 天线（Antenna）：用于在标签和读取器间传递射频信号。

RFID 系统的基本工作原理为：阅读器通过发射天线发送一定频率的射频信号，当射频卡进入发射天线工作区域时产生感应电流，射频卡获得能量被激活；射频卡将自身编码等信息通过卡内置发送天线发送出去；系统接收天线接收到从射频卡发送来的载波信号，经天线调节器传送到阅读器，阅读器对接收到的信号进行解调和解码，然后送到后台主系统进行相关处理；主系统则根据逻辑运算判断该卡的合法性，并针对不同的设定做出相应的处理和控制，发出指令信号控制执行机构做出相应的动作。

2. RFID 标签的分类

目前，国际上还没有统一的 RFID 标准，在已有的可供电子标签使用的标准中，应用最多的是 ISO 14443 和 ISO 15693 两种，这两种标准都由物理特性、射频功率和信号接口、初始化和反碰撞以及传输协议四部分组成。按照不同的方式，电子标签（射频卡）有以下几种分类：

（1）按供电方式不同，可分为有源卡、无源卡和半无源卡。其中，有源卡是指卡内有电池提供电源，其作用距离较远，但寿命有限、体积较大、成本高，且不适合在恶劣环境下工作；无源卡内则无电池，它利用波束供电技术将接收到的射频能量转化为直流电源，为卡内电路供电，其作用距离相对有源卡来说较短，但寿命较长，且对工作环境要求较低；半无源标签内也装有电池，但电池仅对标签内要求供电维持数据的电路或标签芯片工作所需的电压作辅助支持，标签电路本身耗电很少。标签未进入工作状态前，一直处于休眠状态，相当于无源标签。标签进入阅读器的阅读范围时，受到阅读器发出的射频能量的激励，进入工作状态时，用于传输通信的射频能量与无源标签一样源自阅读器。

（2）按载波频率的不同，可分为低频、中频和高频射频卡。其中，低频射频卡主要有125 kHz 和 134.2 kHz 两种，中频射频卡频率主要为 13.56 MHz，高频射频卡则主要为 433 MHz、915 MHz、2.45 GHz、5.8 GHz 等。低频系统主要用于短距离、低成本的应用中，例如：多数的门禁控制、校园卡、动物监管、货物跟踪等；中频系统主要用于门禁控制和需要传送大量数据的应用系统；高频系统则主要应用于需要较长的读写距离和高读写速度的场合，其天线波束方向较窄且价格较高，例如：可在火车监控、高速公路收费等系统中应用。

（3）按调制方式的不同，可分为主动式和被动式。其中，主动式射频卡用自身的射频能量主动地发送数据给读写器；被动式射频卡使用调制散射方式发射数据，它必须利用读写器的载波来调制自己的信号，该类技术适合用在门禁或交通应用中，因为读写器可以确保只激活一定范围之内的射频卡。在有障碍物的情况下，用调制散射方式，读写器的能量必须来去穿过障碍物两次。而主动方式的射频卡发射的信号仅穿过障碍物一次，因此，主动方式工作的射频卡主要应用于有障碍物的应用中，距离更远（可达 30 m）。

（4）按作用距离的不同，可分为密耦合卡（作用距离小于 1 cm）、近耦合卡（作用距离小于 15 cm）、疏耦合卡（作用距离约 1 m）以及远距离卡（作用距离为 1～100 m，甚至更远）。

（5）按芯片的功能不同，可分为只读卡、读写卡和 CPU 卡。CPU 卡又称为智能卡，卡内具有中央处理器 CPU（Central Processing Unit）、随机存储器 RAM（Random Access Memory）、程序存储器 ROM（Read Only Memory，只读存储器）、数据存储器 EEPROM（Electrically Erasable Programmable Read-Only Memory，电可擦写可编程只读存储器）以及片内操作系统 COS（Chip Operating System）。CPU 卡可适用于金融、保险、交警、政府行业等多个领域，具有用户空间大、读取速度快以及支持一卡多用等特点。

7.2.7　物联网中的安全与隐私保护技术

物联网的基础是射频识别技术，如图 7.11 所示，射频识别技术的优点是 RFID 标签与阅读器之间无须任何的物理接触或者其他任何可见的接触；缺点是 RFID 标签与阅读器之间的无线信道是不安全的，从而导致了人们在享受 RFID 技术带来便利的同时，也必须面对伴随而来的诸如标签的身份信息泄漏、非法跟踪等安全问题。因此，如何保障 RIFD 标签与阅读器通信时的安全与隐私问题正引起研究人员的密切关注。针对该问题，目前已有一些文献进行了初步的相关研究，依据所使用技术的不同，主要可分为基于物理方法和基于密码技术的安全与隐私保护机制两种。

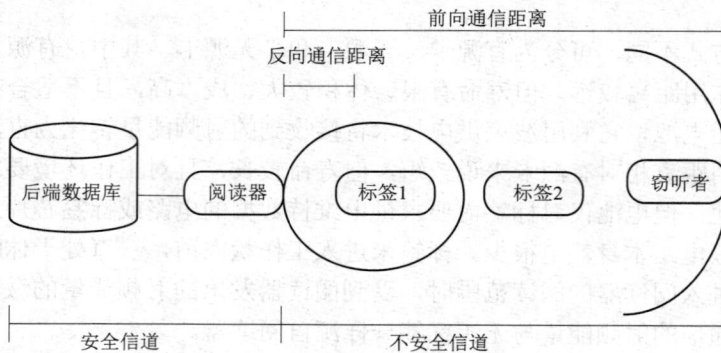

图 7.11　RFID 标签与阅读器之间的安全隐患

1. 基于物理方法的安全与隐私保护机制

典型的基于物理方法的安全与隐私保护机制包括基于灭活标签（Kill Tag）、基于地址临时改变（Temporary change of ID）、基于阻塞标签（Blocker Tag）策略的方法等，其中：

（1）在基于灭活标签策略的方法中，其基本思想是利用 RFID 读写器发送一条特殊的"Kill"指令来"杀死"商品上的标签，从而达到保护物体拥有者的隐私的目的。该方法由于标签被毁坏，因此无法被继续使用。

（2）在基于地址临时改变策略的方法中，顾客可以暂时更改标签身份，当标签处于公共状态时可以被阅读器读取，当顾客想要隐藏标签信息时可以输入一个临时标签 ID，当临时标签 ID 存在时，标签会利用这个临时 ID 回复阅读器的询问，而在删除临时标签后，物体又会使用其真实标签。该方法的缺点是给顾客使用标签时带来了额外的负担。

（3）在基于阻塞标签策略的方法中，该方法通过给物体增加一个阻塞标签来干扰（Jam）非授权阅读器的窃听，但该方法由于需要增加额外的阻塞标签，因此增加了应用成本。

2. 基于密码技术的安全与隐私保护机制

与基于物理方法的机械的安全与隐私保护机制相比，基于密码技术的灵活的安全与隐私保护机制更受到人们的青睐。代表性的基于密码技术的安全与隐私保护机制有基于哈希锁（Hash-Lock）、基于随机哈希锁（Random Hash-Lock）、基于哈希链（Hash-Chain）、基于通用重加密（Universal Re-encryption）的方法等。

（1）在基于哈希锁技术的方法中，通过使用元标识（meta ID）来代替真实的标签 ID 以避免信息泄漏，每个标签拥一个自己的访问密钥 key 和一个单向 Hash 函数 H，其中 meta ID=H(key)。当阅读器询问标签时，标签发送 meta ID 作为响应，然后阅读器通过查询后台数据库找到与 meta ID 匹配的（meta ID，ID，key）记录，再将 key 发送至标签，标签在验证 key 之后再将自己的真实 ID 发送给阅读器。该方法的缺陷在于 key、ID 均以明文形式发送，因此容易被窃听。

（2）在基于随机哈希锁技术的方法中，当阅读器询问标签时，标签发送一个随机数以及其标签 ID 与该随机数的 Hash 值给阅读器，然后阅读器通过后端数据库获得所有的标签 ID 并通过计算这些标签 ID 与该随机数的 Hash 值来获知对应的标签 ID，最后将计算得到的标签 ID 发送给标签进行验证。若验证通过，则标签将自己的真实 ID 发送给阅读器。该方法的缺陷是最后的 ID 也是以明文的形式发送，容易被窃听者获取。

（3）在基于哈希链技术的方法中，需要标签与后台数据库共享一个初始的秘密值 $S_{t,1}$，如图 7.12 所示。当阅读器第 j 次询问标签时，标签使用当前秘密值 $S_{t,j}$ 计算 $a_{t,j}=G(S_{t,j})$ 并更新其秘密值为 $S_{t,j+1}=H(S_{t,j})$，然后，将 $a_{t,j}$ 发送回阅读器，阅读器转发 $a_{t,j}$ 给后端数据库，再由后端数据库来计算是否存在一个 j 与标签 ID_t 满足 $a_{t,j}=G(H^{j-1}(S_{t,1}))$。若存在这样的 j 与标签 ID_t，则通过验证并将 ID_t 发送给阅读器，其中，G 和 H 是单向 Hash 函数。该方法的主要优点是标签具有自主更新能力，避免了标签隐私信息的泄漏；缺陷是只要攻击者截获了 $a_{t,j}$，就可伪装标签通过验证，因此，易受重传和假冒攻击。

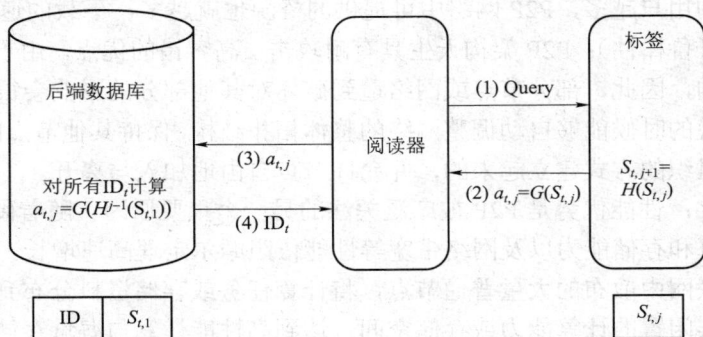

图 7.12 基于 Hash-Chain 的安全与隐私保护机制

（4）在基于通用重加密技术的方法中，虽然标签的安全与隐私性可得到更好保证，但由于采用公钥密码体制（Public-Key Cryptosystem），因此，对标签的存储和计算资源要求较高，且无法抵制置换攻击。

7.3 P2P 网络

7.3.1 P2P 网络简介

P2P（Peer to Peer）技术被美国《财富》杂志称为改变因特网发展的四大新技术之一。所谓的 P2P 网络，也称为对等网络，它在传输方式上打破了传统网络的服务器/客户端（Client/Server，C/S）模式的定式。在 C/S 体系结构中，客户机向服务器发出服务请求，服务器响应客户机的请求并提供相应的服务，客户机与服务器的地位是基于资源不对等的。因此，当用户数量大幅上升时，服务器甚至有面临崩溃的危险，而此时空闲的链路带宽却被白白浪费掉。

而 P2P 方式的网络服务，正好能充分挖掘网络的空闲资源，它通过将传统方式下的服务器负担分配到网络中的每一节点上，让每一节点都将承担有限的存储与计算任务，因此，加入到网络中的节点越多，节点贡献的资源也就越多，其服务质量也就越高。在 P2P 网络中，每个节点（Peer）的地位都是对等的，每个节点既充当服务器，为其他节点提供服务，同时也充当客户端，享用其他节点提供的服务。

P2P 网络的这种非中心化特点所带来的优点，就是使得网络中各个节点的能力和资源都可以共享，从理论上来说，P2P 网络的能力和资源是 P2P 网络中各节点能力和资源的总和。在 P2P 网络中，内容不再仅仅集中在网络的中央 Server 上，而是分布在靠近用户的网络边缘的各个 P2P 节点之上。因此，P2P 网络具有以下几个方面传统 C/S 结构所无法比拟的优势：

（1）可扩展性：在 P2P 网络中，随着新用户的不断加入，虽然服务的需求在不断地增加，但系统整体的资源和服务能力也在同步地不断扩充，因此，网络始终能比较容易地满足用户的需要。从理论上讲，P2P 网络的可扩展性几乎可以认为是无限的。例如：在传统的通过 FTP 的文件下载方式中，当下载用户增加之后，下载的速度会变得越来越慢，然而 P2P 网络正好相反，加入下载的用户越多，P2P 网络中可提供的资源也就越多，下载的速度反而会越快。

（2）健壮性（鲁棒性）：P2P 架构天生具有耐攻击、高容错的优点。由于服务是分散在各个节点之间进行的，因此，部分节点或网络遭到破坏对其他部分的影响会很小。P2P 网络一般在部分节点失效的时候能够自动调整网络的整体拓扑结构，保持其他节点的连通性。P2P 网络通常都是以自组织的方式建立起来的，并允许节点自由地加入与离开。

（3）高性价比：性能优势是 P2P 被广泛关注的另一个重要原因。随着硬件技术的发展，个人计算机的计算和存储能力以及网络带宽等性能依照摩尔定理高速增长。采用 P2P 架构可以有效地利用互联网中散布的大量普通节点，将计算任务或存储资料分布到所有的这些普通节点之上。利用其闲置的计算能力或存储空间，达到高性能计算与海量存储的目的。虽然目前 P2P 在这方面的应用多在学术研究方面，但一旦技术成熟，若能够在工业领域推广，则将可以为许多企业节省购买大型服务器的成本。

（4）隐私保护：在 P2P 网络中，由于信息的传输分散在各节点之间进行而无须经过某个集中环节，用户的隐私信息被窃听或泄漏的可能性也因此而大大缩小。此外，目前解决 Internet 隐私问题主要采用中继转发的技术方法，从而将通信的参与者隐藏在众多的网络实体之中。在传统的一些匿名通信系统中，实现这一机制依赖于某些中继服务器节点。而在 P2P 中，所有参与者都可以提供中继转发的功能，因而大大提高了匿名通信的灵活性和可靠性，能够为用户提供更好的隐私保护。

（5）负载均衡：在 P2P 网络中，由于每个节点既是服务器又是客户机，减少了对传统 C/S 结构下的服务器的计算能力、存储能力等方面的要求，同时，因为资源被分布在了多个节点之中，因此，可更好地实现整个网络的负载均衡。

7.3.2　P2P 网络的拓扑结构

依据 P2P 网络资源定位技术的不同，P2P 网络的拓扑结构主要可分为集中式拓扑结构（Centralized Topology）、分布式非结构化拓扑结构（Decentralized Unstructured Topology）、分布式结构化拓扑结构（Decentralized Structured Topology）以及混合拓扑结构（Hybrid Topology）四种不同的模式。

1. 集中式拓扑结构

集中式拓扑结构是第一代 P2P 网络采用的结构模式，在采用集中式拓扑结构的 P2P 网络中，如图 7.13 所示，网络上提供的所有共享资源都存放在提供该资源的客户机上，服务器上只保留目录信息，此外，服务器与客户机之间以及客户机与客户机之间都具有交互能力。这种形式具有中心化的特点，但是却不同于传统意义上的 C/S 服务模式。因为在 C/S 服务模式下，所有的资源都存放在服务器上，而客户机只能被动地从服务器上读取信息，而且客户机与客户机之间不具有交互能力。

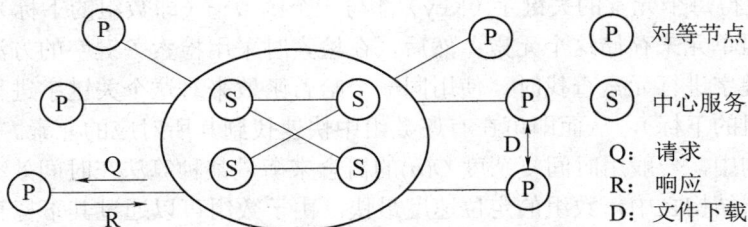

图 7.13　采用集中式拓扑结构的 P2P 网络

集中式拓扑结构的最大优点是网络维护简单，资源发现效率高。由于资源的发现依赖中心化的目录系统，因此，发现算法灵活高效并能够实现复杂查询。其主要缺点是服务器具有接入带宽的"瓶颈"，一旦中心服务器瘫痪，将轻易导致整个网络崩溃。

2. 分布式非结构化拓扑结构

如图 7.14 所示，采用分布式非结构化拓扑结构的 P2P 网络一般是基于随机图的组织方式来形成一个松散的网络，利用 TTL（Time-to-Live）、洪泛（Flooding）或有选择转发等方式搜索网络资源。与集中式拓扑结构相比，采用分布式非结构化拓扑结构的 P2P 网络中没有中央索引服务器的存在，每台机器在网络中是真正的对等关系，既是客户机同时又是服务器，因此，在面对网络结构的动态变化情形之下，分布式非结构化拓扑结构具有良好的容错能力与可用性。另外，采用分布式非结构化拓扑结构的 P2P 网络能支持复杂查询，并受节点频繁加入和退出系统的影响小。

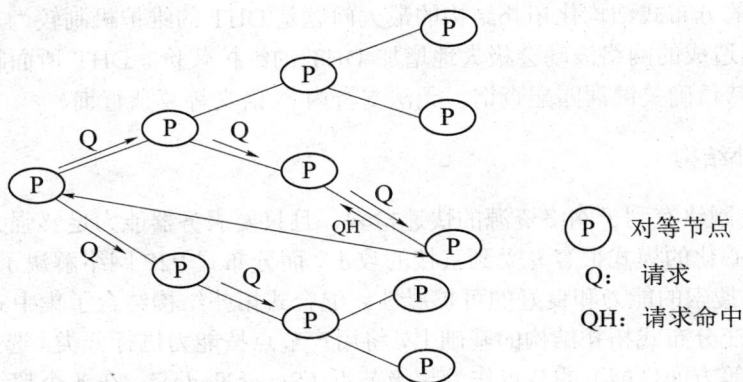

图 7.14　采用分布式非结构化拓扑结构的 P2P 网络

分布式非结构化 P2P 网络的主要缺点是由于没有确定拓扑结构的支持，因此无法保证资源发现的效率，有时候，即使需要查找的目的节点存在，资源发现也有可能失败。另外，网络的可扩展性也较差。

3. 分布式结构化拓扑结构

采用分布式结构化拓扑结构的 P2P 网络主要是通过采用分布式哈希/散列表 DHT（Distributed Hash Table）技术来组织网络中的节点。哈希表是一种常见的检索方法，其基本思想是使用一个下标范围比较大的数组来存储元素。可以通过设计一个函数（哈希函数，也称为散列函数）使得每个元素的关键字（Key）都与一个函数值（即数组的下标）相对应，于是，可利用这个数组单元来存储这个元素；然后，在检索时采用检索关键字的方法来查找元素，每次在基于关键字进行元素查找时，使用同一个哈希函数来对这个关键字进行转换，得到其函数值（即数组的下标），从而即可在有序数组中快速找到其所对应的元素。

在数据结构中，一般用时间复杂度 $O(n)$ 的概念来衡量某种算法在时间效率上的优劣。在所有的线性数据结构之中，数组的定位速度最快。由于数组可以通过其下标直接定位到相应存储地址的数据，因此其时间复杂度仅为 $O(1)$。而哈希表由于正好是利用数组这种能快速定位数据的结构来实现的，因此，基于哈希表的数据查找算法的理想时间复杂度也为 $O(1)$。而分布式哈希表 DHT 则是将一个与所有元素的关键字集合对应的哈希表分散到网络上的所有节点之中。其基本实现原理具体如下：

（1）首先，利用设计好的哈希函数（Hash Function）将需要存储的内容的关键字转换成一个有序数组的下标，在被存储的内容与有序数组之间建立了映射关系，构建一个大的哈希表。

（2）散列表被分割成不连续的块，每个节点均被分配给一个属于自己的散列块，并成为这个散列块的管理者。

（3）然后，每次在对关键字进行查找时，使用同一个哈希函数来对这个关键字进行转换，即可在网络中快速找到存储着对应该关键字的内容的节点。

采用 DHT 结构的 P2P 网络能够自适应结点的动态加入/退出，有着良好的可扩展性、鲁棒性以及节点 ID 分配的均匀性和自组织能力。由于重叠网络采用了确定性拓扑结构，因此，只要目的节点存在于网络中，DHT 总能发现它，发现的准确性可以得到保证。

基于 DHT 的分布式结构化拓扑结构的最大问题是 DHT 的维护机制较为复杂，尤其是结点频繁加入退出造成的网络波动会极大地增加 DHT 的维护代价。DHT 所面临的另外一个问题是 DHT 仅支持精确关键词匹配查询，无法支持内容/语义等复杂查询。

4. 混合拓扑结构

集中式 P2P 网络有利于网络资源的快速检索，且只要服务器能力足够强大，就可以无限扩展，但是其中心化的模式很容易受到直接的攻击，而分布式 P2P 网络解决了抗攻击的问题，但却又缺乏快速搜索的能力和良好的可扩展性。混合式拓扑结构结合了集中式和分布式拓扑结构的优点，它在分布式拓扑结构的基础上，将用户节点按能力进行分类，选择性能较高（处理、存储、带宽等方面性能）的节点作为超级节点（Super Nodes），在各个超级节点上存储了系统中其他部分节点的信息。如图 7.15 所示，在采用混合拓扑结构的 P2P 网络之中，超级节点与超级节点之间构成一个高速转发层,超级节点和所负责的普通节点构成了一个层次式结构。

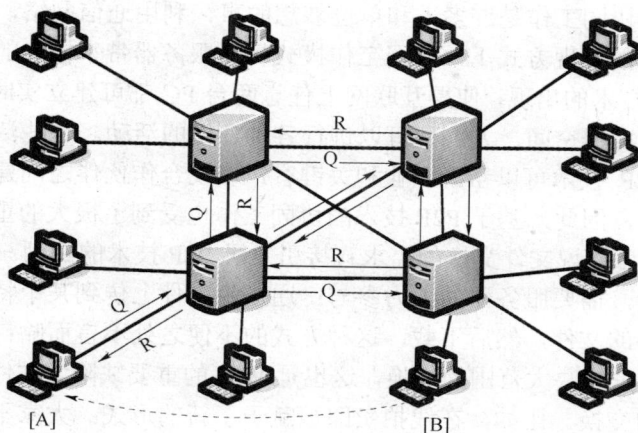

图 7.15　采用混合拓扑结构的 P2P 网络

在实际应用中,每种拓扑结构的 P2P 网络都有其优缺点,表 7.1 从可扩展性、可靠性、可维护性、发现算法的效率、复杂查询等方面比较了这四种拓扑结构的综合性能。

表 7.1　各种拓扑结构的 P2P 网络的综合性能比较

比较标准 / 拓扑结构	中心化拓扑	全分布式非结构化拓扑	全分布式结构化拓扑	半分布式拓扑
可扩展性	差	差	好	中
可靠性	差	好	好	中
可维护性	最好	最好	好	中
发现算法效率	最高	中	高	中
复杂查询	支持	支持	不支持	支持

7.3.3　P2P 网络的应用领域

P2P 网络不但能够极大缓解传统 C/S 架构中服务器端的压力过大、单一失效点等问题,而且还能够充分地利用终端的丰富资源,因此,P2P 网络技术被广泛地应用于对等计算、协同工作、文件交换、搜索服务等多个应用领域。

(1)对等计算:也称为分布式计算,是指通过多个计算机来完成超级计算机的功能,这一直是科学家们梦寐以求的事情。采用 P2P 技术的对等计算,能够把网络中的多个计算机暂时不用的计算能力集结起来,使用积累的能力执行超级计算机的任务。任何需要大量数据处理的行业都可从对等计算中获利,如天气预报、动画制作、基因组的研究等。有了对等计算之后,就不再需要昂贵的超级计算机了。其中,加州伯克立大学于 1999 年开始的 SETI@HOME 项目无疑是最著名、也是最成功的对等计算项目之一。在该项目中分布于世界各地的 200 万台个人电脑组成计算机阵列,搜索射电天文望远镜信号中的外星文明迹象。项目组称,在不到两年的时间里,这种计算方法已经完成了单台计算机 345 000 年的计算量。而现在最新的技术已经可以使用用户个人电脑的闲散时间，比如在进入屏幕保护后就开始使用该计算机的资源，而用户就可以向专门的机构出售自己的计算机闲散时间。

（2）协同工作：协同工作是许多人和单位梦想的事，利用通信网络，可以随时进行联系沟通。但在传统 C/S 的实现方式下，协同工作模式将给服务器带来极大的负担，并会造成昂贵的成本支出。P2P 技术的出现，使得互联网上任意两台 PC 都可建立实时的连接。建立了这样一个安全、共享的虚拟空间，人们便可以进行各种各样的活动。这些活动可以同时进行，也可以交互进行。P2P 技术可以帮助企业和关键客户以及合作伙伴之间建立起一种安全的网上工作及联系的方式，因此，基于 P2P 技术的协同工作也受到了极大的重视。

（3）文件交换：可以说文件交换的需求直接引发了 P2P 技术的热潮。在传统的 Web 方式中，要实现文件交换，需要服务器的大力参与：通过将文件上传到某个特定的网站，用户再到某个网站搜索需要的文件，然后下载，这种方式的不便之处不言而喻；电子邮件方便了个人间文件传递，却没法解决大范围的交换，这也是 Web 的重要缺陷。文件交换的需求也很轻松地延伸到了信息的交换。比如，在线拍卖即被赋予了新的形式：大家不必到拍卖网站登记要卖的商品，在自家的硬盘上建个商店就可以了，由此又可以延伸，一切中介网站也将会被取代。

（4）搜索服务：P2P 技术的另一个优势是能够开发出强大的搜索工具。它使用户能够深度搜索文档，而且这种搜索无须通过服务器，可以不受信息文档格式和宿主设备的限制，达到传统目录式搜索引擎（只能搜索到 20%～30%的网络资源）无可比拟的深度。以应用 P2P 技术的一个先锋 Gnutella 软件为例：一台 PC 上的 Gnutella 软件，可将用户的搜索请求同时发给网络上另外 10 台 PC，如果搜索请求未得到满足，这 10 台 PC 中的每一台都会把该搜索请求转发给另外 10 台 PC。这样，搜索范围将在几秒钟内以几何级数增长，几分钟就可搜遍几百万台 PC 上的信息资源。可以说，P2P 为互联网的信息搜索提供了全新的解决之道。

7.4 社 交 网 络

7.4.1 社交网络简介

社交网络是社交网络服务 SNS（Social Networking Service）的简称，其主要作用是为一群拥有相同兴趣与活动的人创建在线社区，基于互联网和移动互联网为用户提供各种联系、交流的交互通路，例如：电子邮件、实时消息服务等。社交网络一般会提供多种让用户交互起来的方式，主要包括聊天、微信、影音、文件分享、微博、讨论组群等。社交网络为信息的交流与分享提供了新的途径。社交网络的网站一般会拥有数以百万的登记用户，使用该服务已成为用户们每天的生活。目前，社交网络服务网站在世界上有许多，其中，较为知名的主要包括 Facebook、Quazza.com、Myspace、Orkut、Twitter 以及国内的人人网、开心网、QQ空间、珍爱网、新浪微博等。

社交网络源自网络社交，网络社交的起点是电子邮件。互联网本质上就是计算机之间的联网，早期的 E-mail 解决了远程的邮件传输问题，它不但是互联网上最普及的应用，同时也是网络社交的起点。BBS 则更进一步，其把"群发"和"转发"常态化，理论上实现了向所有人发布信息并讨论话题的功能。BBS 把网络社交推进了一步，从单纯的点对点交流的成本降低，推进到了点对面交流成本的降低。而即时通信 IM（Instant Messaging）和博客（Blog）更像是前面两个社交工具的升级版本，前者提高了即时效果（传输速度）和同时交流能力（并行处理）；后者则开始体现社会学和心理学的理论——信息发布节点开始体现越来越强的个体意识，因为在时间维度上的分散信息开始可以被聚合，进而成为信息发布节点的"形象"和"性格"。

随着网络社交的悄悄演进，一个人在网络上的形象更加趋于完整，这时候社交网络出现了。交友只是社交网络的一个开端，社交网络大致经历了以下发展过程：

① 概念化阶段：主要表现在 SixDegrees 代表的六度分隔理论。

② 结交陌生人阶段：主要表现在 Friendster 帮助人们建立弱关系，从而带来更高社会资本的理论。

③ 娱乐化阶段：主要表现在 MySpace 创造的丰富的多媒体个性化空间吸引注意力的理论。

④ 社交图阶段：主要表现在 Facebook 复制线下真实人际网络来到线上低成本管理的理论。

整个 SNS 发展的过程是循着人们逐渐将线下生活的更完整的信息流转移到线上进行低成本管理，这让虚拟社交越来越与现实世界的社交出现交叉。

社交网络在人们的生活中扮演着重要的角色，业已成为人们生活不可或缺的一部分，对人们的信息获得、思考和生活产生不可低估的影响。社交网络已成为人们获取信息、展现自我、营销推广的主要窗口之一。近年来，社交网络的发展引人注目。目前约有一半以上的中国网民通过社交网络沟通交流、分享信息，社交网络已成为覆盖用户最广、传播影响最大、商业价值最高的 Web2.0 业务。社交网络的优缺点主要表现在如下几个方面：

（1）优点：

① 通过社交服务网站，我们与朋友保持了更加直接的联系，创建大交际圈，其提供的寻找用户的工具帮助用户寻到失去了联络的朋友们。

② 社交服务网站通常有很多志趣相同并互相熟悉的用户群组，相对于网络上其他广告而言，商家在社交服务网站上针对特定用户群组打广告无疑将更有针对性。

（2）缺点：

① 有的社交服务类网站并不获得利润，因而其商业模式一直没有达到业界的认可。

② 随着社交服务类网站的出现，浏览这些网站占用了越来越多雇员的工作时间。

③ 没有研究能明确指出通过增长在网络上所进行的社交活动能实现真实生活中社会交往技巧的增长。

④ 社交服务类网站的个人信息安全与隐私保障措施还需要改善。

⑤ 没有研究显示使用社交网络能够促进亲友之间的交互关系。

⑥ 不同的政治意识形态可能引爆冲突或冷战，小至个人人际关系，大至国家内战（例如：阿拉伯之春）等。

7.4.2　主流的网络社交工具

网络社交工具是指通过网络进行社交的行为所使用的工具，目前主要包括以下几种不同类型：

◆ 即时通信类：该类社交工具基本上都是以即时聊天为主，同时加入了其他一些社交功能。该类社交工具中的典型代表包括 QQ、MSN、飞信等。

◆ 社交媒体类：该类社交工具不仅可以体现社会热点和反映社会问题，同时也是普通人用以和名人沟通、和好友分享共同话题的"乐土"所在，从而使得该类社交工具成为目前最主流的社交工具之一。该类社交工具中的典型代表包括人人网、开心网、QQ 空间、珍爱网、新浪微博等。

◆ 私密好友类：相比微博、人人等社交网络公开的特性，该类社交工具一般用于特定熟人之间的网络社交，一般采用的是邀请制，即一个用户想要加入一个圈子，必须接到这个圈子里某一个人的邀请才能加入，因此，对圈子的成员来说，又多了一份身份感和认同感。该类社交工具中的典型代表包括 pair、path 等。

◆ 陌生搭讪类：该类社交工具通常是基于地理位置的移动社交工具，人们可以通过它们认识周围任意范围内的陌生人，查看对方的个人信息和位置，免费发送短信、语音、照片以及精准的地理位置等。该类社交工具中的典型代表包括微信、陌陌、遇见等。

◆ 签到吐槽类：该类社交工具一般用于基于地理位置签到的应用，可以让网络社交变得不仅是交友这么简单，而且可以提供诸如美食、购物等各种各样的实用资讯。该类社交工具中的典型代表包括嘀咕、街旁、切客、大众点评、网易八方等。

7.5　本章小结

本章主要对移动互联网、云计算、大数据、物联网、无线传感器网络、P2P 网络等网络新技术分别进行了详细介绍，通过本章的学习，需要掌握上述网络新技术的基本功能与相关的术语及定义，需要熟习上述网络新技术的工作原理与体系结构。

7.6　本章习题

1. 移动互联网的主要特征是什么？
2. 移动互联网的未来发展趋势是什么？
3. 移动 IP 技术的实现原理是什么？
4. 云计算的实现原理是什么？
5. 大数据的主要特征是什么？
6. 物联网的核心技术是什么？
7. 物联网的主要应用领域有哪些？
8. 无线传感器网络的主要特征是什么？
9. P2P 网络的工作原理是什么？
10. 什么是社交网络，主流网络社交工具包括哪些？

第*8*章

计算机网络安全概述

随着网络技术的飞速发展，网络安全逐渐成为一个潜在的巨大问题。本章将分别针对计算机网络面临的安全问题以及传统密码加密技术、分组密码加密技术、公开密钥加密技术、信息认证技术、远程访问控制技术、防火墙技术、网络入侵检测技术等目前常用的网络安全保障技术进行详细介绍。

8.1 计算机网络面临的安全问题

8.1.1 计算机网络安全概述

随着计算机网络的快速发展，网络安全（Network Security）的问题也已日益成为人们普遍关注的一个重要话题。所谓的网络安全，就是指计算机网络系统的硬件、软件及其系统中的数据受到保护，不会因为偶然或恶意的原因而遭受到破坏、更改、泄露，计算机网络系统能够连续可靠正常地运行，网络服务不会被中断。从本质上讲，计算机网络安全就是计算机网络上的信息安全，是一门涉及计算机科学、网络技术、通信技术、密码技术、信息安全技术、应用数学、数论以及信息论等多种学科的综合性学科。

网络安全的具体含义会随着"角度"的变化而变化。比如：从用户（个人或者企业等）的角度来说，他们希望涉及个人隐私或商业利益的信息在网络上传输时可以受到机密性、完整性和真实性的保护，能够避免他人或对手利用窃听、冒充、篡改、抵赖等手段侵犯个人的利益和隐私。而从网络运行与管理者的角度来说，他们希望对本地网络信息的访问、读写等操作能够受到保护和控制，可以避免出现陷门、病毒、非法存取、拒绝服务、网络资源被非法占用或非法控制等威胁，可以制止和防御网络黑客的攻击。对安全保密部门来说，他们则希望能够对非法、有害或涉及国家机密的信息进行过滤和防堵，可以避免机要信息泄露及对社会产生危害、对国家造成巨大损失。而从社会教育和意识形态角度来讲，则希望能够对网络上不健康的内容以及会对社会稳定和人类发展造成阻碍的内容加以控制。一般来说，网络安全应具有以下四个方面的特征：

（1）保密性：信息不泄露给非授权用户、实体或过程，或供其利用的特性。

（2）完整性：数据未经授权不能进行改变的特性。即信息在存储或传输过程中保持不被修改、不被破坏和丢失的特性。

（3）可用性：可被授权实体访问并按需求使用的特性。即当需要时能否存取所需的信息。例如网络环境下拒绝服务、破坏网络和有关系统的正常运行等都属于对可用性的攻击。

（4）可控性：对信息的传播及内容具有控制能力。

8.1.2　计算机网络安全的分类

从整体上来看，计算机网络安全主要表现在以下几个方面：计算机网络的物理安全、计算机网络的拓扑结构安全、计算机网络的系统安全、计算机网络应用系统的安全和网络管理的安全等，其中：

（1）计算机网络的物理安全：物理安全的风险主要包括地震、水灾、火灾等环境事故；电源故障；人为操作失误或错误；设备被盗、被毁；电磁干扰；线路截获；高可用性的硬件；双机多冗余的设计；机房环境、报警系统以及安全意识等。计算机网络的物理安全是整个网络系统安全的前提。

（2）计算机网络的拓扑结构安全：网络拓扑结构设计直接影响到网络系统的安全性。例如：在外部和内部网络进行通信时，内部网络的机器安全就会受到威胁，同时，也将影响在同一网络上的许多其他系统。透过网络传播，还会影响连上 Internet/Intrant 的其他网络；影响所及，还可能涉及法律、金融等安全敏感领域。因此，在设计时有必要将公开服务器（Web、DNS、E-mail 等）和外部网络以及内部其他业务网络进行必要的隔离，避免网络结构信息外泄；同时，还要对外网的服务请求加以过滤，只允许正常通信的数据包到达相应主机，其他的请求服务则在到达主机之前就应该遭到拒绝。

（3）计算机网络的系统安全：主要是指整个网络操作系统和网络硬件平台是否可靠且值得信任。目前没有绝对安全的操作系统可以选择，无论是 Microsoft 的 Windows 或者商用 UNIX 操作系统等，开发厂商必然留有后门（Back-Door）。因此，没有完全安全的操作系统。不同的用户应从不同的方面对网络做出详尽的分析，选择安全性尽可能高的操作系统，不但要选用尽可能可靠的操作系统和硬件平台，并对操作系统进行安全配置，而且还必须加强登录过程的认证（特别是在到达服务器主机之前的认证），确保用户的合法性；此外，还应该严格地限制登录者的操作权限，将其完成的操作限制在最小的范围之内。

（4）计算机网络应用系统的安全：网络应用系统的安全涉及很多方面，由于网络应用系统是动态的、不断变化的。因此，网络应用系统的安全性及其所面临的风险也是动态的与不断变化的。例如，文件服务器可能面临如下安全风险：由于办公网络应用通常是共享网络资源，因此，可能存在员工有意或无意地把硬盘中的重要信息目录共享，使得这些信息长期暴露在网络邻居上，从而有可能被外部人员轻易偷取或被内部其他员工窃取并传播出去造成泄密。而数据库服务器则可能面临如下安全风险：被非授权用户非法访问或者通过口令猜测获得系统管理员权限，以及数据库中的数据由于意外（硬件问题或软件崩溃）而导致不可恢复等。为此，需要针对不同的应用系统来检测安全漏洞，并采取相应的安全措施以降低应用系统的安全风险。

（5）网络管理的安全：管理方面的安全隐患主要包括内部管理人员或员工图方便省事，不设置用户口令，或者设置的口令过短和过于简单，将导致所设置的口令易被破解。而责任不清，或使用相同的用户名、口令等，则将导致权限管理混乱，信息泄密。另外，把内部网络结构、管理员用户名及口令以及系统的一些重要信息传播给外人也将带来信息泄漏的风险。此外，内部对公司不满的员工有的也可能造成极大的安全风险。管理是网络中安全得到保证的重要组成部分，是防止来自内部网络入侵必需的部分。责权不明、管理上混乱、安全管理制度不健全及缺乏可操作性等都可能引起管理安全的风险。

8.1.3 网络攻击的一般过程与常用方法

1. 网络攻击的一般过程

目前，造成网络不安全的主要因素是系统、协议及数据库等的设计上存在缺陷。由于最初的计算机网络操作系统在本身结构设计和代码设计时偏重考虑系统使用时的方便性，导致了系统在远程访问、权限控制和口令管理等许多方面存在安全漏洞。网络互连一般采用TCP/IP协议，它是一个工业标准的协议簇，但该协议簇在制定之初，对安全问题考虑不多，协议中存在着很多的安全漏洞。所有这些安全漏洞都可能被一些另有图谋的黑客（Hacker）利用并发起攻击。一般来说，黑客攻击网络的过程主要包括如下几个阶段：

（1）攻击身份和位置隐藏：为了不在目标主机上留下自己的IP地址，防止被目标主机发现，老练的攻击者都会尽量通过"跳板"或"肉鸡"展开攻击。所谓"肉鸡"，通常是指黑客通过后门程序控制的傀儡主机，通过"肉鸡"开展的扫描及攻击，即便被发现，也由于现场遗留环境的IP地址是"肉鸡"的地址而很难被追查。

（2）收集攻击目标信息：攻击者首先要寻找目标主机并分析目标主机。在Internet上能真正标识主机的是IP地址，域名是为了便于记忆主机的IP地址而另起的名字，只要利用域名和IP地址就可以顺利地找到目标主机。当然，知道了要攻击目标的位置还是远远不够的，还必须将主机的操作系统类型及其所提供服务等资料做全面的了解。此时，攻击者们会使用一些扫描器工具，以试图获取目标主机运行的是哪种操作系统的哪个版本，系统有哪些账户，开启了哪些服务，以及服务程序的版本等资料，为入侵做好充分的准备。

（3）获取目标访问权限：攻击者要想入侵一台主机，首先要有该主机的一个账号和密码，否则连登录都无法进行。这样常迫使他们先设法盗窃账户文件，进行破解，从中获取某用户的账户和口令，再寻觅合适时机以此身份进入主机。当然，利用某些工具或系统漏洞登录主机也是攻击者常用的一种方法。

（4）获得控制权：攻击者们利用各种工具或系统漏洞进入目标主机系统获得控制权之后，就会做两件事：清除记录和留下后门。例如：通过更改某些系统设置、在系统中置入特洛伊木马或其他一些远程操纵程序，以便日后可以不被觉察地再次进入系统。此外，为了避免目标主机发现，攻击者们一般还会通过清除日志、删除拷贝的文件等手段来隐藏自己的踪迹。

（5）窃取网络资源和特权：一旦攻击成功，黑客们轻则修改网页来进行恶作剧，重则破坏系统程序或放病毒使系统陷入瘫痪，或窃取政治、军事以及商业秘密，或进行电子邮件骚扰、转移资金账户窃取钱财等。

2. 网络攻击的常用方法

按照攻击者是有意或无意对网络进行攻击，网络攻击方法可分为以下两类：

（1）被动攻击（Passive Attackers）：是指攻击者只通过网络窃听或流量分析等手段来截取重要敏感信息。因此，在被动攻击方式中，攻击者一般不会改变消息的内容。常见的被动攻击方法包括窃听和流量分析等。

（2）主动攻击（Active Attackers）：是指攻击者利用网络本身的缺陷，通过采用伪装（一个实体假装成另一个实体）、重放（抓包并重发）、篡改（修改部分数据）、拒绝服务（阻止或限制正常使用服务）等手段对网络实施的攻击。因此，在主动攻击方式中，攻击者往往会更改数据流或者伪造一个错误的数据流。常见的主动攻击方法包括伪装攻击、重放攻击、篡改消息和拒绝服务等。

黑客在实施网络攻击时，常用的攻击方法主要包括如下几种：

◆ 口令入侵：是指使用某些合法用户的账号和口令登录到目的主机，然后再实施攻击活动。这种方法的前提是必须先得到该主机上的某个合法用户的账号，然后再进行合法用户口令的破译。获得普通用户账号的方法很多，例如：通过网络监听非法得到用户口令，在知道了用户的账号之后（例如：电子邮件@前面的部分），即可利用一些专门软件强行破解用户口令等。

◆ 端口扫描攻击：是指利用 Socket 编程与目标主机的某些端口建立 TCP 连接、进行传输协议的验证等，从而侦知目标主机的扫描端口是否是处于激活状态、主机提供了哪些服务以及提供的服务中是否含有某些缺陷等。

◆ 电子邮件攻击：攻击者使用邮件炸弹软件等向目标邮箱发送大量内容重复、无用的垃圾邮件，从而使目标邮箱被撑爆而无法使用。当垃圾邮件的发送流量特别大时，还有可能造成邮件系统瘫痪。

◆ 网络监听：网络监听是主机的一种工作模式，在这种模式下，主机可以接收到本网段在同一条物理通道上传输的所有信息，而不管这些信息的发送方和接收方是谁。因为系统在进行密码校验时，用户输入的密码需要从用户端传送到服务器端，而攻击者就能在两端之间进行数据监听。在网络监听的基础上，攻击者可以实施如下几种不同形式的网络攻击：

① 假冒：攻击者假扮成另一个实体进行网络活动。

② 重放：攻击者在截获一份报文后，重复发送该报文或该报文的一部分给目标用户。

③ 篡改：攻击者在截获一份报文后，对报文内容进行篡改并将篡改后的报文发送给目标用户。

④ 流量分析：通过对网上的信息流的观察和分析推断出网上传输的有用信息，例如：有无传输、传输的数量、方向和频率等。由于报文信息不能加密，所以即使数据进行了加密处理，也可以进行有效的流量分析。

◆ 逻辑炸弹（Logic Bomb）：一种当运行环境满足某种特点条件时执行其他特殊功能的程序。如一个编译程序在平时运行得很好，但当系统时间为 13 日又为星期五时，它删除系统所有文件，这种程序就是一种逻辑炸弹。

◆ 拒绝服务（Denial of Service）：攻击者想办法让目标机器停止提供服务或资源访问，

是黑客常用的攻击手段之一。这些资源包括磁盘空间、内存、进程甚至网络带宽，从而阻止正常用户的访问。SYN Flood 是当前最流行的 DoS（Denial of Service，拒绝服务攻击）与 DDoS（Distributed Denial Of Service，分布式拒绝服务攻击）的方式之一，这是一种利用 TCP 协议中三次握手过程的缺陷，通过发送大量伪造的 TCP 连接请求，从而使得被攻击方资源耗尽（CPU 满负荷或内存不足）的攻击方式。

◆ 病毒（Virus）：是指编制或者在计算机程序中插入的破坏计算机功能或者破坏数据，影响计算机使用并且能够自我复制的一组计算机指令或者程序代码。病毒往往还具有很强的感染性、一定的潜伏性、特定的触发性和很大的破坏性等，由于其所具有的这些特点与生物学上的病毒有相似之处，因此人们才将这种恶意程序代码称为"病毒"。

◆ 木马：木马是一种基于远程控制的病毒程序，可以直接侵入用户的电脑并进行破坏，它常被伪装成工具程序或者游戏等诱使用户打开。带有木马程序的邮件附件或从网上直接下载，一旦用户打开了这些邮件的附件或者执行了这些程序之后，它们就会像古特洛伊人在敌人城外留下的藏满士兵的木马一样留在用户的电脑中，并在用户的计算机系统中隐藏一个可以在系统启动时悄悄执行的程序。当用户连接到因特网上时，这个程序就会通知攻击者，来报告用户的 IP 地址以及预先设定的端口。攻击者在收到这些信息之后，再利用这个潜伏在其中的程序，即可任意修改用户计算机的参数设定、复制文件以及窥视用户硬盘中的内容等，从而达到控制用户计算机的目的。

◆ 蠕虫（Worm）：是一种通过网络传播的恶性病毒，通常可利用系统漏洞和电子邮件来进行传播，蠕虫除了具有病毒的一些共性外，同时具有自己的一些特征，例如：可以不利用文件寄生（有的只存在于内存中），可对网络造成拒绝服务等。蠕虫病毒主要的破坏方式是大量地复制自身，然后在网络中传播，严重地占用有限的网络资源，最终引起整个网络的瘫痪，使用户不能通过网络进行正常的工作。此外，有一些蠕虫病毒还具有更改用户文件和将用户文件自动当附件转发的功能，更是严重地危害到用户的系统安全。

针对上述形式多样的网络攻击方法，人们也提出了多种多样的计算机网络安全保障技术，主要包括加密技术、远程接入控制技术、信息认证技术、防火墙技术以及网络入侵检测技术等。

8.2　传统密码加密技术

8.2.1　传统密码加密技术简介

传统密码加密技术（Conventional Cryptography），也称对称密码加密技术（Symmetric Encryption），即，在加密和解密过程中均使用相同的密钥。传统密码加密系统的模型如图 8.1 所示，在该模型中包括一个消息发送者 Alice 和一个消息接收者 Bob，消息通过公共信道传输。Alice 和 Bob 都希望保持消息的秘密性，因此，他们可通过利用一些加密技术，使得 Oscar 只能获得一些加密后的数据。由于加密和解密仅依赖一些只有 Alice 和 Bob 知道的密钥，因此，在该模型中必须有一个秘密通道作为 Alice 和 Bob 传输密钥之用。但是，由于在实际情况下往往不存在这样一个秘密通道，因此，在这些情况下就不能直接使用传统密码系统。

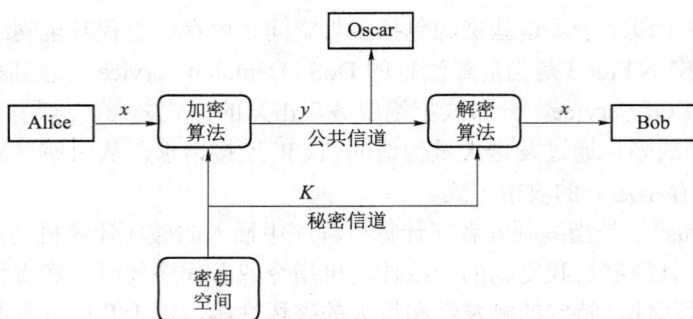

图 8.1　传统密码系统的基本模型

在图 8.1 给出的传统密码系统之中，Alice 与 Bob 之间的通信流程可大致描述如下：首先，他们选择一个合适的密码系统；然后，Alice 和 Bob 秘密地随机选择一个密钥 $k \in K$；当 Alice 发送一个明文 x 给 Bob 时，她计算出 $y = e_k(x)$ 并发送给 Bob；当收到 y 后，Bob 通过计算 $x = d_k(y)$ 进行解密。

8.2.2　传统密码加密技术的缺陷

传统密码加密技术广泛地应用于军事、谍报、金融和其他商业领域，但它存在明显的问题。大多数问题都围绕着其密钥分发的过程。首先，传统密码加密方法的密钥分发过程是十分复杂的，而且所花代价也是很高的。外交信使向驻外使馆分发外交通信密钥的过程是很好的例证。信使把一个上了锁的公文箱用手铐铐在手腕上；箱中载有未来一段时间有效的外交通信密钥。到达目的地后，使馆外交官打开手铐和公文箱取得密钥。信使本人没有打开手铐和公文箱的能力。如果在旅途中被敌方截获，外交部会很快发现并不再使用可能已泄密的钥匙。

其次，多人通信时密钥的组合的数量，会出现爆炸性的膨胀，这使问题更加进一步复杂化。例如：假设有 3 个人要进行两两通信，则总共只需 3 把钥匙，而如果通信的人数增加到了 6 个，则总共将需要 15 把钥匙，假设有 n 个人需要进行两两通信，则总共将需要 $n(n-1)/2$ 把钥匙。这也就意味着，若需要在一个 100 人的团体内进行两两通信，则需要安全地分发近 5 000 把密钥，由此可见，要安全分发这些密钥的代价和难度是非常大的。

最后，传统密码加密方法还存在一个问题，那就是通信双方必须事先统一密钥，才能发送保密的信息。如果发信者与收信人是素不相识的，这就无法向对方发送秘密密文了。为了解决这个问题，一种办法是建立密钥分发中心，为通信双方生成和分发密钥。通信者必须事先与密钥分发中心有 1 把共用密钥，如 K_A 为中心与 A 的通信密钥，K_B 为中心与 B 的通信密钥。假如 A 需要与 B 通信，则 A 先向密钥分发中心发出请求，然后，密钥分发中心将会随机产生 1 把会话密钥 K_{AB}，供 A、B 双方做 1 次通信使用，经加密后分别发送给 A 和 B。此后，A 才能利用这把会话密钥 K_{AB} 与 B 进行 1 次秘密通信。

这个办法在美国政府中使用了多年，由国家安全局为军事和谍报机构生成并分发密钥。该系统要求对密钥分发中心有绝对的信任。这也是其问题所在，只要能够贿赂分发中心的工作人员，就可以在双方通信时，在不知觉的情况下窃取其通信内容。这绝非假想，原美国国家安全局工作人员 Ronald W Pelton 的间谍案件，据说就不是因为出卖机密，而是因为向敌对国家出售国家安全局制造和分发的密钥。

鉴于以上的讨论，可见传统密码加密方法的局限性。对于普通计算机用户而言，传统密码加密方法只适合于仅有自己知道密钥的文件加密，几乎不可能用于日常与他人秘密通信。为此，传统密码加密技术永远只是政府机构或大型商业结构的工具，而不可能让普通用户有秘密通信的安全感。

8.2.3　几类典型的传统密码加密系统

1. 移位密码加密系统

移位密码（Shift Cipher）是一种打乱原文顺序的替代法。最经典的移位密码为凯撒密码（Caesar cipher）。在凯撒密码中，只是将信息中的每一个字母用字母表中的该字母后的第三个字母代替。由此可见，在移位密码中，明文的字母保持相同，只是顺序被打乱了，即：只对明文字母重新排序，但并不隐藏它们。下面以一个例子来说明移位密码的加密与解密原理。

例如：假设明文为"this is a good idea"，若将其分为三行五列，则可表示为以下形式：

t h i s i
s a g o o
d i d e a

（1）按列从左至右读，则可得到密文：tsd hai igd soe ioa。

（2）若把明文字母按上述顺序排列成矩阵形式，但采用另一种顺序选择相应的列输出得到密文，例如：采用"china"为密钥，即，按照"china"中的各字母排序"23451"的顺序来输出，即，最后 1 列作为第 1 个输出列，第 1 列作为第 2 个输出列，第 2 列作为第 3 个输出列，第 3 列作为第 4 个输出列，第 4 列作为最后 1 个输出列，则可得到密文：ioa tsd hai igd soe。

2. 置换密码加密系统

置换密码（Permutation Cipher），也称换位密码（Transposition Cipher），与移位密码的原理不同，置换密码不是用一个符号替换另一个符号，而是改变符号的位置，置换密码算法可定义见表 8.1。

表 8.1　置换密码算法

设 m 为一个固定的正整数，$\mathcal{P}=\mathcal{C}=(\mathbb{Z}_{26})^m$，$\mathcal{K}$ 为 $\{1, 2, \cdots, m\}$ 构成的所有可能的置换，对任意置换 $\pi \in k$，定义：

$$e_\pi (x_1, x_2, \cdots, x_m) = (x_{\pi(1)}, x_{\pi(2)}, \cdots, x_{\pi(m)})$$

且

$$d_\pi (y_1, y_2, \cdots, y_m) = (y_{\pi(1)}{}^{-1}, y_{\pi(2)}{}^{-1}, \cdots, x_{\pi(m)}{}^{-1})$$

其中：x_i，$y_i \in \mathbb{Z}_{26}$，π^{-1} 为置换 π 的反置换变换。

例如：假设 Alice 与 Bob 约定 $m=6$ 且使用下列置换：

$$\pi = \begin{pmatrix} 1 & 2 & 3 & 4 & 5 & 6 \\ 3 & 5 & 2 & 1 & 6 & 4 \end{pmatrix}$$

Alice 将发送的明文为：

HE WALKED UP AND DOWN THE PASSAGE TWO OR THREE TIMES

Alice 首先将明文分组（又称为块），每组大小为 6：

HEWALK EDUPAN DDOWNT HEPASS AGETWO ORTHRE ETIMES

然后，将每个分组分别置换可得密文为：

WLEHKA UADENP ONDDTW PSEHSA EWGAOT TRROEH IETESM

当 Bob 收到此密文后，他将密文分块，每块大小为 6，再对每块密文进行逆置换便可解密得到明文。

$$\pi^{-1} = \begin{pmatrix} 1 & 2 & 3 & 4 & 5 & 6 \\ 4 & 3 & 1 & 6 & 2 & 5 \end{pmatrix}$$

显然，由上面的例子易知置换密码不同于单码替换密码，因为在上面的例子之中，第一个 e 加密为 L，第二个 e 加密为 U，第三个 e 加密为 S。此加密方法不改变字母表中字母的使用频率而只改变其位置，因此，对字母的使用概率进行分析将对 Oscar 毫无帮助。在唯密文攻击（Ciphertext-only）下，置换密码更难被破译；但在已知明文攻击下则将被轻松攻破。事实上，如果 Oscar 已知明文和密文，便不难找出长度 m 与密钥 π。

8.3 分组密码加密技术

8.3.1 分组密码加密技术简介

分组密码加密技术是现代密码学中的一个重要研究分支，其诞生和发展有着广泛的实用背景和重要的理论价值。分组密码具有速度快、易于标准化和便于软硬件实现等特点，通常用作信息安全与网络安全中实现数据加密、数字签名、认证及密钥管理的核心体制，在计算机网络安全和信息系统安全领域有着非常广泛的应用。与传统密码加密技术每次加密处理数据流的一位或一个字节不同，分组密码处理的单位是一组明文，即将明文消息编码后的数字序列 $m_0, m_1, m_2, \cdots, m_i, \cdots$ 划分成长为 L 位的组 $m=(m_0, m_1, m_2, \cdots, m_{L-1})$，各个长为 L 的分组分别在密钥 $k=(k_0, k_1, k_2, \cdots, k_{t-1})$（密钥长为 t）的控制下变换成与明文组等长的一组密文输出数字序列 $c=(c_0, c_1, c_2, \cdots, c_{L-1})$，其中，$L$ 通常为 64 或 128 位。解密时密文组和密钥组经过解密运算（加密运算的逆运算），还原成明文组。

一个分组密码有两个重要的参数：一个是密钥的大小，称作密钥长度；另一个是每次操作的分组的大小，称作分组长度。分组密码算法实际上就是在密钥控制下，通过某个置换来实现对明文分组的加密变换。为了保证密码算法的安全强度，对分组密码算法的要求如下：

（1）分组长度要足够大：当分组长度较小时，分组密码类似传统密码，仍然保留了明文的统计信息，这种统计信息将给攻击者留下可乘之机，攻击者可以有效地穷举明文空间，得到密码变换本身。

（2）密钥量要足够大：分组密码的密钥所确定密码变换只是所有置换中极小一部分，如果这一部分足够小，攻击者可以有效地穷举明文空间所确定的所有的置换。这时，攻击者就可以对密文进行解密，以得到有意义的明文。

（3）密码变换要足够复杂：使攻击者除了穷举法以外，找不到其他快捷的破译方法。

目前，代表性的分组密码有数据加密标准 DES（Data Encryption Standard）和高级加密标准 AES（Advanced Encryption Standard）等。

8.3.2　数据加密标准 DES

为了建立适用于计算机系统的商用密码，美国商业部国家标准局（National Bureau of Standards，NBS）于 1973 年 5 月和 1974 年 8 月两次发布通告，向社会征求密码算法。在征得的算法中，由 IBM 公司提出的算法 lucifer 中选。1975 年 3 月，NBS 向社会公布了此算法，以求得公众的评论。此算法于 1976 年 11 月被美国政府采用，随后被美国国家标准局和美国国家标准协会 ANSI（American National Standard Institute）承认，并于 1977 年 1 月以数据加密标准 DES（Data Encryption Standard）的名称正式向社会公布。DES 曾是现代社会使用最广泛的加密方法之一，尽管现在被证明是不安全的，但仍然是一种非常重要的现代密码系统。

DES 是一个分组加密算法，它以 64 位为分组对数据加密，64 位一组的明文从算法的一端输入，64 位的密文从另一段输出。同时，DES 也是一个对称算法：加密和解密用的是同一个算法。在 DES 算法中，密钥通常表示为 64 位的数，但由于每个第 8 位都用作奇偶校验，因此，DES 的密钥长度为 56 位，可以是任意的 56 位的数，而且可在任意的时候改变。

DES 基于加密的两个基本技术——混乱和扩散，采用先替换后置换的方法，基于密钥作用于明文（一次替换和置换称为一轮），对 64 位明文分组进行操作，首先通过一个初始置换，将明文分成左右两个部分，各 32 位长。然后，再进行 16 轮（Round）完全相同的运算，这些运算被称为函数 f，在运算过程中数据与密钥结合。在经过 16 轮运算之后，左、右半部分合在一起经过一个末置换（初始置换的逆置换），算法就完成了。

在每一轮中，密钥位移位，然后再从密钥的 56 位中选出 48 位。通过一个扩展置换将数据的右半部分从 32 位扩展成 48 位，并通过一个异或操作与 48 位密钥结合，通过 8 个 S 盒（S-BOX）将这 48 位替代成新的 32 位数据，再将其置换一次。这四步运算构成了函数 f。然后，通过另一个异或运算，将函数 f 的输出与左半部分结合，其结果作为新的左半部分。将该操作重复 16 次，便实现了 DES 的全部 16 轮运算。其中，一轮 DES 运算的具体过程如图 8.2 所示。

假设 B_i 是第 i 次迭代的结果，L_i 和 R_i 是 B_i 的左半部分和右半部分，K_i 是第 i 轮的 48 位密钥，且 f 是实现代替、置换及密钥异或等运算的函数，那么每一轮就是：

$$L_i = R_{i-1}$$
$$R_i = L_{i-1} \oplus f(R_{i-1}, K_i)$$

基于以上描述，则 DES 算法具体可描述如下：

步骤 1（初始置换）：首先，用一个固定初始置换 P 来置换明文 x 的比特，得到的 64 比特的结果被分成两个部分 L_0 和 R_0，均为 32 比特。

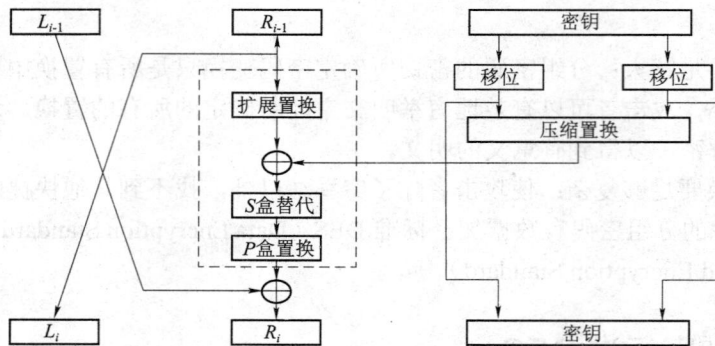

图 8.2　一轮 DES 运算的具体过程

初始置换在第一轮运算之前进行，初始置换将对输入分组实施如下变换：

58，50，42，34，26，18，10，2，60，52，44，36，28，20，12，4
62，54，46，38，30，22，14，6，64，56，48，40，32，24，16，8
57，49，41，33，25，17，9，1，59，51，43，35，27，19，11，3
61，53，45，37，29，21，13，5，63，55，47，39，31，23，15，7

显然，上述初始置换将把明文的第 58 位换到第 1 位的位置，把第 50 位换到第 2 位的位置，把第 42 位换到第 3 位的位置，依此类推。

初始置换和对应的末置换并不影响 DES 的安全性，它们的主要目的是更容易地将明文和密文数据以字节大小放入到 DES 芯片之中。

步骤 2（DES 运算）：然后，基于得到的 L_0 和 R_0，再进行 16 轮 DES 运算，针对第 i（$1 \leqslant i \leqslant 16$）轮 DES 运算，$L_i$ 与 R_i 可通过下式计算得到：

$$L_i = R_{i-1}$$
$$R_i = L_{i-1} \oplus f(R_{i-1}, K_i)$$

其中，$\oplus$ 表示异或运算，且：

$$f(R_{i-1}, K_i) = P(S(E(R_{i-1}) \oplus K_i))$$

其中，E 表示扩展置换（Expansion）；S 表示 S 盒替换；P 表示 P 盒置换。每一轮的密钥 K_1，$K_2, \cdots, K_{16}$ 均为 48 位的比特流，可由密钥函数 K 计算得到。

步骤 2.1（扩展置换）：扩展置换 $E(R_{i-1})$ 通过如下方式将右半部分 R_{i-1} 从 32 位扩展成 48 位，其目的是产生与密钥同长度（48 位）的数据以进行异或运算：

32　1　2　3　4　5
4　5　6　7　8　9
8　9　10　11　12　13
12　13　14　15　16　17
16　17　18　19　20　21
20　21　22　23　24　25
24　25　26　27　28　29
28　29　30　31　32　1

对于一个 32 比特的位串 $b_1 b_2 \cdots b_{32}$，其对应的 48 位输出为 $b_{32} b_1 b_2 b_3 b_4 b_5 b_4 \cdots b_1$。

步骤 2.2（密钥置换）：由于在 DES 的密钥中，每个字节第 8 位作为奇偶校验以确保密钥不发生错误，因此，可以不考虑每个字节的第 8 位，故 DES 的密钥由 64 位减至了如下的 56 位：

57，49，41，33，25，17，9， 1，58，50，42，34，26，18

10， 2，59，51，43，35，27，19，11， 3，60，52，44，36

63，55，47，39，31，23，15， 7，62，54，46，38，30，22

14， 6，61，53，45，37，29，21，13， 5，28，20，12， 4

针对上述 56 位的密钥，在每一轮中，需要通过密钥位移位，从密钥的 56 位中选出 48 位来作为该轮的子密钥。在第 i（$1 \leqslant i \leqslant 16$）轮中，子密钥 K_i 是通过如下方法来确定的：

（1）首先，56 位密钥被分成两部分，每部分 28 位。

（2）然后，根据轮数，这两部分分别循环左移 1 位或 2 位，其中，每轮移动的位数如下所示：

轮	1	2	3	4	5	6	7	8	9	10	11	12	13	14	15	16
位数	1	1	2	2	2	2	2	2	1	2	2	2	2	2	2	1

（3）最后，再基于以下压缩置换（Compression Permutation），从移动后得到的 56 位之中选出 48 位来作为该轮的子密钥：

14，17，11，24， 1， 5， 3，28，15， 6，21，10

23，19，12， 4，26， 8，16， 7，27，20，13， 2

41，52，31，37，47，55，30，40，51，45，33，48

44，49，39，56，34，53，46，42，50，36，29，32

显然，由上述压缩置换可以看出，在每一轮中，移动后得到的第 33 位的那一位在输出时被移到了第 35 位，而处于第 18 位的那一位则被忽略了。

步骤 2.3（S 盒替换）：在第 i 轮中，将基于上述压缩置换所得到的子密钥 K_i 与扩展数据进行异或运算之后，首先，将结果分成 8 个 6 位的比特流 $B=B_1B_2\cdots B_8$，然后，再将其送入如下所示的 8 个 S 盒 S_1，S_2，$\cdots$，S_8 之中，其中，每个 S 盒都包含 6 位输入和 4 位输出：

$$S_1 = \begin{bmatrix} 14 & 4 & 13 & 1 & 2 & 15 & 11 & 8 & 3 & 10 & 6 & 12 & 5 & 9 & 0 & 7 \\ 0 & 15 & 7 & 4 & 14 & 2 & 13 & 1 & 10 & 6 & 12 & 11 & 9 & 5 & 3 & 8 \\ 4 & 1 & 14 & 8 & 13 & 6 & 2 & 11 & 15 & 12 & 9 & 7 & 3 & 10 & 5 & 0 \\ 15 & 12 & 8 & 2 & 4 & 9 & 1 & 7 & 5 & 11 & 3 & 14 & 10 & 0 & 6 & 13 \end{bmatrix}$$

$$S_2 = \begin{bmatrix} 15 & 1 & 8 & 14 & 6 & 11 & 3 & 4 & 9 & 7 & 2 & 13 & 12 & 0 & 5 & 10 \\ 3 & 13 & 4 & 7 & 15 & 2 & 8 & 14 & 12 & 0 & 1 & 10 & 6 & 9 & 11 & 5 \\ 0 & 14 & 7 & 11 & 10 & 4 & 13 & 1 & 5 & 8 & 12 & 6 & 9 & 3 & 2 & 15 \\ 13 & 8 & 10 & 1 & 3 & 15 & 4 & 2 & 11 & 6 & 7 & 12 & 0 & 5 & 14 & 9 \end{bmatrix}$$

$$S_3 = \begin{bmatrix} 10 & 0 & 9 & 14 & 6 & 3 & 15 & 5 & 1 & 13 & 12 & 7 & 11 & 4 & 2 & 8 \\ 13 & 7 & 0 & 9 & 3 & 4 & 6 & 10 & 2 & 8 & 5 & 14 & 12 & 11 & 15 & 1 \\ 13 & 6 & 4 & 9 & 8 & 15 & 3 & 0 & 11 & 1 & 2 & 12 & 5 & 10 & 14 & 7 \\ 1 & 10 & 13 & 0 & 6 & 9 & 8 & 7 & 4 & 15 & 14 & 3 & 11 & 5 & 2 & 12 \end{bmatrix}$$

$$S_4 = \begin{bmatrix} 7 & 13 & 14 & 3 & 0 & 6 & 9 & 10 & 1 & 2 & 8 & 5 & 11 & 12 & 4 & 15 \\ 13 & 8 & 11 & 5 & 6 & 15 & 0 & 3 & 4 & 7 & 2 & 12 & 1 & 10 & 14 & 9 \\ 10 & 6 & 9 & 0 & 12 & 11 & 7 & 13 & 15 & 1 & 3 & 14 & 5 & 2 & 8 & 4 \\ 3 & 15 & 0 & 6 & 10 & 1 & 13 & 8 & 9 & 4 & 5 & 11 & 12 & 7 & 2 & 14 \end{bmatrix}$$

$$S_5 = \begin{bmatrix} 2 & 12 & 4 & 1 & 7 & 10 & 11 & 6 & 8 & 5 & 3 & 15 & 13 & 0 & 14 & 9 \\ 14 & 11 & 2 & 12 & 4 & 7 & 13 & 1 & 5 & 0 & 15 & 10 & 3 & 9 & 8 & 6 \\ 4 & 2 & 1 & 11 & 10 & 13 & 7 & 8 & 15 & 9 & 12 & 5 & 6 & 3 & 0 & 14 \\ 11 & 8 & 12 & 7 & 1 & 14 & 2 & 13 & 6 & 15 & 0 & 9 & 10 & 4 & 5 & 3 \end{bmatrix}$$

$$S_6 = \begin{bmatrix} 12 & 1 & 10 & 15 & 9 & 2 & 6 & 8 & 0 & 13 & 3 & 4 & 14 & 7 & 5 & 11 \\ 10 & 15 & 4 & 2 & 7 & 12 & 9 & 5 & 6 & 1 & 13 & 14 & 0 & 11 & 3 & 8 \\ 9 & 14 & 15 & 5 & 2 & 8 & 12 & 3 & 7 & 0 & 4 & 10 & 1 & 13 & 11 & 6 \\ 4 & 3 & 2 & 12 & 9 & 5 & 15 & 10 & 11 & 14 & 1 & 7 & 6 & 0 & 8 & 13 \end{bmatrix}$$

$$S_7 = \begin{bmatrix} 4 & 11 & 2 & 14 & 15 & 0 & 8 & 13 & 3 & 12 & 9 & 7 & 5 & 10 & 6 & 1 \\ 13 & 0 & 11 & 7 & 4 & 9 & 1 & 10 & 14 & 3 & 5 & 12 & 2 & 15 & 8 & 6 \\ 1 & 4 & 11 & 13 & 12 & 3 & 7 & 14 & 10 & 15 & 6 & 8 & 0 & 5 & 9 & 2 \\ 6 & 11 & 13 & 8 & 1 & 4 & 10 & 7 & 9 & 5 & 0 & 15 & 14 & 2 & 3 & 12 \end{bmatrix}$$

$$S_8 = \begin{bmatrix} 13 & 2 & 8 & 4 & 6 & 15 & 11 & 1 & 10 & 9 & 3 & 14 & 5 & 0 & 12 & 7 \\ 1 & 15 & 13 & 8 & 10 & 3 & 7 & 4 & 12 & 5 & 6 & 11 & 0 & 14 & 9 & 2 \\ 7 & 11 & 4 & 1 & 9 & 12 & 14 & 2 & 0 & 6 & 10 & 13 & 15 & 3 & 5 & 8 \\ 2 & 1 & 14 & 7 & 4 & 10 & 8 & 13 & 15 & 12 & 9 & 0 & 3 & 5 & 6 & 11 \end{bmatrix}$$

假定将某个 S 盒的 6 位输入标记为 b_1、b_2、b_3、b_4、b_5、b_6，则 b_1 和 b_6 组合构成了一个 2 位数，从 0 到 3，它对应着该 S 盒中的一行；从 b_2 到 b_5 构成了一个 4 位数，从 0 到 15，对应着该 S 盒中的一列。

例如：S_2 假设输入为 111010，则 b_1b_6=10（十进制为 2，即对应的为 S_2 中的第 2 行），$b_2b_3b_4b_5$=1101（十进制为 13，即对应的为 S_2 中的第 13 列），则输出为 0011（由于 S_2 的第 2 行第 13 列为 3），这里，S 盒中行与列的计数分别为第 0～3 行和第 0～15 列。

步骤 2.4（P 盒置换）：接下来，需要将经过 S 盒替换运算得到的 32 位输出依照 P 盒进行置换。该置换把每个输入位映射到输出位，任一位不能被映射两次，也不能被略去。P 盒置换的具体描述如下所示：

16， 7， 20， 21， 29， 12， 28， 17， 1， 15， 23， 26， 5， 18， 31， 10

2， 8， 24， 14， 32， 27， 3， 9， 19， 13， 30， 6， 22， 11， 4， 25

由上述 P 盒置换可知，经过 S 盒替换运算得到的 32 位之中，第 21 位被移到了第 4 位，同时，第 4 位则被移到了第 31 位。

步骤 2.5：最后，将 P 盒置换的结果与最初的 64 位分组的左半部分异或，然后左、右半部分交换，接着开始另一轮。

步骤 3（末置换）：末置换是初始置换的逆过程。DES 在最后一轮后，左半部分和右半部分并未交换，而是将两部分并在一起形成一个分组作为末置换的输入，然后，对 R_{16} 与 L_{16} 使

用初始置换 P 的逆置换（即末置换）即可获得密文。其中，末置换的具体描述如下所示：

40，8，48，16，56，24，64，32，39，7，47，15，55，23，63，31，

38，6，46，14，54，22，62，30，37，5，45，13，53，21，61，29

36，4，44，12，52，20，60，28，35，3，43，11，51，19，59，27

34，2，42，10，50，18，58，26，33，1，41，9，49，17，57，25

步骤 4（DES 的解密）：注意到 DES 算法具有下列属性：

$$R_{i-1} = L_i$$
$$L_{i-1} = R_i \oplus f(R_{i-1}, K_i)$$

因此，以相反顺序使用密钥 $K_{16}, K_{15}, \cdots, K_1$，所得到的输出即为明文。

当 DES 被提议为标准时，就招致了很多批评与攻击，有些研究人员反对该系统是因为其密钥空间较小，还有的批评则是针对 S-Box，一些人甚至认为 DES 有隐藏的陷门（Trapdoors）可让美国国家安全局 NSA（National Security Agency）用于解密消息。另外，还出现了很多攻击 DES 的方法，但其中大部分的方法都是已知明文攻击或选择明文攻击。在所有攻击 DES 的方法之中，一种著名的攻击方法叫作差分密码分析（Differential Cryptanalysis）法，该方法是由 Biiham 和 Shamir 发明的。尽管 S-Box 具有均衡的输出（每个可能的输出出现 4 次，每行一次），但不同输入的输出却是非均匀分布的。

例如：假设 $(\mathbb{Z}_2)^6$ 中有 64 对数 $(B_1, B'_1), (B_2, B'_2), \cdots, (B_{64}, B'_{64})$，对任意 $1 \leqslant i \leqslant j \leqslant 64$，有 $B_j \oplus B'_j = B_i \oplus B'_i$（即每一对的差分相同），但 S-Box $S(B_i) \oplus S(B'_i)$ 的输出差分就为非均匀分布的，因此，可在每一轮中找出具有较高概率在输出对（Output Pairs）中引起某些差异性的输入对（Input Pairs）中的差异性。基于这一事实，即可利用选择明文攻击来得到有关密钥的信息。Biham 和 Shamir 在 1990 年指出，使用差分破译仅需要 2^{47} 个输入，少于蛮力密钥搜索所要求的 2^{56} 个密钥。

另一种针对 DES 的攻击方法称为线性密码分析（Linear Cryptanalysis），是由 Matsui 发明的，该方法主要是通过检查明文与密文的"比特和"来找出密钥的"比特和"信息，这里"和"表示异或（XOR）。Matsui 的针对 DES 的已知明文攻击需要研究 2^{43} 个加密文本。尽管差分破译与线性破译并没有真正破解 DES，但它们都是相当重要的攻击方法，确实可以破解任何分组密码。

另一方面，人们试图建立高效的密钥蛮力搜索机器来破解 DES，在 1998 年，电子边界基金 EFF（Electronic Frontier Foundation）组织使用定制的芯片和一台个人计算机建立了一个 DES 破解者（DES Craker），在花费了 250 000 美元和一年的时间的建造之后，DES 破解者在 56 个小时内成功破解了一个消息。在 1999 年，通过借助一个由 100 000 台个人计算机与 EFF 机器连成的网络，此结果被缩短到了 22 小时。

8.3.3 高级加密标准 AES

2001 年 11 月 26 日，美国国家标准技术研究院 NIST（National Institute of Standards and Technology）宣布了 DES 的后继算法：高级加密标准 AES（Advanced Encryption Standard），其密钥长度为 128 位，因此，AES 比 DES 具有更大的密钥空间。AES 是由两位比利时密码学家 Joan Daemon 和 Vincent Rijmen 提出来的，使用有线域 GF(2^8) 将每个元素表示为一个字

节（8 位），其中，在 $GF(2^8)$ 中使用不可约多项式 $x^8+x^4+x^3+x+1$ 来决定运算。在 AES 中，128 位明文分组被写成 16 个字节且被放置于 $GF(2^8)$ 的 4×4 数组之中，见表 8.2。

表 8.2　明文分组

in_0	in_4	in_8	in_{12}
in_1	in_5	in_9	in_{13}
in_2	in_6	in_{10}	in_{14}
in_3	in_7	in_{11}	in_{15}

为方便起见，将一个字节表示成 16 进制的形式，其中，16 进制表示为 {0,1,2,3,4,5,6,7,8,9,a,b,c,d,e,f}，因此，每个字节可表示为两个 16 进制，例如：字节 {10110101} 可写成 $\{b_5\}$（即 1011 和 0101）。

AES 也是一个迭代密码系统，但与 DES 不同，AES 是将整个分组（而不是分组的一半）输出到 S 盒中，故 AES 需要提供一个逆向的解密算法。在 AES 的加密算法中，每一轮包含以下 4 个操作（转移）：字节替换（SubBytes）、行位移变换（ShiftRows）、列混合变换（MixColumns）和轮密钥相加（AddRoundKey），最后一轮跳过了列混合变换操作。

（1）字节替换：是用一个替换表（S 盒）进行非线性替换。S 盒替换用 16 进制表示如下：

$$
\begin{bmatrix}
63 & 7c & 77 & 7b & f2 & 6b & 6f & c5 & 30 & 01 & 67 & 2b & fe & d7 & ab & 76 \\
ca & 82 & c9 & 7d & fa & 59 & 47 & f0 & ad & d4 & a2 & af & 9c & a4 & 72 & c0 \\
b7 & fd & 93 & 26 & 36 & 3f & f7 & cc & 34 & a5 & e5 & f1 & 71 & d8 & 31 & 15 \\
04 & c7 & 23 & c3 & 18 & 96 & 05 & 9a & 07 & 12 & 80 & e2 & eb & 27 & b2 & 75 \\
09 & 83 & 2c & 1a & 1b & 6e & 5a & a0 & 52 & 3b & d6 & b3 & 29 & e3 & 2f & 84 \\
53 & d1 & 00 & ed & 20 & fc & b1 & 5b & 6a & cb & be & 39 & 4a & 4c & 58 & cf \\
d0 & ef & aa & fb & 43 & 4d & 33 & 85 & 45 & fa & 02 & 7f & 50 & 3c & 9f & a8 \\
51 & a3 & 40 & 8f & 92 & 9d & 38 & f5 & bc & 6b & da & 21 & 10 & ff & f3 & d2 \\
cd & 0c & 13 & ec & 5f & 97 & 44 & 17 & c4 & a7 & 7e & 3d & 64 & 5d & 19 & 73 \\
60 & 81 & 4f & dc & 22 & 2a & 90 & 88 & 46 & ee & b8 & 14 & de & 5e & 0b & db \\
e0 & 32 & 3a & 0a & 49 & 06 & 24 & 5c & c2 & d3 & ac & 62 & 91 & 95 & e4 & 79 \\
e7 & c8 & 37 & 6d & 8d & d5 & 4e & a9 & 6c & 56 & f4 & ea & 65 & 7a & ae & 08 \\
ba & 78 & 25 & 2e & 1c & a6 & b4 & c6 & e8 & dd & 74 & 1f & 4b & bd & 8b & 8a \\
70 & 3e & b5 & 66 & 48 & 03 & f6 & 0e & 61 & 35 & 57 & b9 & 86 & c1 & 1d & 9e \\
e1 & f8 & 98 & 11 & 69 & d9 & 8e & 94 & 9b & 1e & 87 & e9 & ce & 55 & 28 & df \\
8c & a1 & 89 & 0d & bf & e6 & 42 & 68 & 41 & 99 & 2d & 0f & b0 & 54 & bb & 16
\end{bmatrix}
$$

假设输入数组中有一字节为 01011010，将其用 16 进制表示为 5a，则输出即为表中第 5 行第 a 列（be），即 10111110。

与 DES 的 S-BOX 不同，AES 的 S-BOX 用代数运算表示。首先，每个输入由 $GF(2^8)$ 中的逆元代替，然后再将数组进行固定的仿射变换（Affine Transformation）。假设元素的逆元为 $b_7b_6b_5b_4b_3b_2b_1b_0$，输出为 $b'_7b'_6b'_5b'_4b'_3b'_2b'_1b'_0$，则对应的仿射变换如下：

$$\begin{bmatrix} b'_0 \\ b'_1 \\ b'_2 \\ b'_3 \\ b'_4 \\ b'_5 \\ b'_6 \\ b'_7 \end{bmatrix} = \begin{bmatrix} 1 & 0 & 0 & 0 & 1 & 1 & 1 & 1 \\ 1 & 1 & 0 & 0 & 0 & 1 & 1 & 1 \\ 1 & 1 & 1 & 0 & 0 & 0 & 1 & 1 \\ 1 & 1 & 1 & 1 & 0 & 0 & 0 & 1 \\ 1 & 1 & 1 & 1 & 1 & 0 & 0 & 0 \\ 0 & 1 & 1 & 1 & 1 & 1 & 0 & 0 \\ 0 & 0 & 1 & 1 & 1 & 1 & 1 & 0 \\ 0 & 0 & 0 & 1 & 1 & 1 & 1 & 1 \end{bmatrix} \begin{bmatrix} b_0 \\ b_1 \\ b_2 \\ b_3 \\ b_4 \\ b_5 \\ b_6 \\ b_7 \end{bmatrix} \oplus \begin{bmatrix} 1 \\ 1 \\ 0 \\ 0 \\ 0 \\ 1 \\ 1 \\ 0 \end{bmatrix}$$

上述计算均在 $\mathbb{Z}_1$ 中进行。

（2）行位移变换：循环地将数组中的第 i 行右移 i 个元素，其中：$i=0,1,2,3$。经过行位移变换后，原分组将变为如表 8.3 所示。

表 8.3　原分组

in_0	in_4	in_8	in_{12}
in_5	in_9	in_{13}	in_1
in_{10}	in_{14}	in_2	in_6
in_{15}	in_3	in_7	in_{11}

（3）列混合变换：在该阶段将一列一列地对输入进行如下操作：

设某一列输入为：

S_0
S_1
S_2
S_3

则其输出为：

S'_0
S'_1
S'_2
S'_3

即

$$S'_0=(\{02\} \cdot S_0) \oplus (\{03\} \cdot S_1) \oplus S_2 \oplus S_3$$
$$S'_1=S_0 \oplus (\{02\} \cdot S_1) \oplus (\{03\} \cdot S_2) \oplus S_3$$
$$S'_2=S_0 \oplus S_1 \oplus (\{02\} \cdot S_2) \oplus (\{03\} \cdot S_3)$$
$$S'_3=(\{03\} \cdot S_0) \oplus S_1 \oplus S_2 \oplus (\{02\} \cdot S_3)$$

其中，（·）表示 $GF(2^8)$ 中的相乘。

（4）轮密钥相加：将一轮的密钥与每一列输入进行异或运算，其中，轮密钥为 128 位。

下面将给出 AES 算法的描述：

假设算法迭代 N_r 轮，则密钥调度算法将创建 N_r+1 轮的密钥 K_i，$i=0,1,2,\cdots,N_r$，且一个明文分组将经历以下步骤：

步骤 1：使用 K_0 作为轮密钥相加；

步骤 2：从第 1 轮到第 N_r-1 轮，使用 K_i，$i=0,1,2,\cdots,N_r-1$，进行字节替换、行位移变换、列混合变换以及轮密钥相加等变换；

步骤 3：用 K_{Nr} 进行字节替换、行位移变换、列混合变换和轮密钥相加等变换。

AES 的密钥调度可通过如图 8.3 所示的密钥扩展算法获得，其中，一个字节为 8 位，一个字（Word）包含 4 个字节。在该算法中，N_k 为密钥中的字数，N_r 为轮数。SubWord( )函数占用输入字的 4 个字节，用于对每一个 4 字节利用 S-BOX 来生成对应的输出字。而 RotWord( )函数则用于对输入字的 4 个字节进行循环置换。轮数常量字数组 Rcon[i]包含的变量由 $[y_i,\{00\},\{00\},\{00\}]$给出，其中：

$$y_i=\underbrace{10\cdots0}_{i-1}\in \mathrm{GF}(2^8)$$

```
KeyExpansion(byte key[4 * Nk], word w[4(Nr + 1)], Nk)
begin
  word temp
  i = 0
  while (i < Nk)
    w[i] = word(key[4 * i], key[4 * i + 1], key[4 * i + 2], key[4 * i + 3])
    i = i + 1
  end while
  i = Nk
  while (i < 4(Nr + 1))
    temp = w[i − 1]
    if (i  (mod Nk) = 0)
      temp = SubWord(RotWord(temp)) ⊕ Rcon[i/Nk]
    else if (Nk > 6 and i  (mod Nk) = 4)
      temp = SubWord(temp)
    end if
    w[i] = w[i − Nk] ⊕ temp
    i = i + 1
  end while
end
```

图 8.3 密钥扩展算法

AES 的解密算法是加密算法的简单逆变换，即，可通过使用下列加密算法的逆变换实现：逆字节替换（InvSubBytes）、逆行位移变换（InvShiftRows）、逆列混合变换（InvMixColumns）和轮密钥相加（AddRoundKey）。

从 AES 算法可知，与 DES 相比，AES 的优势在于进行 32 位处理（DES 只有 8 位）；AES 的 S-BOX 也证明对差分和线性密码破译有很好的防范作用。此外，与 DES 类似，AES 在软硬件上也可高效实现。

8.4 公开密钥加密技术

8.4.1 公开密钥加密技术简介

在传统密码和分组密码加密系统中，Alice 和 Bob 需要一个秘密通道来分发密钥，这通常由 Alice 和 Bob 直接或者借助第三方的物理传输完成 Alice 和 Bob 之间的密钥传递。但是，如果考虑到网络中的通信情况，假设网络中有 N 个主机，每一对用户使用一个密钥，则需要的密钥总数为 $N(N-1)/2$，每个用户需存储 $N-1$ 个密钥。而 Internet 上用户如此之多，因此，如何分发和存储这些密钥将会变成是一个很大的问题。

减少密钥数目的一个可行的办法就是建立密钥分发中心 KDC（Key Distribution Centre），每个主机有一个主密钥，则总共只需分发 N 个密钥。当主机 i 与主机 j 通信时，KDC 基于请求发送一个会话密钥给 i 和 j。因为 KDC 已知主机的主密钥，会话密钥就可以用 i 和 j 的主密钥进行加密。当 i 和 j 收到加密的会话密钥后，就可以解密，再将会话密钥作为他们的共享密钥。不过这种方式仍然需要通过秘密通道分发 N 个密钥，且 KDC 也不满足保密要求。事实上，在很多情况下都没有采用 KDC 的机制，这就带来一个问题：是否可以创建一个加密系统而不需要分发密钥？这就是人们开发公开密钥加密（Public Key Encryption）的原因。

在公开密钥加密系统 PKS（Public Key Encryption System）中，加密密钥和解密密钥是不同的。其中，加密密钥是公开的，任何人都可以使用该密钥对明文进行加密形成密文，而解密密钥是私有的，因此，只有拥有解密密钥的人才能解密密文。PKS 的基本思想为加密函数 $e_K(x)$ 是单向的，也就是说，从 $e_K(x)$ 很难找出它的逆函数 $d_K(x)=e_k^{-1}(x)$。

例如，在 PKS 中，由于 Alice 拥有两个密钥：一个公钥（Public Key）和一个私钥（Private Key）。当 Alice 公布公钥（和加密算法）之后，显然，任何向与 Alice 通信的人都可以使用该公开密钥来加密信息。但由于加密函数是一个单向函数，很难根据公钥和加密算法来找出解密函数。但是，当知道私钥时，解密函数就很容易求出了。因此，只有 Alice 能够解密密文。

公钥密码加密体制的算法中最著名的代表是 RSA 系统与 EIGamal 系统，此外还有背包密码、McEliece 密码、Diffe_Hellman、Rabin、零知识证明、椭圆曲线系统等。公钥加密系统不存在对称加密系统中密钥的分配和保存问题，对于具有 n 个用户的网络，仅需要 $2n$ 个密钥。公钥密钥的密钥管理比较简单，并且可以方便地实现数字签名和验证。但算法复杂，加密数据的速率较低。因此，不适合于对文件加密而只适用于对少量数据进行加密，主要用于对会话密钥的加密过程。使用公开密钥对文件进行加密传输的实际过程一般包括以下四个步骤：

（1）发送方生成一个会话密钥（对称密钥）并用接收方的公开密钥对会话密钥进行加密，然后通过网络传输到接收方。

（2）发送方对需要传输的文件用会话密钥进行加密，然后通过网络把加密后的文件传输到接收方。

（3）接收方用自己的私有密钥进行解密后得到会话密钥。

（4）接收方用会话密钥对文件进行解密得到文件的明文形式。

因为只有接收方才拥有自己的私有密钥，所以即使其他人得到了经过加密的会话密钥，也因为无法进行解密而保证了会话密钥的安全性，从而也保证了传输文件的安全性。实际上，上述在文件传输过程中实现了两个加密解密过程：文件本身的加密解密与会话密钥的加密解密，这分别通过对称加密解密和非对称加密解密来实现。

8.4.2 RSA 加密系统

RSA 是 1977 年由罗纳德·李维斯特（Ron Rivest）、阿迪·萨莫尔（Adi Shamir）和伦纳

德·阿德曼（Leonard Adleman）一起提出的。当时他们三人都在麻省理工学院工作。RSA 就是他们三人姓氏开头字母拼在一起组成的。RSA 的保密原理是基于大整数分解的困难性，其实现步骤见表 8.4。

表 8.4 RSA 的实现步骤

假设 $n=pq$，其中：p 和 q 为素数，设 $\mathcal{P}=\mathbb{C}=\mathbb{Z}_n$，定义：

$$k=\{(n,p,q,a,b): n=pq, p,q \text{ 为素数,且 } ab\equiv 1 (\mathrm{mod}\ \varPhi(n))\}$$

对 $K=(n,p,q,a,b)$，定义：

$$e_K(x)=x^b\ \mathrm{mod}\ n$$

与

$$d_K(y)=y^a\ \mathrm{mod}\ n$$

$(x,y)\in \mathbb{Z}_n$。其中，n 和 b 为公开的，p,q,a 为秘密的。

在 RSA 系统中，(n,b) 是公钥，(p,q,a) 是私钥。加密算法只需要公钥，而解密算法则需要私钥。已知 $ab\equiv 1 (\mathrm{mod}\ \varPhi(n))$，由欧拉定理可得：

$$d_K(e_K(x)) = (x^b)^a = x^{ab}\equiv x\ (\mathrm{mod}\ n)$$

因为 p、q 是素数，则 $\varPhi(pq)=(p-1)(q-1)$。如果 Oscar 知道 p、q，那么就很容易根据扩展欧几里得算法，由 $ab\equiv 1 (\mathrm{mod}\ \varPhi(n))$ 计算出 a。因此，p 和 q 必须非常大，使得 pq 难以被分解。目前，RSA 使用的素数为二进制 512 位，有些人建议使用二进制 1 024 位素数。显然，当计算机运行速度越快时，使用越大的数越好。

为了建立一个 RSA 系统，需要解决以下问题：

（1）生成大素数 p 和 q；

（2）计算出 $n=pq$ 和 $\varPhi(pq)=(p-1)(q-1)$；

（3）选择一个随机数 b，$0\leq b\leq \varPhi(n)$，满足 $\gcd(b,\varPhi(n))=1$；

（4）计算出 $a\equiv b^{-1}(\mathrm{mod}\ \varPhi(n))$；

（5）计算出 $x^b\ \mathrm{mod}\ (\varPhi(n))$ 和 $y^a\ \mathrm{mod}\ (\varPhi(n))$。

下面举一个例子来说明 RSA 系统：

假设 Bob 选择了素数 $p=101$ 和 $q=113$，则 $n=11\ 413$，$\varPhi(n)=11\ 200$。Bob 选择了一个与 11 200 互质的随机数 $b=3\ 533$，则 $b^{-1}\ \mathrm{mod}\ 11\ 200=6\ 597$（6 597*3 533 mod 11 200≡1）。Bob 公开 $n=11\ 413$ 和 $b=3\ 533$。假设 Alice 希望将明文 9 726 发送给 Bob，则计算：

$$9\ 725^{3\ 533}\ \mathrm{mod}\ 11\ 413 = 5\ 761$$

然后，Alice 将 5 761 发送给 Bob。当 Bob 收到密文 5 761 后，可使用密钥 $a=6\ 597$ 来解密得到：

$$5\ 761^{6\ 597}\ \mathrm{mod}\ 11\ 413=9\ 726$$

8.4.3 ElGamal 加密系统

ElGamal 密码系统的保密原理是基于以下离散对数问题的困难性：

假设 p 是一个素数，则可以找出某个 $\alpha\in \mathbb{Z}_p$，使得任意数字 $\beta\in \mathbb{Z}_p^*\{=\mathbb{Z}_p \setminus \{0\}\}$ 可写为

$\beta \equiv \alpha^a \pmod p$，其中，$\alpha$ 为 $\mathbb{Z}_p$（=GF(p)）的本原元（Primitive Element）。

例如：如果 $p=7$，则 $\alpha=3$ 是 $\mathbb{Z}_7$ 的本原元。因为在 $\mathbb{Z}_7$ 中，有：

$$1 \equiv 3^6 \bmod 7, 2 \equiv 3^2 \bmod 7, 3 \equiv 3^1 \bmod 7, 4 \equiv 3^4 \bmod 7, 5 \equiv 3^5 \bmod 7, 6 \equiv 3^3 \bmod 7$$

而离散对数问题可表示为：当 β，α 和 p 已知时，在等式

$$\beta \equiv \alpha^a \pmod p \ (\beta \neq 1)$$

中很难找出 a 的值。

ElGamal 密码系统实现步骤见表 8.5。

表 8.5　ElGamal 的实现步骤

假设 p 为素数，且使得 $\mathbb{Z}_p$ 中的离散对数问题的计算是困难的。设 $\alpha \in \mathbb{Z}_p^*$，且为一个本原元素（Primitive Element）。设 $\mathcal{P}=\mathbb{Z}_p^*$，$\mathbb{C} = \mathbb{Z}_p^* \times \mathbb{Z}_p^*$，且

$$\mathcal{K}=\{(p,\alpha,a,\beta): \beta \equiv \alpha^a \pmod p\}$$

其中，p,α,β 为公开的，a 为秘密的。

对 $K=(p,\alpha,a,\beta) \in k$ 与一个秘密的随机数 $k \in \mathbb{Z}_{p-1}$ 定义：

$$e_K(x,k)=(y_1,y_2)$$

其中，$y_1=\alpha^k \pmod p$，$y_2=x\beta^k \pmod p$。

对 $y_1,y_2 \in \mathbb{Z}_p^*$，定义：

$$d_K(y_1,y_2)=y_2(y_1^a)^{-1} \pmod p$$

ElGamal 密码系统的正确性很容易验证：

$$d_K(y_1,y_2)=y_2(y_1^a)^{-1}=x\beta^k(\alpha^{ak})^{-1}=x \pmod p$$

ElGamal 密码系统的公钥包含值 β，a 和 p，系统的私钥为值 a。注意到 ElGamal 密码系统是非确定性的，即，密文不仅依赖于明文和公钥，而且还依赖于随机数 k，因此，一个明文可能有不同的密文，这对于系统的安全性来说是很好的。但是在 ElGamal 密码系统中，由于密文的长度是明文的两倍，因此这对网络流量来说又是不好的。此外，当使用 ElGamal 密码系统时，k 的值也应当保密。否则可以利用 k 和 y_2 通过计算 $x=y_2\beta^{-k} \pmod p$ 得出 x 的值。

在实现 ElGamal 密码系统时，需要解决以下问题：

（1）找出一个大素数 p，使得 $p-1$ 有很大的素数因子；

（2）找出 $\mathbb{Z}_p$ 的本原元 α；

（3）选择一个随机数 $k \in \mathbb{Z}_{p-1}$；

（4）计算 $a^k \pmod p$ 和 $x\beta^k \pmod p$；

（5）计算 $(y_1^a)^{-1} \pmod p$。

下面举一个例子来说明 ElGamal 系统。

例如：假设 $p=2\,579$ 和 $\alpha=2$（α 是 $\mathbb{Z}_p$ 的本原元），设 $a=765$，则有：

$$\beta=2^{765} \bmod 2\,579=949$$

假设 Alice 希望发送信息 $1\,299$ 给 Bob，她选择一个随机数 $k=853$，并计算：

$$y_1=2^{853} \bmod 2\,579=435$$

且
$$y_2=1\ 299\times949^{853}\ \bmod\ 2\ 579=2\ 396$$

当 Bob 收到密文（435, 2 396）后，通过以下计算即可获知明文：

$$x=2\ 396\times(435^{765})^{-1}\ \bmod\ 2\ 579=1\ 299$$

8.5 信息认证技术

信息认证（Information Authentication）是网络安全中的一个重要问题。假设 Bob 收到 Alice 通过 Internet 发送的一些消息，他如何才能相信信息真的是 Alice 发来的呢？如何相信信息没有被 Oscar 修改过呢？这些都是信息认证中的基本问题。目前，在计算机网络中常用的信息认证技术主要包括数字签名机制（Digital Signature Schemes）、基于消息认证码（Message Authentication Code）和基于哈希函数（Hash Functions）的信息认证机制等。

8.5.1 数字签名机制

在很长一段时间内，由于姓名很容易被伪造，因此，人们无法将姓名签署在电子文件之上。例如：假设通信双方只有 Alice 和 Bob，且他们之间共享一个公共密钥，如此一来，Alice 就可以使用该密钥加密整个文件，而 Bob 也知道此文件是来自 Alice，但因为该密钥只有他和 Alice 知道，因此，Bob 并不能知道他所得到的密文是否完整。也许 Oscar 已经剪切了部分密文，从而导致虽然 Bob 仍然可以解密密文，但得到的却是错误的信息。另外，在许多情况下，可能需要几个人来验证数字签名，但如前文所述，分发密钥却是一件非常困难的事情。

因此，公开密钥系统的思想被运用到了数字签名之中。签名机制（Signature Schemes）被用于创建一个电子签名，使得其他实体只能验证签名而不能伪造签名。因此，签名机制包括两个以下部分：签名算法（Signing Algorithm）和验证算法（Verification Algorithm）。在签名机制中，当 Alice 想发送一个消息 x 给 Bob 时，她要发送一对（x,sig(x)）给 Bob。Bob 可以通过检查 sig(x) 是否正确，从而决定是否接收 x。而攻击者 Oscar 则是想要伪造一个消息（y,z），并希望 Bob 以为消息 y 是 Alice 发来的，从而会接收此消息 y。

基于以上描述，可以给出数字签名的正式定义如下：

定义 8.1：数字签名是一个五元组（$\mathcal{P}$, $\mathcal{A}$, $\mathcal{K}$, $\mathcal{S}$, $\mathcal{V}$），其满足下列条件：

（1）$\mathcal{P}$ 是可能的消息的有限集；

（2）$\mathcal{A}$ 是可能的签名的有限集；

（3）$\mathcal{K}$ 是密钥空间，即一个可能的密钥的有限集；

（4）对每一个密钥 $K\in\mathcal{K}$，存在一个签名算法 $\text{sig}_K\in\mathcal{S}$ 和一个对应的验证算法 $\text{ver}_K\in\mathcal{V}$。函数 sig_K: $|\rightarrow\mathcal{A}$ 和 ver_K: $\mathcal{P}\times\mathcal{A}|\rightarrow\{\text{True, False}\}$ 满足下列等式，对每个消息 $x\in\mathcal{P}$ 和每个签名 $y\in\mathcal{A}$，有：

$$\text{ver}_K(x,y)=\begin{cases}\text{True}, & y=\text{sig}_K(x)\\ \text{False}, & y=\text{sig}_K(x)\end{cases}$$

通常，密钥 $K\in\mathcal{K}$ 包括一对密钥，其中一个是公钥（Public Key），另一个是私钥（Secret

Key）。签名机制的安全性要求 ver_K 是公开已知的，而对于任意的 $x \in \mathcal{P}$，在私钥未知的情况下很难伪造 sig_K。

1. RSA 签名机制

RSA 签名机制是基于 RSA 公开密钥系统的，其实现步骤见表 8.6。

表 8.6　RSA 签名机制实现步骤

假设 $n=pq$，其中：p、q 为素数。假设 $\mathcal{P}=\mathcal{A}=\mathbb{Z}_n$，且

$$\mathcal{K}=\{(n,p,q,a,b): n=pq, p,q \text{ 为素数，且 } ab \equiv 1 (mod\ \Phi(n))\}$$

变量 n 和 b 为公开的，但变量 p,q,a 为秘密的。

对 $\mathcal{K}=\{(n,p,q,a,b)\}$，定义：

$$sig_K(x)=x^a\ mod\ n$$

与

$$ver_K(x,y)=true \Leftrightarrow x \equiv y^b (mod\ n)$$

对任意 $x,y \in \mathbb{Z}_n$。

实际上，RSA 签名机制使用 RSA 的解密函数作为 sig_K，使用 RSA 的加密函数作为 ver_K，由于 RSA 的加密和解密函数是对称的，因此，很容易证明 RSA 签名机制的正确性。

下面考虑一些可能的针对 RSA 签名机制的攻击，数字签名的正确性基于如何阻止伪造签名。对 RSA 签名机制来说，Oscar 可以通过如下方式来伪造一个 Alice 的签名：因为 ver_K 是公开的，对某些 y 值，Oscar 可以计算出 $x=ver_K(y)=y^b (mod\ n)$，并将 (x,y) 发送给 Bob。事实上，验证算法的计算结果是 True，Bob 就会把此签名当作是 Alice 的签名。然而，当给定 x, b, n 时，很难找出一个 y 使得 $x=y^b (mod\ n)$ 是有意义的，因此，Oscar 很难找出一个 y 使得 $x=y^b (mod\ n)$ 是有意义的，故这种类型的攻击就没多大作用。

另一个可能的攻击来自 RSA 签名机制的一个属性，即 $sig_K(x) \cdot sig_K(y)=sig_K(xy)$。因此，若 Oscar 获得了 $(x, sig_K(x))$ 和 $(y, sig_K(y))$，则可将 $(xy, sig_K(x) \cdot sig_K(y))$ 发送给 Bob；若 xy 是有意义的，则 Bob 就会接受它。

对一个签名机制，Oscar 总可以使用下列攻击：Oscar 要求 Alice 签署几个消息 (x_1,y_1), (x_2,y_2), $\cdots$, (x_t,y_t)，其中 $y_i=sig_K(x_i)$, $i=1,2,\cdots,t$，则 Oscar 发送一个子集给 Bob(x_{j_1}, y_{j_1}), (x_{j_2}, y_{j_2}), $\cdots$, (x_{j_3}, y_{j_3})。如果验证算法输出总是为 True，则 Bob 就可以接收此消息了。通过选择 $x_{j_1}, x_{j_2}, \cdots, x_{j_3}$，Oscar 可以发送一些错误信息给 Bob，而 Bob 将会认为这些信息是 Alice 发来的。为了避免这种类型的攻击，可以使用哈希函数或者 MAC 的办法（见 8.5.2 节），另一个可行的办法则是对消息 x_i 进行加密。

注意到消息 x 在签名机制中是不加密的，为了保持消息的秘密性，则必须加密消息。在这种情况下，可在加密前签署消息 x 来避免可能来自 Oscar 的攻击。事实上，假设 Alice 首先加密消息 x 得到密文 y，再签署 y，$z=sig_{Alice}(y)$。最后将 (y,z) 发送给 Bob。若 Oscar 在中途截获了 (y,z)，则可用 $z'=sig_{Oscar}(y)$ 来代替 z，然后再将 (y, z') 传给 Bob。Bob 验证消息并认为明文 x 是源自 Oscar 的，因此，Alice 通常加密 $(x, sig_{Alice}(x))$，并将密文发送给 Bob。当 Bob 接收到密

文后，将首先对其进行解密得到$(x, \text{sig}_{\text{Alice}}(x))$，然后再验证签名。

2. ElGamal 签名机制

ElGamal 签名机制是基于 ElGamal 公开密钥系统的，其运用也很广泛，其实现原理见表 8.7。

表 8.7 ElGamal 签名机制实现步骤

假设 p 为素数，且使得 $\mathbf{Z}_p$ 中的离散对数问题的计算是困难的。设 $\alpha \in \mathbf{Z}_p^*$，且为一个本原元素（Primitive Element）。设 $\mathcal{P} = \mathbf{Z}_p^*$，$\mathcal{A} = \mathbf{Z}_p^* \times \mathbf{Z}_{p-1}$，并定义：

$$\mathcal{K} = \{(p, \alpha, a, \beta): \beta \equiv \alpha^a (\bmod\ p)\}$$

其中，p, α, β 为公开的；a 为秘密的。

对 $K = (p, \alpha, a, \beta) \in \mathcal{K}$ 与一个秘密的随机数 $k \in \mathbf{Z}_{p-1}^*$ 定义：

$$\text{sig}_K(x, k) = (\gamma, \delta)$$

其中：$\gamma = \alpha^k (\bmod\ p)$，且 $\delta = (x - a\gamma)k^{-1} (\bmod\ p-1)$。

对 $x, y \in \mathbf{Z}_p^*$ 与 $\delta \in \mathbf{Z}_{p-1}$，定义：

$$\text{ver}_K(x, \gamma, \delta) = \text{true} \Leftrightarrow \beta^\gamma \gamma^\delta \equiv \alpha^x (\bmod\ p)$$

ElGamal 签名机制的正确性可证明如下：

$$\beta^\gamma \gamma^\delta \equiv \alpha^{a\gamma} \alpha^{k\delta}$$
$$= \alpha^{a\gamma + k\delta}$$
$$\equiv \alpha^x (\bmod\ p)$$

这里使用了一个事实，即

$$a\gamma - k\delta \equiv x (\bmod\ p-1)$$

因此有

$$\alpha^{a\gamma - k\delta} \equiv \alpha^x (\bmod\ p)$$

与 ElGamal 公钥加密相似，随机数 k 应该保持秘密性。如果 Oscar 知道了 k，则可很容易能找出密钥 a：

$$a = (x - k\delta)\gamma^{-1} (\bmod\ p-1)$$

另外，不能使用相同的 k 来签署两个不同的信息。如果 k 被用来签署两个不同的消息 x_1 和 x_2，则 Oscar 可知：

$$\beta^\gamma \gamma^{\delta_1} \equiv \alpha^{x_1} (\bmod\ p)$$

且

$$\beta^\gamma \gamma^{\delta_2} \equiv \alpha^{x_2} (\bmod\ p)$$

因此，Oscar 可计算出：

$$\alpha^{x_1 - x_2} \equiv \gamma^{\delta_1 - \delta_2} \equiv \alpha^{k(\delta_1 - \delta_2)} (\bmod\ p)$$

因此有：

$$x_1 - x_2 \equiv k(\delta_1 - \delta_2) \pmod{p-1}$$

这样一来，Oscar 通过使用数论的知识即可找出 k 和密钥 a。

Oscar 可能使用的另一种攻击与前面讨论过的针对 RSA 签名机制的攻击类似。Oscar 选择两个数 u, v，满足 $\gcd(v, p\text{-}1)=1$。设：

$$\gamma = \alpha^u \beta^v \pmod{p}, \quad \delta = -\gamma v^{-1} \pmod{p-1}$$

因为 $\beta^\gamma \gamma^\delta \equiv \alpha^{u\delta}$，这样就很容易验证 (γ, δ) 是否是 $x=u\delta$ 的有效签名。而 Oscar 却很难找出一个有用的 x 值。

3. 数字签名标准

数字签名标准 DSS（Digital Signature Standard）发表于 1994 年，是由 ElGamal 签名机制修改而来，其具体实现步骤见表 8.8。

表 8.8　DSS 签名机制实现步骤

假设 p 为素数，且使得 $2^{L-1}<p<2^L$，其中：L 为 64 的公倍数且 $512 \leq L \leq 1\,024$。设 q 为一个能整除 $p-1$ 的 160 位的素数，设 $a = h^{(p-1)/q} \pmod{p}$，其中：h 为一个满足 $1<h<p-1$ 的任意整数，且使得 $h^{(p-1)/q} \pmod{p}>1$。设 $\mathcal{P}=\mathbb{Z}_p^*$，$\mathcal{A}=\mathbb{Z}_q \times \mathbb{Z}_q$，并定义：

$$\mathcal{K}=\{(p,q,a,\beta): \beta \equiv a^a \pmod{p}\}$$

其中，p, q, α, β 为公开的；a 为秘密的。

对 $K=(p,q,\alpha,\beta) \in \mathcal{K}$ 与一个秘密的随机数 k（$1 \leq k \leq q-1$）定义：

$$\mathrm{sig}_K(x, k)=(\gamma, \delta)$$

其中，$\gamma=(\alpha^k \bmod p) \bmod q$，且 $\delta=(x+a\gamma)k^{-1} \bmod q$。

对 $x, y \in \mathbb{Z}_p^*$ 与 $\gamma, \delta \in \mathbb{Z}_q$，可通过以下计算来进行验证：

$$e_1=x\delta^{-1} \bmod q$$
$$e_2=\gamma\delta^{-1} \bmod q$$

以及

$$\mathrm{ver}_K(x,\gamma,\delta)= \text{true} \Leftrightarrow (\alpha^{e_1}\beta^{e_2} \bmod p) \bmod q=\gamma$$

DSS 对 ElGamal 签名机制最重要的修改就是使用了 $\mathbb{Z}_p^*$ 的子群 $\mathbb{Z}_q$，这样签名的程度就缩小到了 320 位（在 ElGamal 签名机制中至少 1 024 位）。另外，主要的计算仍然采用了 512 位模运算，与 ElGamal 相同。

下面举例说明 DSS。

例如：设 $q=29$，$p=29 \times 8+1=233$，$h=3$，则：

$$\alpha=3^8=6\,561 \equiv 37 \pmod{233}$$

因此 $\mathcal{P}=\mathbb{Z}_{233}^*$，$\mathcal{A}=\mathbb{Z}_{29} \times \mathbb{Z}_{29}$。设 $a=2$，且

$$\beta=\alpha^a=37^2 \equiv 204 \bmod 233$$

其中，p，q，α 和 β 是公开的，而 a 是私有的。

假设密文 $x=10$，随机数为 $k=4$（$1 \leq k \leq 28$），签名为 $\mathrm{sig}_K(10,4)=(\gamma, \delta)$，其中：

$$\gamma=(37^4 \bmod 233) \bmod 29$$
$$\equiv (204^2 \bmod 233) \bmod 29$$
$$\equiv 142 \bmod 29$$
$$=26$$

且

$$\delta =(10+2*26)*4^{-1} \bmod 29$$
$$\equiv 4*4^{-1} \bmod 29$$
$$=1$$

则当 $x=10$ 时，签名为（26, 1）。

为了计算 $\text{ver}_K(x, \gamma, \delta)= \text{ver}_K(10,26,1)$，有：

$$e_1 \equiv 10*1^{-1} \bmod 29 =10$$
$$e_2 \equiv 26*1^{-1} \bmod 29 =26$$
$$(37^{10}*204^{26} \bmod 233) \bmod 29 \equiv (74*46 \bmod 233) \bmod 29$$
$$\equiv 142 \bmod 29$$
$$=26$$
$$= \gamma$$

因此，验证算法的输出为 True。

还有其他几种数字签名机制，基本上从一个公开密钥系统就能够找出一个签名机制来。目前，运用最广泛的签名机制是椭圆曲线数字签名算法（Elliptic Curve Digital Signature Algorithm）。

8.5.2　基于消息认证码的信息认证技术

数字签名技术只能够签署一个较短的消息。如前文所述，如果使用相同的密钥签署几个消息，Oscar 就可以选择、重组这些消息来欺骗 Alice。另一个问题是签名的大小必须大于等于消息长度，这就给网络带来额外的传输开销。因此，需要某些技术对较长的消息进行认证（Authenticate），有两种基本的方法来认证消息，一种是使用哈希函数和签名机制，另一种认证技术是使用一种称为消息认证码（Message Authentication Code，MAC）的密钥。

假设 Alice 和 Bob 共享一个公共密钥 K，这就需要一个函数 $C_K(x)$ 依赖于密钥 K，该函数的输入值 x 可以非常大，而输出值很小。当 Alice 希望发送消息 x 给 Bob 时，将首先计算出 $C_K(x)$ 并将（x, $C_K(x)$）发送给 Bob。通常 $C_K(x)$ 的大小比 x 小很多。由于 Bob 知道 K，故当他收到 x 后就可以计算出 $y=C_K(x)$，并检查 y 是否与他收到的 $C_K(x)$ 相同。MAC 的正式定义如下。

定义 8.2：MAC 是一个四元组（$\mathcal{P}, \mathcal{A}, \mathcal{K}, \mathcal{H}$），满足下列条件：

（1）$\mathcal{P}$ 是可能的消息的有限集；

（2）$\mathcal{A}$ 是可能的鉴别标记的有限集；

（3）$\mathcal{K}$ 是密钥空间，即一个可能的密钥的有限集；

（4）对任意 $K \in \mathcal{K}$ 和 $C \in \mathcal{H}$，$C_K: \mathcal{P}| \to \mathcal{A}$。

在上述定义中，集合 $\mathcal{P}$ 可能是无限的。MAC 函数 $C_K()$ 与加密函数类似，但不需要可逆（因为不需要解密）。这一特性使得 $C_K(x)$ 远小于 x 成为可能。

一个 MAC 函数不是一个签名，因为 Alice 和 Bob 都知道密钥，他们就不能伪造互相的签名；另外，只有 Bob 可以验证消息的正确性，而在签名机制中任何人都可以验证消息。

MAC 函数应该具有下列特性：即便 Oscar 知道了 x 和 $C_K(x)$，也无法通过计算构造出一个消息 x' 满足 $C_K(x')=C_K(x)$。此特性称为无碰撞特性（Collision-Free Property）。

作为 MAC 的一个例子，下面将描述数据认证算法（Data Authentication Algorithm），该算法基于 DES 算法：假设消息为 x，首先将消息分组，大小为 64 比特：$x=x_1x_2\cdots x_N$，其中 x_i 为 64 比特，$1\leq i\leq N$。算法类似于 DES 的 CBC 模式。设 e_K 为 DES 中密钥 K 的加密函数，设：

$$O_1=e_K(x_1)$$
$$O_2=e_K(x_2\oplus O_1)$$
$$O_3=e_K(x_3\oplus O_2)$$
$$\cdots$$
$$O_N=e_K(x_N\oplus O_{N-1})$$

其中，O_N 为 MAC 的结果，例如：$C_K(x)=O_N$。此 MAC 函数的输入消息长度可以是大于 64 比特的任意数，而函数输出总是 64 比特。

8.5.3　基于哈希函数的信息认证技术

认证之中另一个常用技术就是哈希函数。前面已经说过，签名机制不适合签署一个大消息。如果首先将消息分组，再签署每一块消息，则 Oscar 就可以删除某些分组并改变消息。不过，以下定义的哈希函数可以阻止此类攻击。

定义 8.3：哈希族（Hash Family）是一个三元组（$\mathcal{P}, \mathcal{D}, \mathcal{H}$），满足下列条件：

（1）$\mathcal{P}$ 为可能的消息的有限集；

（2）$\mathcal{D}$ 为可能的摘要（Digest）的有限集；

（3）对任意的 $h\in\mathcal{H}$, $h: \mathcal{P}|\rightarrow\mathcal{D}$。

哈希函数可以处理任意长度的消息并产生指定大小的消息摘要（例如：160 比特）。哈希函数不使用任何密钥，因此，任何人都可以使用公开的哈希函数计算出哈希值。使用哈希函数鉴别消息的方法如下：

对一个大消息 x，首先使用哈希函数 $h()$ 来获得摘要 $z=h(x)$，然后使用某种签名机制 $y=\text{sig}_K(z)$ 来签署摘要。(x, y) 为签名后的消息，因为哈希函数是公开的，因此，任何人都可以从 x 计算出 z 并检查签名的正确性。目前，常用的哈希函数主要有 MD5、SHA 以及 HMAC 等。

8.6　远程访问控制技术

远程访问（Remote Access）就是把在互联网中的任意一台计算机（也称为程访问客户机，Remote Access Client，RAC）和在局域网中的某台远程访问服务器（Remote Access Server，RAS）相连接，从而在 RAS 和 RAC 之间建立一个虚拟专用线路。当 RAC 连接上 RAS 后，就可以访问处于 RAS 的局域网，从而获取在局域网中的资源。为保证远程访问过程的系统和数据安全，一般采用密码系统（Password System）和一次性密码（One Time Password，OTP）等。

8.6.1　密码系统

　　密码系统（Password System）是控制访问计算机主机的一个重要工具，作为一个多用户操作系统，UNIX 采用了密码系统来控制用户访问。密码的目的在于保护用户的隐私，使得其他用户不能访问此账户。因此，密码应该秘密保存，不被其他用户看见。另外，当用户使用其密码时，计算机应该能够检验密码的正确性，因此，计算机中应该存储了密码验证的相关信息。

　　有一些密码破解程序用猜测密码或者使用密码字典来搜索密码，因此，密码必须是无含义的，且应该经常更改。一个好的密码应该满足下列条件：

◆　至少 8 个字符长。

◆　应包含大小写字符。

◆　至少有一个数字。

◆　至少有一个特殊字符。

◆　没有字典单词。

　　有些方法可以用来创建满足上述条件又很容易记住的密码，例如：可以考虑使用一个句子如"My girl friend Patricia is always asking me for help"，则就可以使用下列密码：

MgfPia?m4h

　　有些情况下，密码也可使用哈希函数。例如 Linux 中使用 MD5 使得密码可以任意长，128 位数字摘要的结果作为加密的密钥，此时，一个很长的无含义的句子或短语可以作为密码使用。例如：I jumped to the Moon and saw many beautiful ladies swimming there! 就是一个很好的密码。

8.6.2　一次性密码

　　由于某些嗅探程序（Sniffer Program）可截获与记录网络上发送的字符，因此，有些人就可以通过窃听（Eavesdrop）网络连接来获得合法用户的登录用户名和密码，从而使得在网络上保护密码变得更加困难。另外，一般的静态密码在安全性上容易被木马窃取，且只要花上一定的时间就可能被蛮力破解。为了解决上述一般密码容易遭到破解的问题，人们提出了一次性密码（One Time Password，OTP）的解决方案。

　　一次性密码（OTP）又称动态密码（Dynamic Password），是指只能使用一次的密码。一次性密码的产生方式主要是以时间差作为服务器与密码产生器的同步条件。在需要登录的时候，就利用密码产生器产生一次性密码，OTP 一般分为计次使用与计时使用两种，其中，计次使用的 OTP 产出后可在不限时间内使用；计时使用的 OTP 则可设定密码有效时间，从30 s～2 min 不等，而 OTP 在进行认证之后即废弃不用，下次认证必须使用新的密码。因此，采用一次性密码，即使网络上有人截获了此密码，该密码也已经过期。目前，创建一次性密码的方法主要有以下几种：

　　（1）使用密码本（Code Book）：在该方法中，用户和系统都统一使用一个相同的密码列表（称为密码本）。列表中的每一个密码只能使用一次。这种方法有几个缺陷。首先，系统和用户双方都要保存一个较长的密码列表。其次，如果用户不按次序使用密码，则系统将需要执行一个长时间的搜索才能找到与用户匹配的密码。

（2）基于初始密码连续升级：在该方法中，用户和系统同意一个初始密码 P_1，该初始密码仅在第一次访问时有效。在第一次访问的过程中，用户生成一个新的密码 P_2，并且用 P_1 作为密钥对这个密码进行加密，然后，将 P_2 作为第二次访问的密码。在第二次访问的过程中，用户又生成了一个新的密码 P_3，用 P_2 进行加密，然后，P_3 将在第三次访问中使用。也就是说，P_i 是用来创建 P_{i+1} 的。当然，如果攻击者能够猜测出第一个密码 P_1，则可以找出所有这一系列的密码了。

（3）使用令牌卡（Token Card）：令牌卡是一个内置验证函数和序列号的小卡片或计算器，可用来生成一次性密码。下面是两种卡片的例子：

例 1（SECURID 卡）：该卡片可显示一个数字，每隔 30～90 s 变化一次，显示的数字就是当前时间和特定卡 ID 的函数，并与远程服务器同步。有些卡片还有一个键盘可以输入个人识别码（Personal Identification Number code，PIN）。此种卡片简单小巧，只是需要服务器始终保持时间同步。

例 2（安全网密钥卡）：该卡是一个看起来像计算器的小装置。当用户与远程服务器连接时，服务器显示一个数字作为挑战（Challenge），然后用户将该挑战数字与 PIN 一起输入卡中，卡就会显示一次性密码。当输入错误的 PIN 超过一定次数时，安全网密钥卡可通过编程设置自我销毁（Self-Destruct）。

1998 年，一次性密码系统作为 RFC 2289 发布（RFC 1938 的修订版）。此系统使用标准哈希函数，如：MD4，MD5、SHA-1，在创建一次性密码时，服务器发送一个挑战消息（Challenge Message）给用户，挑战消息的语法为：

OTP-<Algorithm ID><Sequence Integer><Seed>

其中，种子（Seed）包含 1～16 个仅包括文字与数字的字符。一个 OPT 密码的例子为：otp-md5 487 dog2。

然后，用户选择一个至少包括 10 个字符的秘密密码短语（Pass-Phrase），再将种子与该密码短语相连，并传给安全哈希函数 N 次，其中，N 由用户指定，最后得到的摘要即为一次性密码记录，即系统将记录 <$P_0, H_N(P_0)$>。而用户的下一个一次性密码则是通过安全哈希函数 $N–1$ 次生成的 $H_{N-1}(P_0)$，其中，P_0 为种子与密码短语相连后的值，而 $H_N(P_0)$ 表示由安全哈希函数对 P_0 进行 N 次哈希之后得到的摘要。

当用户下一次登录时，输入 $H_{N-1}(P_0)$，为了验证用户，服务器将密码传输给安全哈希函数一次，由此得到 $H(H_{N-1}(P_0))= H_N(P_0)$，然后，将得到的 $H_N(P_0)$ 与存储的 OPT 进行比较，如果结果与先前的 OPT 相同，则验证成功，然后，系统将 $H_{N-1}(P_0)$ 作为新的一次性密码存储以备以后使用，即，将原来存储的记录 <$P_0, H_N(P_0)$> 替换为 <$P_0, H_{N-1}(P_0)$>，此时，用户的下一个一次性密码则变为 $H_{N-2}(P_0)$，这样一来，密码短语就可以使用 $N–1$ 次了。

上述一次性密码系统的安全性依赖于哈希函数的单向性，其中，所使用的种子使得用户可以在不同的机器上使用相同的安全密码短语，由于种子的不同，从而使得用户可以在不同的机器上即使使用相同的安全密码短语，所得到的 P_0 也不会相同。

由于一次性密码只能使用一次，所以无须防止窃听。然而，攻击者可以通过侦听大部分的一次性密码来猜测其余的密码，并与合法用户竞赛以完成验证。由于人类打字的速度远远慢于计算机生成密码的速度，因此，对 6 个单词的最后一个单词的多重猜测有可能取得成功。由此，需要一些方法来防止上述这种竞赛攻击。一种方法是阻止用户同时启动多个验证会话，即，一旦合法用户开始验证，攻击者就会被阻止直到验证进程的结束。这意味着需要设置超时机制来防止拒绝服务攻击（Denial of Service，DoS 攻击）。

8.7 防火墙技术

8.7.1 防火墙技术简介

防火墙（Firewall）是指设置在可信任的内部网络和不可信任的外部网络之间的一系列部件（包括软件和硬件）的组合。它通过监测、限制、更改跨越防火墙的数据流，并尽可能地对外部网络屏蔽内部网络的有关信息、结构以及运行状况等，以此来防止外部网络用户未经授权的访问，从而为内部网络提供安全保障。防火墙在内部网络中的位置如图 8.4 所示，通常具有以下属性：

（1）双向流通信息必须经过防火墙，即所有从内到外的流量和从外到内的流量，都必须经过防火墙。

（2）只有被预先定义的安全策略所授权的信息流才会被允许通过防火墙。

（3）防火墙本身具有较高的抗攻击性能。

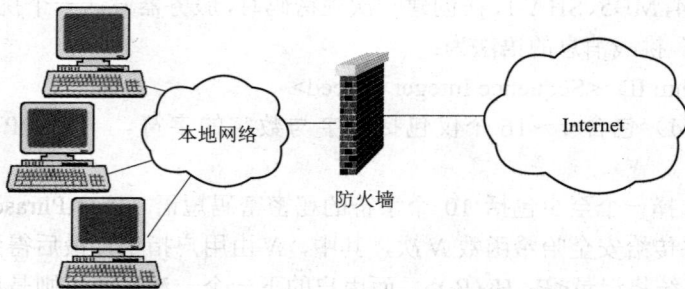

图 8.4 防火墙

防火墙作为互联网络中使用最广泛的安全措施之一，伴随着互联网的快速发展而得到了广泛的应用。目前，防火墙主要可提供以下四种类型的服务：

（1）服务控制（Service Control）：确定可以访问的互联网服务的类型，通常，防火墙通过 IP 地址和 TCP 端口号来过滤流量。

（2）方向控制（Direction Control）：确定特定服务请求能够启用和通过防火墙的方向。对于特定的服务，可以确定允许它从哪个方向能够通过防火墙。

（3）用户控制（User Control）：根据用户的访问请求来确定是否提供该服务，这通常适用于内部用户；而对于从防火墙外部传入的流量，则还需要某些协议（如：IPSec 等）的支持。

（4）行为控制（Behaviour Control）：控制如何使用特定的服务。例如：可以使外部访问只能访问本地 Web 服务器信息的一部分。

8.7.2　防火墙的优缺点

随着网络的广泛应用和普及，网络入侵行为、病毒破坏、垃圾邮件的处理以及普遍存在的安全话题也成了人们日趋关注的焦点，作为网络边界的第一道防线，防火墙技术也已经逐步趋于成熟，并为广大用户所认可，但防火墙所暴露的问题也慢慢地凸现出来。防火墙的主要优缺点如下：

1. 防火墙的主要优点

◆ 允许网络管理员定义一个中心点来防止非法用户进入内部网络。

◆ 可以很方便地监视网络的安全性，并报警。

◆ 可以作为一个部署网络地址变换 NAT（Network Address Translation）的地点，利用 NAT 技术，可将有限的 IP 地址动态或静态地址与内部的 IP 地址对应起来，用来缓解地址空间短缺的问题。

◆ 是审计和记录 Internet 使用的一个最佳地点。

◆ 可以连接到一个单独的网段上，从物理上和内部网段隔开，并在此部署 WWW 服务器和 FTP 服务器，将其作为向外部发布内部信息的地点。从技术角度来讲，就是所谓的停火区（DeMilitarized Zone，DMZ）。

2. 防火墙的主要局限性

◆ 防火墙无法防范绕过防火墙的攻击。例如：当拨号进行连接时，就不会通过防火墙。

◆ 防火墙不能防范内部威胁。例如：当防火墙内部的一个合法用户主动泄密时，防火墙是无能为力的。

◆ 防火墙无法防范被病毒程序感染的文件的传播，因为防火墙本身并不具备查杀病毒的功能，而且即使集成了第三方的防病毒的软件，也没有一种软件可以查杀所有的病毒；另外，防火墙的安全性是建立在对数据的检查之上的，检查越细则速度越慢，因此，让防火墙扫描所有传入的文件以及电子邮件等也是不切实际的。

◆ 防火墙是一个被动的既定安全策略执行设备，因此，防火墙只能防御已知的威胁，而不能防御新的未知的威胁。

◆ 防火墙不能防止利用标准网络协议中的缺陷进行的攻击。一旦防火墙准许某些标准网络协议，则不能防止利用该协议中的缺陷进行的攻击。

◆ 防火墙不能防止利用服务器或操作系统的漏洞所进行的攻击。若黑客通过防火墙准许的访问端口对该服务器或操作系统的漏洞进行攻击，则防火墙将无法防止。

◆ 防火墙不能防止数据驱动式的攻击。当有些表面看来无害的数据邮寄或拷贝到内部网的主机上并被执行时，可能会发生数据驱动式的攻击。

◆ 防火墙不能防止本身的安全漏洞的威胁。防火墙保护别人有时却无法保护自己，目前还没有厂商绝对保证防火墙不会存在安全漏洞。因此，对防火墙也必须提供某种安全保护。

◆ 防火墙无法区分恶意命令还是善意命令。有很多命令对管理员而言，是一项合法命令，而在黑客手里就可能是一个危险的命令。

8.7.3 防火墙的分类

防火墙的产生与发展已经经历了相当一段时间，按照其中所使用的技术的不同，防火墙可分为基于包过滤（Packet Filter）技术的防火墙、基于代理（Proxy）技术的防火墙以及基于上述多种技术混合的复合型防火墙。其中，基于包过滤技术的防火墙主要包括静态包过滤防火墙和动态包过滤防火墙等；基于代理技术的防火墙主要包括电路级网关和应用层网关等；复合型防火墙则主要包括状态检测防火墙、切换代理防火墙、深度包检测防火墙、自适应代理防火墙以及统一威胁管理防火墙等。

1. 静态包过滤（Static Packet Filter）防火墙

静态包过滤防火墙为第一代的包过滤防火墙，静态包过滤防火墙通常被安装在路由器上，如图 8.5 所示。其工作原理为：路由器检查每一个传入的数据包，查看数据包中可用的基本信息（源地址和目的地址、端口号、协议等），然后将这些信息与预先设立的过滤规则相比较，决定是否转发或丢弃该数据包。当一个数据包到达时，路由器对过滤规则表从上到下进行检查，检查该数据包是否符合过滤规则，如果规则匹配，那么调用该规则；否则，调用一个默认的动作设置（默认动作包括"丢弃"或"转发"两种）。

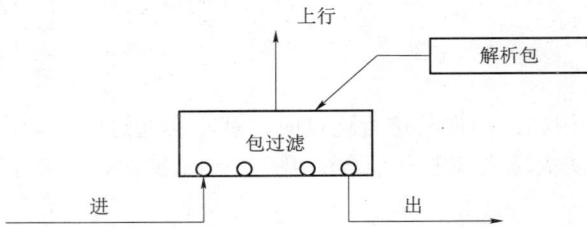

图 8.5　包过滤防火墙原理图

例如：如果在过滤规则中已经设置了阻断 Telnet 连接，而数据包的目的端口号为 23（Telnet 的端口），那么该数据包将会被丢弃；而如果在过滤规则中设置了允许传入 Web 连接，且数据包的目的端口号为 80（Http 的端口），则该数据包就会被放行。

静态包过滤防火墙中的包过滤算法的基本工作流程如图 8.6 所示。

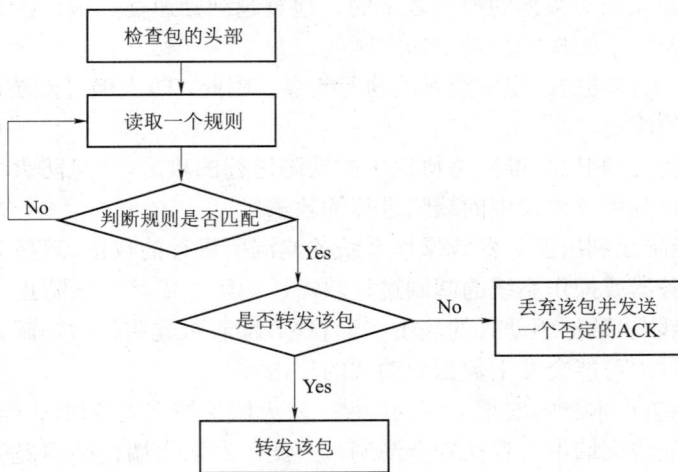

图 8.6　包过滤算法

下面给出一些包过滤规则的具体例子：

示例 1：见表 8.9，在该例中，到指定网关主机（OUR-GW）的流入邮件（SMTP 的端口号为 25）将会被允许，而对来自特定主机 SPIGOT 的所有数据包都将会被阻止；默认的策略是丢弃（阻止）。

表 8.9　示例 1

action	ourhost	port	theirhost	port	comment
Block	*	*	SPIGOT	*	Don't trust these people
Allow	OUR-GW	25	*	*	Connect to our SMTP
block	*	*	*	*	Default

示例 2：见表 8.10，此规则设置的目的是允许任意内部主机都可以向外部发送邮件。

表 8.10　示例 2

action	ourhost	port	theirhost	port	comment
Allow	*	*	*	25	Connect to their SMTP

静态包过滤防火墙的优点是速度快，逻辑简单，成本低，易于安装和使用，网络性能高，对用户透明。其主要缺点在于：

（1）定义过滤规则是一个非常复杂的工作，面对复杂的过滤需求，过滤规则将是一个冗长、复杂、不易理解和管理的集合，同时，还很难测试规则的正确性。

（2）任何一个直接通过路由器的数据包都可能被利用来发起一个数据驱动的攻击。

（3）随着过滤数目的增加，将降低路由器的吞吐量，从而影响系统的性能。

（4）难以进行有效的流量控制，因为静态包过滤防火墙虽然可以允许或拒绝一个特定的服务，但却无法理解一个特定服务的内容或数据。

（5）遇到动态端口协议时会发生困难，静态包过滤防火墙由于事先无法知道哪些端口需要打开，因此，只能把所有可能用到的端口都大范围地打开，从而将给安全带来很大的隐患。

2. 动态包过滤（Dynamic Packet Filter）防火墙

动态包过滤防火墙为第二代的包过滤防火墙，其工作原理为：对新建的应用连接，状态检测检查预先设置的安全规则，允许符合规则的连接通过，并在内存中记录下该连接的相关信息，生成状态表。对该连接的后续数据包，只要符合状态表，就可以通过。动态包过滤防火墙主要工作在网络层，与静态包过滤防火墙不同的是，部分工作在传输层。动态包过滤防火墙的好处在于：

（1）由于不需要对每个数据包进行规则检查，而是一个连接的后续数据包（通常是大量的数据包）通过散列算法直接进行状态检查，从而使得系统性能得到了较大提高。

（2）由于状态表是动态的，因而可以有选择地、动态地开通 1024 号以上的端口，由此解决了静态包过滤防火墙在遇到动态端口协议时所发生的困难，从而使得系统的安全性得到了进一步的提高。

（3）动态包过滤防火墙动态设置过滤规则，跟踪每个通过防火墙的连接，根据需要动态地增加或更改过滤规则条目，可区分新旧连接的不同。

3. 电路级防火墙

电路级防火墙也称为电路级网关（Circuit Level Gateway），电路级网关用来监控受信任的内部主机与不受信任的外部主机之间的 TCP 握手信息，以此来决定该会话（Session）是否合法，因此，电路级网关是在 OSI 模型中的会话层上过滤数据包，比包过滤防火墙要高两层。如图 8.7 所示，电路级网关的工作原理为：不允许内部网络中的主机与外部主机之间直接进行 TCP 连接，而是通过在内部主机与外主机之间建立一个虚电路来进行通信，因此，电路层网关中存在两个 TCP 连接，一个是内部连接，用于在防火墙和内部主机之间建立 TCP 连接；另一个是外部连接，用于在防火墙和外部主机之间建立 TCP 连接。当建立向外连接时，网络管理员信任内部用户，防火墙在接受了来自外部网络的连接之后，将不再检查连接的 TCP 数据段内容，而是直接将其转发到内部连接。

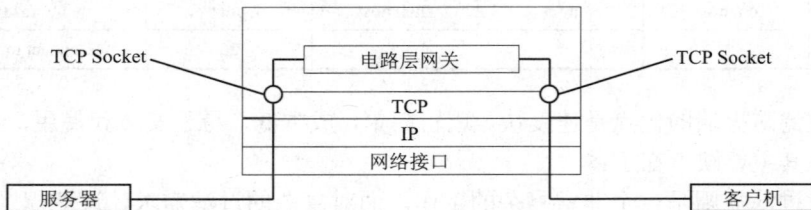

图 8.7 电路级网关的工作原理

电路级防火墙的优点是具有证实握手的功能，可对建立连接的序列号检查合法性；另外，通过对客户程序的改进，可对不同协议进行服务，具有较好的通透性；此外，在电路层网关设备上可增加很多功能，可塑性相当高。电路级防火墙的主要不足之处在于：电路级网关只支持建立在 TCP 协议之上的客户服务，对用户不透明，另外，电路级网关不能严密控制应用层信息。

4. 应用层防火墙

应用层防火墙也称为应用层网关（Application Layer Gateway），如图 8.8 所示，其工作原理为：应用代理（Proxy）服务器参与每个 TCP 连接全过程，一个代理程序针对一个特定应用，工作在应用层上。当内部用户请求访问外部站点的时候，防火墙代理将检查请求是否符合规定，如果规则允许用户访问该站点，将连接请求用特定的安全化的 Proxy 应用程序处理，再传递到真实的服务器上，代替客户访问站点，接收服务器应答，处理答复，再交给发出请求的最终客户。当外部网通过防火墙代理访问内部网的时候，内部网只接受代理提出的服务请求，拒绝外部网络其他节点的直接请求，答复也由代理服务器转交。

代理防火墙的优点是支持可靠的用户认证并提供详细的注册信息，过滤规则比包过滤规则容易配置和测试，提供详细日志和安全审计功能，解决内部 IP 地址不合法问题，同时还隐藏了内部网 IP 地址，从而避免了入侵者使用数据驱动类型的攻击方式入侵内部网，而这在包过滤类型的防火墙中是很难避免的。

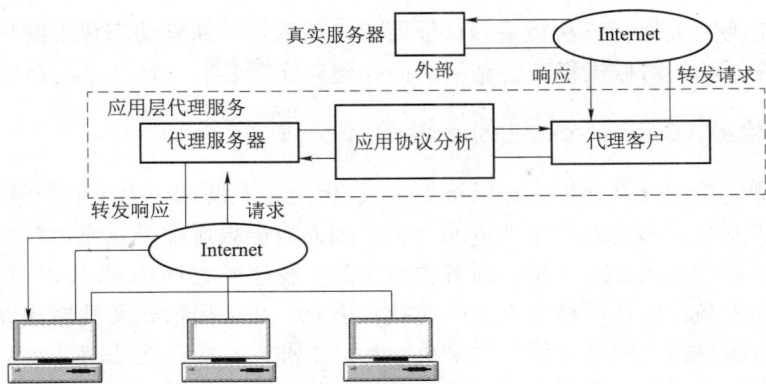

图 8.8 应用层网关的工作原理

代理防火墙的缺点是连接性及技术有限，没有代理不提供服务，不能对通用协议簇提供代理服务；另外，由于安全检查的细致，从而导致系统的工作量相对较大，处理速度较慢，由此影响了系统的性能；同时，代理相当于一个简化应用服务的服务器端和客户端程序，且每个合法通过的服务都要在代理上启动服务器进程，因此，系统的开销也比较大；此外，代理防火墙还要求用户改变自身的行为，以及要求使用固定的客户端程序，要求用户使用特定的步骤通过服务器，因此透明性较差。

5. 状态检测（Stateful Inspection）防火墙

状态检测防火墙组合了多种动态包过滤防火墙、电路级网关以及应用层网关的功能，主要工作在网络层。其工作原理为：采用"多级过滤技术"，通过一个检测模块来抽取数据的状态信息，对 OSI 七层中的各层都进行检测。其中，"多级过滤技术"是指防火墙采用多级过滤措施并辅以鉴别手段。在网络层一级，过滤掉所有的源路由分组和假冒的 IP 源地址；在传输层一级，过滤掉所有禁止出/入的协议和有害数据包；在应用层一级，利用 FTP、SMTP 等各种网关来控制和监测 Internet 提供的所用通用服务。这是针对以上各种已有基于单层过滤防火墙技术的不足而产生的一种综合型过滤技术，它可以弥补以上各种单独过滤技术的不足。

与应用层网关相比，由于状态检测引擎了解应用层的情况，因此，状态检测防火墙所具有的安全保护水平与应用层网关基本相同，且状态检测型防火墙更加灵活，比应用层网关具有更好的扩展能力。因为它可以在应用程序一级保证通信的完整性，而不需要代表客户机/服务器在连接的两端对所有的连接来进行代理处理。因此，状态检测防火墙既提供了包过滤防火墙的处理速度和灵活性，又兼具了应用层网关理解应用程序状态的能力与高度的安全性。

态检测防火墙的优点是安全性好，对用户透明，支持多种协议和应用程序，易实现应用和服务的扩充，同时，还支持对 RPC 和 UDP 等端口信息进行监测，这是基于包过滤技术的防火墙和基于代理技术的防火墙都不支持的。缺点主要是配置复杂，降低了网络的速度。

6. 切换代理防火墙

切换代理防火墙是一种组合了动态包过滤和电路网关功能的混合型防火墙。其工作原理为：首先作为电路网关执行三次握手和认证要求，然后，切换到动态包过滤模式。因此，切换代理防火墙在开始的时候工作在会话层，而在建立连接之后则转到了网络层工作。

7. 深度包检测（Deep Packet Inspection）防火墙

虽然只检测包头部分是一种更加经济的方式，但是很多恶意行为可能隐藏在数据载荷中，通过防御边界在安全体系内部产生严重的危害。因为数据载荷中可能充斥着垃圾邮件、广告视频以及企业所不欣赏的 P2P 传输，而各种电子商务程序的 HTML 和 XML 格式数据中也可能夹带着后门和木马程序在网络节点之间交换。因此，在应用形式及其格式以爆炸速度增长的今天，仅仅依照数据包的第三层信息来决定其是否准入，实在无法满足网络安全的要求。

深度包检测防火墙的工作原理为：首先，深入检查通过防火墙的每个 IP 数据包及其应用载荷，从而使得当 IP 数据包、TCP 数据流或 UDP 数据包经过防火墙时，防火墙可将其重新组合，并由此得到整个应用程序的内容；然后，防火墙再按照企业定义的策略对应用程序进行对应的操作。

由于深度包检测可以探测数据包中的任何内容，因此，可被用来管理任意类型的基于 IP 的应用程序，以及对所有 IP 通信业务提供详尽的控制，例如：在大型企业中，深度包检测防火墙可被用来检测和区分对数据库的读请求和写请求。深度包检测防火墙可使得网络业务处理在获得更高效率的同时，能够满足复杂的安全策略和高可用性的要求。

8. 自适应代理（Adaptive Proxy）防火墙

自适应代理防火墙结合了代理型防火墙的安全性和包过滤防火墙的高速度等优点，在不损失安全性的基础之上将代理型防火墙的性能大大提高，本质上是状态检测防火墙的一种改进。自适应代理防火墙有两个基本要素：自适应代理服务器（Adaptive Proxy Server）与动态包过滤器（Dynamic Packet Filter），在自适应代理服务器与动态包过滤器之间存在一套控制机制。用户通过相应 Proxy 的管理界面配置防火墙所需要的服务类型、安全级别等，自适应代理防火墙根据用户的配置信息来决定代理服务是从应用层代理请求还是从网络层转发包。若是后者，它将动态地通知包过滤器增减过滤规则，以满足用户对速度和安全性的双重要求。

9. UTM（Unified Threat Management）防火墙

统一威胁管理（UTM）一词首先出现在 2003 年 IDC（Internet Data Center，互联网数据中心）的研究报告之中，IDC 对 UTM 防火墙的定义为：由硬件、软件和网络技术组成的具有专门用途的设备，它主要通过将防病毒、入侵检测、防火墙、内容过滤、反垃圾邮件、VPN（Virtual Private Network，虚拟专用网）等诸多安全功能集成到一个设备中，以构成一个标准的统一管理平台，可提供一项或多项安全功能。

在 UTM 的概念出现之前，区域网络为了防御各式各样的威胁，必须配置多项单功能产品，例如防火墙、防病毒网关、防垃圾邮件装置以及 URL 网关。区域网络还必须同时兼顾这些平台和其他 IT 解决方案的管理，用户也必须熟悉各种不同的接口、指令和差异性。UTM 的提出解决了区域网络必须管理多项单功能产品的难题。通过单一的操作系统与管理接口，提供一个能够满足多方面安全需求的全功能架构，UTM 不但使网络管理人员在学习新系统方面节省很多的时间，同时也提高了 IT 人员在防御攻击时的有效性。

　　UTM 技术可以进行改良的信息包检查、识别应用层信息、命令入侵检测与阻断、蠕虫病毒防护以及高级的数据包验证机制，从而使得 IT 管理人员可以很容易地控制如 Instant Message 信息传输、BT 多线程动态应用下载、Skype 等新型网络软件的应用，并且阻断来自内部的数据攻击以及垃圾数据流的泛滥。同时，还可以支持动态的行为特征库更新，具备 OSI 七层的数据包检测能力，克服了深度包检测的技术弱点。

　　不过，高度集成在带来好处的同时，也带来了一些坏处。作为立体防御的安全网关，UTM 在快速发展并被越来越多用户认可的同时，也面临着不少问题：

　　（1）UTM 的安全功能高度集成带来了性能下降问题。

　　（2）由于 UTM 中集成有多个功能，因此也提高了在部署配置、管理维护，以及对网络的兼容性上保证方面的复杂性。

　　（3）由于涉及多个功能模块，UTM 系统的稳定性也会受到一定影响，相比传统安全设备而言，UTM 的稳定性仍有不足。

　　（4）由于将所有安全功能放在一个设备上，风险也集中到了 UTM 上，如果 UTM 设备出现问题，将会导致安全防御措施失效，若 UTM 设备存在漏洞，也可能造成严重的影响。

　　总体来讲，复合型防火墙是功能综合型防火墙，常见的是代理服务和其他技术的组合，具有对一切连接尝试进行过滤的功能，提取和管理多种状态信息，拥有认证功能，提供高性能的服务和灵活的适应性，具有网络内外完全透明的特性。

8.7.4　防火墙的设计方法

　　设计一个防火墙时需要考虑很多因素，首先，需要设置良好的安全策略，这依赖于本地系统和环境；其次，防火墙还要便于配置；此外，还应保证防火墙本身的安全。防火墙的常见实现办法是设计一个堡垒主机（Bastion Host），使得内部网络与外部网络相隔离，堡垒主机通常包括需要从公网访问的服务器，如：Web 服务器、Ftp 服务器等。防火墙应该设计为：即使网络中某些堡垒主机受到损害，内部网络中的其余部分也不应该受到影响。

　　所谓的"堡垒主机"，就是一种运行有防火墙系统的用于防御外部攻击的计算机，被暴露于因特网之上，作为进入内部网络的一个检查点，以达到把整个网络的安全问题集中在某个主机上解决，从而省时省力，不用考虑其他主机的安全的目的。通常，一个堡垒主机使用两块网卡，每个网卡连接不同的网络。一块网卡连接内部网络用来管理、控制和保护，而另一块则用于连接外部网络。依据配置的不同，堡垒主机的设置方式主要可分为单宿堡垒（Single-Homed）主机、双宿堡垒（Dual-Homed Bastion）主机以及屏蔽子网防火墙三种。

　　（1）单宿堡垒主机：如图 8.9 所示，在单宿堡垒主机防火墙中，由一个包过滤路由器连接外部网络，同时有一个堡垒主机安装在内部网络上，该堡垒主机上只有一个网卡，与内部网络连接。在单宿堡垒主机防火墙中，通常在路由器上设立过滤规则，并使这个单宿堡垒主机成为从 Internet 唯一可以访问的主机，从而确保了内部网络不受未被授权的外部用户的攻击。而对于 Intranet 内部的客户机，则可以受控制地通过堡垒主机和路由器访问 Internet。

　　（2）双宿堡垒（Dual-Homed Bastion）主机：如图 8.10 所示，堡垒主机有两块网卡，一块连接内部网络，一块连接包过滤路由器。此时，即使路由被攻击了，主机仍然由堡垒主机保护着。因此，双宿堡垒主机防火墙比单宿堡垒主机防火墙更加安全。

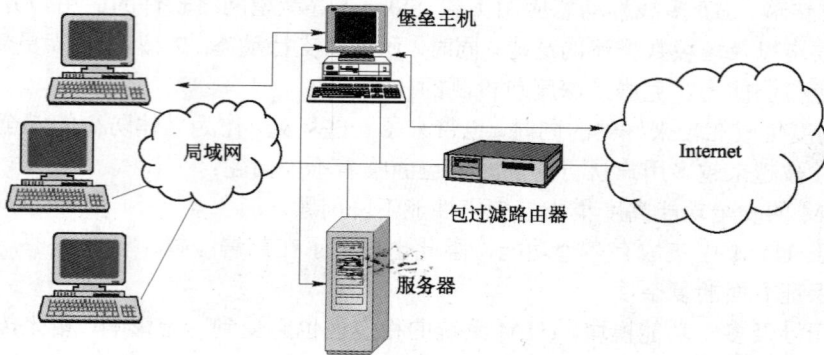

图 8.9　单宿主堡垒主机

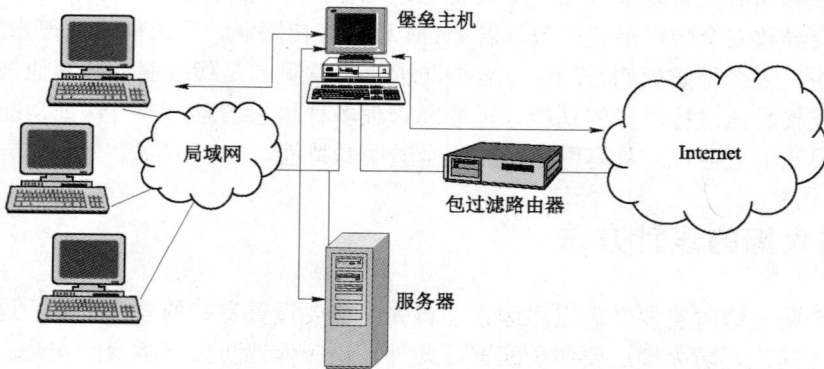

图 8.10　双宿堡垒主机

（3）屏蔽子网防火墙：如图 8.11 所示，屏蔽子网防火墙使用两个包过滤路由器，一个在堡垒主机和 Internet 之间，另一个在堡垒主机和内部网络之间。这种配置建立了分离的子网，子网中包括堡垒主机和（或）几种信息服务和调制解调器来支持拨号功能。

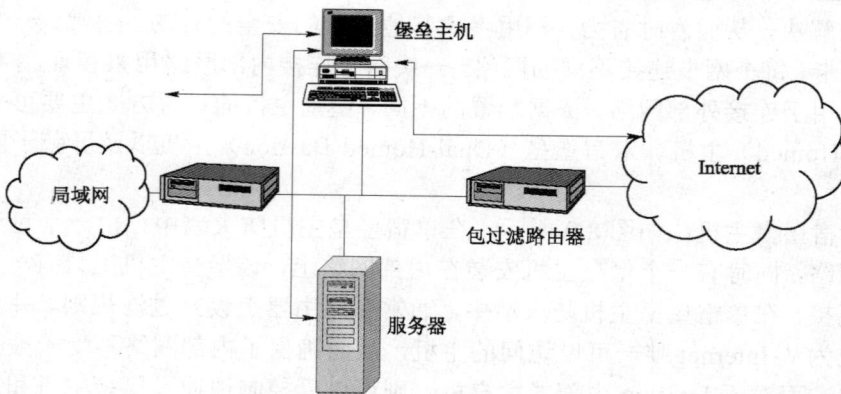

图 8.11　屏蔽子网防火墙

8.8 网络入侵检测技术

8.8.1 网络入侵检测技术简介

在传统的计算机网络安全体系中，主要是根据安全策略建立支持该策略的安全模型，然后通过用户认证和授权、访问控制机制、数据加解密、防火墙等传统静态防御技术来保护系统。但是，近年来入侵手段的多样化使得防火墙等网络安全机制在这些攻击面前显得极为脆弱，采用上述传统静态防御技术所构成的被动防御体系显现出了很多弊端。

针对日益严重的网络安全问题和越来越突出的安全需求，动态自适应安全模型 P2DR（Policy，Protection，Detection，Response）被提了出来，并已成为指导网络安全研究的一个重要标准。P2DR 模型主要包括以下四个部分：Policy（安全策略）、Protection（防护）、Detection（检测）和 Response（响应）。P2DR 模型在整体的安全策略的控制和指导下，在综合运用防护工具(如防火墙、操作系统身份认证、加密等)的同时，进一步利用检测工具来了解和评估系统的安全状态，通过适当的反应将系统调整到"最安全"和"风险最低"的状态。在 P2DR 模型中，防护、检测和响应组成了一个完整的、动态的安全循环，可在安全策略的指导下有效保证信息系统的安全。入侵检测（Intrusion Detection）作为其中执行安全策略的工具及动态响应的依据，是 P2DR 的核心。

入侵检测技术是继数据加密、防火墙等传统安全保护措施之后的新一代安全保障技术，主要通过采集并分析大量数据信息来判断网络或主机系统中是否存在违反安全策略的行为。作为一种积极主动的安全防护技术，入侵检测可对来自外部与内部的攻击和误操作及时做出响应，包括记录事件、告警、阻断非法的网络活动等。入侵检测系统 IDS（Intrusion Detection Systems）在一定程度上弥补了防火墙的不足，扩展了系统管理员的安全管理能力，提高了信息安全基础结构的完整性，现已成为网络安全深层次防御体系结构中的重要环节之一。

入侵检测技术最初由 James P.Anderson 等在 20 世纪 80 年代初提出，当时他在一份题为《Computer Security Threat Monitoring and Surveillance》的技术报告中首次详细阐述了入侵检测的概念。在该报告中，他还将入侵行为分为外部渗透、内部渗透以及不法行为三种，提出了利用审计记录来监视与跟踪入侵活动的思想，并给出了入侵威胁、入侵检测以及入侵检测系统的具体定义。其中入侵威胁的定义为：潜在的、有预谋的、未经授权的访问信息、操作信息，致使系统不可靠或无法使用的企图；入侵检测的定义为：发现非授权使用计算机系统（网络）的个体（例如：黑客）或计算机系统的合法用户滥用其访问系统的权利以及企图实施上述行为的个体；入侵检测系统的定义为：检测企图破坏计算机系统资源的完整性、真实性和可用性行为的软件，即执行入侵检测任务的程序。

入侵检测系统执行的主要任务包括：监视、分析用户及系统活动；审计系统构造和弱点；识别、反映已知进攻的活动模式，向相关人士报警；统计分析异常行为模式；评估重要系统和数据文件的完整性；审计、跟踪管理操作系统，识别用户违反安全策略的行为等。

入侵检测技术发展到今天已经取得了巨大的进展，现有的入侵检测系统能够在很大程度上抵御攻击，但不可否认的是，现有的入侵检测系统在以下几个方面还存在着许多不足之处：

（1）误报率、漏报率较高：绝大多数的商用入侵检测系统都是使用模式匹配的分析方法，这种检测方法对未知的攻击或已知攻击的变种的检测能力有限，这通常导致较高的漏报率，而这对 IDS 要保护的系统或网络来说，是十分危险的。除此之外，模式匹配要求匹配特征库的更新要及时而合理，这对维护人员提出了很高的要求。但在实际应用中，由于受各种外界因素的影响，加上目前 IDS 自身技术的不足，造成入侵检测的误报率较高，致使系统管理员往往要用很大的精力处理误报，有时会导致管理员暂时关掉 IDS，从而使得攻击者有可乘之机。

（2）检测方法单一：随着攻击方法越来越复杂、越来越多样化，单一的基于规则的检测或是基于异常的检测已经很难满足安全的需要。两种检测技术各有所长，入侵检测系统的发展趋势是在同一个系统中同时使用多种不同分析方法。

（3）互操作性不强：网络不同的部分可能会根据安全需求的不同使用不同的入侵检测系统或其他安全产品，但现在的入侵检测系统之间不能交换信息，与其他安全产品也不能互通信息，对形成完备的安全保障体系造成了障碍。

（4）检测速度慢：网络速度的发展远远超过了数据包分析、匹配技术发展的速度，基于网络的入侵检测系统难以跟上网络速度的发展。

针对现有入侵检测技术存在的以上不足之处，未来入侵检测技术研究的难点与潜在的研究方向大致如下：

（1）高速交换网络环境下的实时入侵检测：大量高速网络技术不断出现，对入侵检测系统数据采集、分析方法的效率问题提出了新的要求，另外，现有的入侵检测系统如何适应和利用未来高速网络协议也是一个不可避免的问题。

（2）大规模分布式入侵检测：传统的入侵检测系统局限于单一的主机或网络架构，对异构系统及大规模网络的检测效果不是很好，不同的入侵检测系统之间以及与其他网络安全系统不能协同工作。大规模分布式入侵检测系统成为一种趋势，异构系统之间的协作与数据共享成为关键问题。

（3）智能化入侵检测：绝大部分的商业入侵检测系统的工作原理与病毒检测相似，异常检测和误用检测需要人工设计大量规则和参数，在软件环境和外部环境发生改变后必须对这些参数重新设计，因此系统的灵活性和适应性差。具有自学习、自适应的入侵检测系统还未成熟，为了降低系统的误报率和漏报率，入侵检测的智能化成为当前入侵检测研究的热点。现阶段常用的智能化方法有神经网络、专家系统、遗传算法、模糊系统、免疫系统、机器学习等。

另外，关于入侵检测系统的标准化、自身安全问题以及建立有效的入侵检测评测方法等问题也是入侵检测中非常重要的一些研究领域。

8.8.2　网络入侵检测系统的基本模型

1984—1986 年，Dorothy Denning 和 Peter Neumann 采纳了 James P.Anderson 的若干建议，提出了实时异常检测的概念并研发了一个实时入侵检测系统模型 IDES（Intrusion Detection Expert Systems）。IDES 是一种通过使用统计方法发现用户异常操作行为并判断检测攻击的基于主机的入侵检测系统，其中，异常定义为"稀少和不寻常"（指一些统计特征量不在正常范围内）。Dorothy Denning 和 Peter Neumann 的这个假设是许多 20 世纪 80 年代入侵检测研究和系统原型的基础。1987 年，Dorothy Denning 在其发表的经典论文《An Intrusion Detection Model》中对入侵检测问题进行了深入讨论，建立了入侵检测的通用模型，正式启动了入侵检测领域的研究工作。

Denning 通用入侵检测模型的体系结构如图 8.12 所示，模型主要由三个部件（子系统）组成，它们分别是：事件产生器（Event Generator）、活动记录（Activity Profile）以及规则集/检测引擎（Rule Set &Analysis Engine）。由于早期的入侵检测系统通常依赖于专家系统技术，因此，在该模型中最初采用的是基于规则的思想，但现在已应用了许多其他技术。

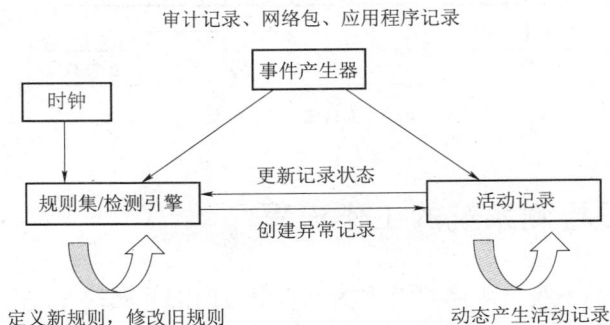

图 8.12　Denning 通用入侵检测模型

在 Denning 提出的通用入侵检测模型中，事件产生器主要负责收集入侵检测事件，提供网络活动的信息，其中，事件主要来源于审计记录、网络数据包或应用程序记录等。规则集/检测引擎主要用于事件或状态的核查以及判断，通过使用模型、规则、模式和统计结果等技术来对输入的事件进行分析，从而确定是否构成入侵。而活动记录部分则主要用于保存被监视的系统或网络的状态，当事件在数据源中出现时，活动记录部分会根据规则集/检测引擎检查出的活动创建新的变量。另外，由于现有的某些事件也许会引发规则学习，以及加进新的规则，因此，反馈也是该通用模型中的一个重要部分，一旦规则集/检测引擎查出活动记录中的某些变量发生了变化，就会改变事件产生器产生事件的频率、类型及其他细节。因为该通用模型中没有体系结构的限制，所以上述三个主要子系统中的任何一个都能在网络的不同节点上运行，每一个子系统又能进一步分布到多个节点上。

随着入侵检测技术的发展，检测模型也在不断改进。1998 年，人们在 Denning 的模型基础上进一步提出了一种新的通用入侵检测模型 CIDF（Common Intrusion Detection Framework）。在 CIDF 模型中，一个入侵检测系统被分为以下四个组件：事件产生器（Event Generators）、事件分析器（Event Analyzers）、响应单元（Response Units）以及事件数据库（Event Databases），其基本体系结构如图 8.13 所示。

在 CIDF 模型中，入侵检测系统需要分析的数据被统称为事件（Event），事件可以是网络中的数据包，也可以是从主机系统日志等其他途径得到的信息。事件产生器的目的是从整个计算环境中获得事件，并以特定格式向系统的其他部分提供此事件。事件分析器这负责分析得到的数据，判断是否为违归或反常抑或是入侵，然后，把其判断的结果转变成警告信息。响应单元则根据警告信息做出反应，可以做出切断连接、改变文件属性等强烈反应，也可以只是简单的报警，响应单元是入侵检测系统中的主动武器。事件数据库则是用于存放各种中间和最终数据的地方，它从事件产生器或分析器处接收数据，进行较长时间的保存。它可以是复杂的数据库，也可以是简单的文本文件。上述四种组件共同负责处理一般入侵检测对象（Generalized Intrusion Detection Objects，GIDOS），GIDOS 数据流在图中以虚线表示，它可以是发生在系统中的审计事件，也可以是对审计事件的分析结果。该模型为大部分实用入侵检测系统的设计提供了依据。

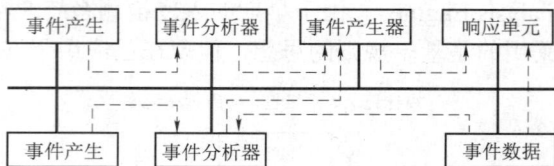

图 8.13　CIDF 入侵检测模型

8.8.3　网络入侵检测系统的工作流程

设计一个入侵检测系统一般需要考虑以下六个方面的问题：

（1）信息源：任何入侵检测系统都必须监控和分析计算机和网络系统收集的数据信息，依据信息源的不同，一般可以将检测系统分为基于主机的入侵检测系统和基于网络的入侵检测系统。其中，如图 8.14 所示，基于主机的入侵检测系统是指采用操作系统的审计轨迹和系统日志作为数据源，通过对这些记录信息的分析可以定位入侵到不同的主机。如图 8.15 所示，基于网络的入侵检测系统则使用网络包作为信息源，这是当前研究中最普遍的信息源，它反映了整个网络或某个网段的宏观状况。

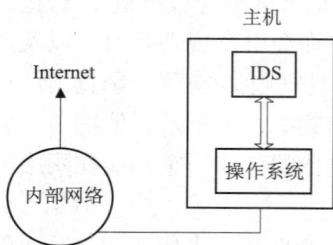

图 8.14　基于主机的入侵检测系统

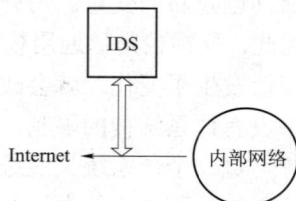

图 8.15　基于网络的入侵检测系统

通常，基于主机的入侵检测比基于网络的入侵检测更为准确，基于网络的入侵检测系统一般安装在防火墙或路由器上，它不能发现前门的伪装潜入者和网络内部的入侵者，而基于主机的入侵检测系统是直接保护每台主机系统的内核，因此，几乎所有入侵都不能逃脱。然而，主机的审计记录结构复杂，通常为二进制文件形式，较难分析，分别为每个主机配置检测策略也相当麻烦。相反，网络包数据可容易地展现为较易理解和读取的文本文件形式，而且配置整个网络或整个网段的检测策略比分别为每个主机配置检测策略要简单得多，因此，基于网络的入侵检测比基于主机的入侵检测的应用更为广泛。

（2）分析模式：仅有信息源是不够的，入侵检测系统还必须应用某种分析模式以获取隐藏在信息源中数据记录背后的知识。通常，入侵检测系统可采用基于异常的检测和基于误用的检测两类分析模式来进行数据分析。

◆ 基于异常的检测：是指通过当前模式与正常模式的比较来检测入侵。每一个用户在系统中都有一定的功能操作，这些功能操作可以通过观测得到，并且具有一定规律性。这就可以定义一组用户通常执行行为的集合，称为用户正常活动档案（Profile）。之后便可以追踪当前用户行为并且搜寻那些与正常活动相偏离的地方，当偏离大于某个给定的阈值时，即可判定为入侵异常。

◆ 基于误用的检测：是指根据已知攻击的特征，将观察到的模式与事先定义好的入侵标签模式进行匹配以探测入侵。历史数据记录了很多已为人知的入侵行为及其特征，可以从中提取和编写入侵模式，入侵模式说明了那些导致安全突破或其他误用的事件中的特征、条件、排列和关系，可通过将编写好的入侵模式集合起来建立一个入侵标签模式库，供以后查找和匹配之用。

由此可见，异常检测的前提是假定当前入侵活动有别于正常行为模式，误用检测的前提则是假定当前入侵活动总与某个已知的入侵模式匹配。

（3）操作模式：一个好的分析模式还不足以保证在现实环境中高效实现，一个值得考虑的设计问题是具体的操作模式。根据操作模式的不同，入侵检测系统可分为实时检测与离线检测。基于网络的检测在实时环境中工作起来比基于主机的检测要容易些，因为在实时环境中可以监控网络流量包。而基于主机的检测系统需要离线下载主机的审计数据进行分析，且要通过操作系统供应商提供的工具将其从二进制文件形式转换文本文件形式，因此，这些审计数据很难从实时环境中获得并立即处理，所以基于主机的数据源更适合用作离线检测。

（4）空间和时间跨度：在设计一个入侵检测系统时还要考虑空间和时间跨度，一个入侵可能跨越空间和时间的限制，因此，检测系统的设计者必须考虑如何处理分布在几个主机上的攻击和持续长期的攻击。

（5）技术组织结构：检测系统的技术组织结构也会影响到系统的性能。大多数入侵检测系统同时包含多种检测技术。如何在系统中组织这些技术要视具体情况而定。其中，有一些是基于组件的，不同的组件实现不同的技术，并在一个较高的层次对每种技术的输出结果进行组合，组件可以随意增加或删除；而有一些则是混合型的，使用几种技术进行协作，前一种技术的输出是后一种技术的输入，但最后只给出一个判断结果。

（6）知识更新：计算机系统活动的频繁改变要求检测系统能不断地更新其知识才能保证检测结果更加真实可靠。知识更新策略通常依赖于系统设计中所做的假设，对于异常检测，是指用新的参考数据更新正常行为模式和偏离阈值；对于误用检测，知识的增量更新则不仅包括旧的入侵模式的更新，还包括新的入侵模式的加入。

当设计好一个入侵检测系统之后，一般来说，入侵检测系统的工作流程可以分为以下四个步骤：信息收集、信息分析、信息存储、攻击响应。

（1）信息收集：是入侵检测的第一步，收集内容包括系统、网络、数据及用户活动的状态和行为等。一般由放置在不同网段的传感器或不同主机的代理来收集信息，这些信息主要包括系统和网络的日志文件、网络流量、非正常的目录与文件改变、非正常的程序执行等。

（2）信息分析：收集到的有关系统、网络、数据及用户活动的状态和行为等信息，被送到检测引擎，由检测引擎对收集到的信息进行分析，检测是否有攻击发生。检测引擎一般可通过以下三种技术手段来对所收集到的信息进行分析：模式匹配、统计分析和完整性分析。其中，前两种方法主要用于实时检测，而完整性分析则一般用于事后分析。

（3）信息存储：当入侵检测系统捕获到有攻击发生时，为了便于系统管理人员对攻击信息进行查看和对攻击行为进行分析，还需将入侵检测系统收集到的信息进行保存，这些信息通常存储到用户指定的日志文件中，同时，存储的信息也为攻击保留了数字证据。

（4）攻击响应：在对攻击信息进行了分析并确定攻击的类型之后，入侵检测系统会根据用户的设置，对攻击行为进行相应的处理，如通过发出警报、给系统管理员发邮件等方式来提醒用户，或者利用自动装置直接进行处理，如切断连接、过滤攻击者的 IP 地址等，从而使系统能够较早地避开或阻断后续攻击。

8.8.4　网络入侵检测关键技术

1. 基于聚类技术的网络入侵检测

入侵检测的研究与发展已经有很多年的历史了，国内外学者已提出大量的入侵检测方法，如统计方法（Statistics Method）、贝叶斯推理方法（Bayesian Inference Method）、机器学习方法（Machine Learning Method）、神经网络方法（Neural Network Method）、数据挖掘（Data Mining）、遗传算法（Genetic Algorithm）、支持向量机（Support Vector Machine）等方法。但上述方法存在一个缺点，即对建立检测模型的训练数据要求较高，必须是"干净"的数据并且必须包含检测对象的大多数正常行为，而要同时做到这两点是非常困难的。因此，近年来研究人员将聚类（Clustering）的方法用于入侵检测，以达到检测异常数据的作用。

基于聚类方法的异常检测是一种无监督的异常检测，这种方法在未标记的数据上进行；它将相似的数据划分到同一个聚类中，而将相异的数据划分到不同的聚类中，从而达到判断网络中的数据是否异常的效果。其中，聚类分析的方法是指将物理的或抽象的对象分成多个不同的簇（Cluster），在每个簇的内部，对象之间具有较高的相似性，而在不同簇之间的相似性则较低。通常一个簇也就是一个类，但与数据分类不同的是，聚类结果主要是基于当前所处理的数据，事先并不需要知道类的结构及每个对象所属的类别。基于聚类的入侵检测技术可以无监督地检测入侵，并且能够自适应地确定算法的参数，而无须干净的训练数据对系统进行训练。

由于聚类方法是一种无监督的学习方法，因此，将它用于异常检测不但可以使得入侵检测系统具有自动检测、防止未知攻击的优点，而且还无须像基于分类模型的 IDS（Intrusion Detection Systems，入侵检测系统）那样要依靠手工来添加训练数据的分类特征，也不需要事先对数据记录进行标记；此外，还不需要知道自己要检测哪些种类的入侵行为，就可以判断哪些行为是合法的，哪些行为是非法的。基于聚类技术的 IDS 系统需要的只是足够多的数据。如果构建一个基于聚类的入侵检测模块，再将其与成熟的模式匹配等误用检测方法相结合，这样的 IDS 将既可以检测已知的入侵行为，又可以发现未知的入侵行为，从而可有效提高 IDS 的性能。

但聚类方法要求有足够的历史数据作为训练集，计算量大，从而导致系统的反应慢，因此，如何提高聚类的效率是一个难点。此外，聚类过程中的未知因素很多，技术还不成熟，基于聚类的入侵检测存在误报率高等缺点。尽管如此，由于这种方法不需要先验知识，并可以发现未知入侵行为，因此，在实际中具有相当的应用价值。

如图 8.16 所示，聚类的过程一般由以下三个阶段组成：数据准备阶段、聚类阶段、评估和表示阶段。

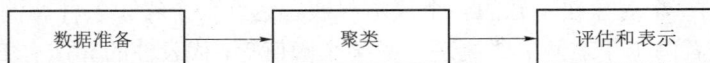

```
┌──────────┐     ┌──────────┐     ┌──────────────┐
│  数据准备  │ ──→ │   聚类    │ ──→ │   评估和表示   │
└──────────┘     └──────────┘     └──────────────┘
```

图 8.16 聚类过程

（1）数据准备阶段：聚类需要对存储在数据仓库或数据库中的大量的数据进行处理，这些数据不但可能格式不一致，而且这些数据对象的属性也可能类型复杂，不适合直接用来进行聚类，因此，需要相应的数据准备工作。数据准备阶段的主要目的是要消除数据噪声和与挖掘主题明显无关的数据，以确保聚类的效率与准确度。数据准备阶段主要包括数据清理、数据集成、数据选择和数据变换等几个方面的工作。其中，数据清理是指消除噪声和冗余数据；数据集成是指对来自多个异构数据库的数据，通过手工或自动的方式将这些数据整合到一起；数据选择是指从数据库或数据仓库中检索、分析与任务相关的数据；而数据变换则是指通过某种方法使得不同类型的属性可相互转换或映射，使之适合于所要采用的聚类算法。

（2）聚类阶段：主要是指根据任务的目标，采用人工智能、集合论、统计学等方法，选取一种聚类算法对所有数据对象进行分析处理，并通过可视化工具表述所获得的聚类结果。其中，聚类算法的效率（如时间复杂度和空间复杂度等）与准确性是整个聚类阶段的关键。

（3）评估和表示阶段：聚类最终得到的结果是一些数据对象的集合，这些集合有可能是没有实际意义或没有使用价值的，也有可能不能准确反映数据的真实意义，因此需要评估，以确定聚类结果的有效的与有用的。评估可以根据用户多年的经验，也可以直接用数据来检验其准确性。另外，如何将挖掘出的有用知识清楚易懂地提供给管理者也是一项非常重要的工作，因此，还需要选择合适的可视化工具，将结果以关系表或用量化特征规则表示给用户。

聚类分析是数据挖掘中一个很活跃的研究领域，目前，常用的聚类分析算法主要包括划分法、层次方法、基于密度的方法、基于网格的方法以及基于模型的方法等。

（1）划分法（Partitioning Methods）：划分法是最基本的聚类方法，其中，最具代表性的有 K-Means（K-平均）、K-Medoids（K-中心）以及 CLARANS（Clustering Large Applications based on RANdomized Search，基于随机搜索的大规模应用聚类）算法等。划分法的基本思想如下：给定一个由 N 个元组或纪录构成的数据集，划分方法将构造 K 个分组，每个分组代表一个聚类，$K<N$。这 K 个分组满足下列条件：每一个分组至少包含一个数据纪录；每一个数据记录属于且仅属于一个分组（该要求在某些模糊聚类算法中可以放宽）。对于给定的 K，算法首先给出一个初始的分组方法，然后通过反复迭代的方法来改变分组，使得每一次改进之后的分组方案都较前一次好，而所谓好的标准就是：同一分组中的记录越近越好，而不同分组中的纪录越远越好。

（2）层次法（Hierarchical Methods）：如图 8.17 所示，该方法将对给定的数据集进行层次分解，直到某种条件满足为止。根据层次分解是自底向上的还是自顶向下形成的，层次聚类方法又可进一步分为凝聚的（agglomerative）和分裂的（divisive）层次聚类两种。其中，凝聚的层次聚类法采用自底向上的策略，初始时视每个数据对象为一个单独的原子簇，然后根据某种规则合并原子簇，直到所有的对象在一个簇中或者某个终结条件被满足，代表性的算法有 CURE（Clustering Using Representatives，基于代表点的聚类）、ROCK（Robust Clustering using Links，基于点对间的链接的健壮聚类）等。而分裂的层次聚类法采用自顶向下的策略，正好与"自底向上"的方案相反，它首先将所有的对象置于一个簇中，然后再逐渐细分为越来越小的簇，直到每个对象在单独的一个簇中，或者达到一个终止条件。例如：达到了某个希望的簇数目，或者两个簇之间的距离超过了某个阈值等，代表性的算法有 BIRCH（Balanced Iterative Reducing and Clustering using Hierarchies，基于分层的平衡迭代规约聚类）等。

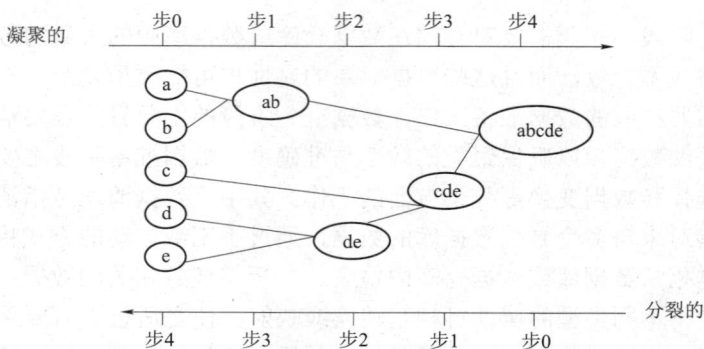

图 8.17　层次法的聚类过程

（3）基于密度的方法（Density-based Methods）：绝大多数划分方法给予对象之间的距离进行聚类。这样的方法只能发现球状的簇，而在发现任意形状的簇方面遇到了困难。基于密度的聚类方法是将簇看作是数据空间中被低密度区域分割开的高密度区域。其主要思想是：只要邻近区域的密度（对象或数据点的数目）超出了某个阈值，就继续聚类。也就是说，对给定类中的每个数据点，在一个给定范围的区域中必须至少存在某个数目的点。因此，基于密度的聚类方法可以用来过滤"噪声"孤立点数据，发现任意形状的簇。代表性的基于密度的聚类算法有 DBSCAN（Density-Based Spatial Clustering of Applications with Noise，基于密度的带有噪声的空间聚类）、OPTICS（Ordering Points To Identify the Clustering Structure，对象排序识别聚类结构）、DENCLUE（Density-based Clustering，基于密度的聚类）等。

（4）基于网格的方法（Grid-based Methods）：这种方法首先将数据空间划分成为有限个单元（Cell）的网格结构，所有的处理都是以单个的单元为对象的。基于网格的方法的一个突出的优点就是处理速度很快，其处理时间通常与目标数据库中记录的个数无关，只与把数据空间分为多少个单元有关。代表性的算法有 STING（Statistical Information Grid，统计信息网格）、CLIQUE（Clustering In Quest，基于探索的聚类）、WAVE-CLUSTER（小波聚类）等。

（5）基于模型的方法（Model-based Methods）：基于模型的方法给每一个聚类假定一个模型，然后去寻找能最佳拟合给定模型的数据集。其中，模型可能是数据点在空间中的密度分布函数。该方法的一个潜在的假定就是：数据是根据潜在的概率分布生成的。基于模型的方法主要包括以下两类：统计学方法和神经网络方法，其中，典型的基于模型的方法有 COBWEB（蜘蛛网）等。

2. 基于神经网络技术的网络入侵检测

20 世纪 40 年代，随着神经解剖学、神经生理学以及神经元的电生理过程等研究领域取得突破性进展，人们对人脑的结构、组成及其基本工作单元有了越来越充分的认识，在此基础上，人们提出了人工神经网络（Artificial Neural Network，ANN）的概念。所谓的人工神经网络，就是人们在对人脑神经网络的研究基础上，采用数理方法并从信息处理的角度对人脑神经网络进行抽象，从而建立起来的一种应用类似于大脑神经突触连接的结构进行信息处理的数学模型。在工程与学术界常简称为神经网络（Neural Network，NN）。神经网络具有以下几个突出的优点，可以很容易地解决具有上百个参数的问题，从而为解决大型复杂度问题提供了一种相对有效的简单方法：

（1）适合非线性处理：具有执行非线性任务和去除噪声的能力，使它能够很好地分类和预测问题，可以充分逼近任意复杂的非线性关系。

（2）强鲁棒性与容错性：所有定量或定性的信息都等势地分布式地储存于网络内的各神经元，故有很强的鲁棒性和容错性。

（3）并行处理：大量广泛互连的处理单元组成的结构，提供了并行处理和并行分布信息存储的能力。通过采用并行分布式处理方法，使得快速进行大量运算成为可能。

（4）自适应性：强有力的学习算法和自组织规则使其能在不断变化的环境中对每一要求进行自适应，可有效学习和自适应不知道或不确定的系统。

（5）能够同时处理定量、定性知识。

基于神经网络技术的入侵检测系统就是指使用神经网络方法与手段来进行入侵检测，神经网络的引入对入侵检测系统的研究开辟了新的途径。使用神经网络检测方法的优势在于：由于神经网络的自适应性、自学习等诸多优点，因此在基于神经网络的入侵检测系统中只要提供系统的审计数据，入侵检测系统就可以通过自学习从中提取正常的用户或系统活动的特征模式，而不必对大量的数据进行存取，精简了系统的设计，并且有较好的抗干扰能力，还对新的攻击类型有较好的检测能力。

神经网络作为人工智能的分支，在入侵检测领域得到了较好的应用。神经网络应用于入侵检测主要是利用神经网络对正常的系统或用户行为进行训练，利用其自适应学习特性提取系统或用户行为特征，以此创建系统或用户的行为特征轮廓，并作为异常的判定标准。神经网络技术在入侵检测系统中用来构造分类器，主要用于资料特征的分析，以发现是否为一种入侵行为。如果是一种入侵行为，系统将与已知入侵行为的特征进行比较，判断是否为一种新的攻击行为，从而决定是进行丢弃还是进行存盘、报警、发送资料特征等工作。作为入侵检测系统的核心部分——分类器，在基于神经网络的入侵检测系统中，一般使用单个神经网络或多个神经网络（神经网络集成）来担任。目前，这方面的研究根据神经网络的组合个数可分为：

（1）使用单个神经网络构造分类器：通过对单个神经网络的训练实现对入侵的检测。优点是结构相对简单；缺点是神经网络拓扑结构只能经过较长的尝试后才能确定下来。

（2）基于神经网络集成技术构造分类器：通过合成多个神经网络个体的输出，显著地提高神经网络系统的泛化能力，从而实现对入侵的高效检测。

图 8.18 给出了一种神经网络在入侵检测中的具体应用模型。

在图 8.18 所示的基于神经网络 deep 入侵检测系统中，首先，系统从所收集的网络数据包中构建网络会话数据矢量，即单个网络会话中双方实体之间所传输的所有数据负载内容。接着，根据关键词表，在会话内容中搜索匹配各个关键字，并形成各自的统计计数值。然后，

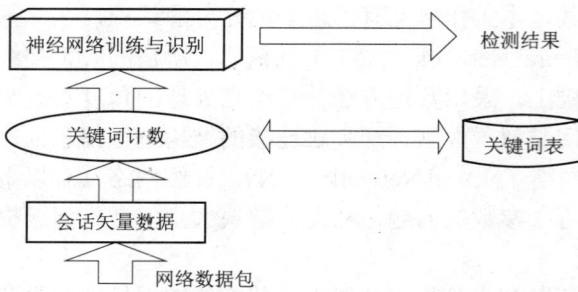

图 8.18　基于神经网络技术的入侵检测系统模型

将各个关键字计数值进行排列形成输入特征矢量。再进行预处理，预处理主要包括归一化过程，即针对各个关键字计数值字段进行归一化。预处理过程完成以后，输入特征矢量被送到神经网络模型中进行训练。在使用神经网络进行训练时，将训练样本集合中由每个合法会话数据形成的输入特征矢量标识为"正常"（对应于输出值 1）；而将由每个可疑会话数据所形成的输入特征矢量值标识为"异常"（对应于输出值 0）。训练完毕后的神经网络即可用于入侵检测目的。

目前，神经网络技术在入侵检测中的应用远未成熟，在入侵检测中的应用还存在很多缺陷和不足，主要表现在神经网络对于大容量入侵行为类型的学习能力不够，其解释能力不足，另外，神经网络的执行效率也不是很高。因此，随着网络技术和网络规模的不断发展，以及入侵检测系统在计算机网络安全体系中发挥着日趋重要的作用，面对层出不穷、变化多端的攻击，仍然需要不断完善现有的神经网络技术，对基于神经网络技术的入侵检测方法进行更加深入的研究。

3. 基于数据挖掘技术的网络入侵检测

数据挖掘（Data Mining）是一个从大量的、不完全的、有噪声的、模糊的和随机的数据中提取隐含的、事先不知道的，但又是潜在有用的信息和知识的过程。其挖掘对象可以是文件、数据库、数据仓库以及 Web 数据库等。就功能而言，数据挖掘主要是对所挖掘对象中的数据进行概念描述、关联规则获取、分类预测、聚类分析、孤立点发现、模式评估等。Wenke Lee 等人最早将数据挖掘引入到入侵检测领域，并系统地提出了用于入侵检测的数据挖掘技术框架与流程，具体如图 8.19 所示。

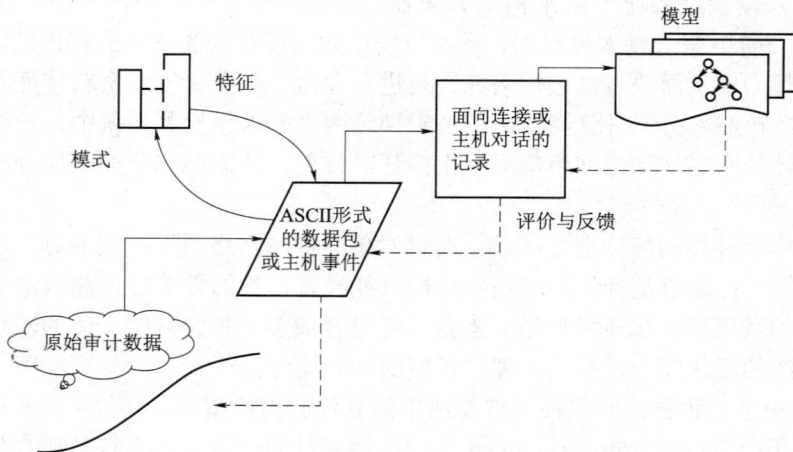

图 8.19　入侵检测中的数据挖掘流程

　　在图 8.19 所示的数据挖掘流程中，原始审计数据（Raw Audit Data）首先被处理成用 ASCII 码表示的数据包信息（Network Packets）或主机事件数据（Host Events）；其次，这些数据信息进一步被转化为面向连接的记录（Connection Records）或面向主机对话的记录数据（Host Session Records）。在这些记录中包含了许多多连接/会话特征，例如：在网络连接记录中包含服务类型、连接持续时间、连接状态指示符等；然后，将数据挖掘的算法应用到这些连接记录上，并计算出有用的数据模式（Data Patterns），例如：关联规则和常见事件序列等；接着，对这些数据模式进行分析后用来帮助提取连接记录中其他有用特征（Features）；最后，在确定了记录数据的特征集合之后，应用数据挖掘中的分类算法，对记录数据进行归纳学习，生成最终的检测模型（Detection Models）。数据挖掘中的关联分析和序列分析算法主要用在模式发现和特征构造的步骤上，而分类算法主要用于最后的检测模型。

　　数据挖掘的方法种类繁多，从应用到入侵检测领域的角度来讲，通常有以下几种方法：

　　（1）关联分析（Associations Analysis）：数据关联是数据库中存在的一类重要的可被发现的知识。若两个或多个变量的取值之间存在某种规律性，就称为关联。关联可分为简单关联、时序关联、因果关联。关联分析的目的是找出数据库中隐藏的关联网。有时并不知道数据库中数据的关联函数，即使知道也是不确定的，因此，关联分析生成的规则带有可信度。Agrawal 等于 1993 年首先提出了挖掘顾客交易数据库中项集间的关联规则问题，随后许多研究人员对关联规则的挖掘问题进行了大量的研究。随着 OLAP（Online Analytical Processing，联机分析处理）技术的成熟和应用，将 OLAP 和关联规则结合也成为一个重要的方向，例如：在网络安全系统中，可以用关联分析来找出入侵者各种入侵行为之间的相关性。

　　（2）序列模式分析（Sequential Patterns Analysis）：和关联分析相似，序列模式分析的目的也是挖掘数据之间的联系，但与关联分析不同，序列模式分析的侧重点在于分析数据间的前后序列关系，它能发现数据库中形如"在某一段时间内，顾客购买商品 A，接着购买商品 B，而后购买商品 C，即序列 A-B-C 出现的频度较高"之类的信息。序列模式分析所描述的问题是在给定交易序列数据库中，每个序列是按照交易时间排列的一组交易集，挖掘序列函数作用在这个交易序列数据库上，返回该数据库中出现的高频序列。序列模式分析可用于黑客入侵行为的挖掘，这是因为黑客的许多入侵行为都是有先后关系的，有的行为必须发生在其他的行为之后。例如：黑客在真正实施攻击时，一般都要对系统的端口进行扫描等。

　　（3）分类分析（Classification Analysis）：设有一个数据库和一组具有不同特征的类别（标记），该数据库中的每一个记录都赋予一个类别的标记，这样的数据库称为示例数据库或训练集。分类分析就是通过分析示例数据库中的数据，为每个类别做出准确的描述或建立分析模型或挖掘出分类规则，然后用这个分类规则对其他数据库中的记录进行分类。例如：可以根据黑客入侵行为的危害程度将入侵行为划分三类：致命入侵、一般入侵、弱入侵。分类分析可通过检查以前的黑客入侵行为，并根据分类标准，首先对每一个危害等级进行分类，然后，再进一步给出每一等级的准确的特征描述。

　　（4）聚类分析（Clustering Analysis）：与分类分析不同，聚类分析输入的是一组未分类记录，并且这些记录应分成几类事先并不知道。聚类分析就是通过分析数据库中的记录数据，根据一定的分类规则，合理地划分记录集合，确定每个记录所在的类别。它所采用的分类规则是由聚类分析工具决定的。聚类分析的方法很多，采用不同的聚类方法，对于相同的记录集合可能有不同的划分结果。聚类分析和分类分析是一个互逆的过程。例如：在最初的分析中，分析人员根据以往的经验将要分析的数据进行标定，划分类别；然后，再利用分类分析方法分析该数据集合，挖掘出每个类别的分类规则；接下来，再进一步利用这些挖掘得到的分类规则重新对这个集合（抛弃原来的划分结果）进行划分，以获得更好的分类结果。

4. 基于数据融合技术的网络入侵检测

数据融合（Data Fusion）技术是指利用计算机系统对按时序获得的若干观测信息，在一定准则下加以自动分析、综合，以完成所需的决策和评估任务而进行的信息处理技术。数据融合的概念始于 20 世纪 70 年代初期，但真正的技术进步和发展在 80 年代，美、英、日、德、意等发达国家不但在所部署的一些重大研究项目上取得了突破性进展，而且已陆续开发出一些实用性系统投入实际应用和运行。不少数据融合技术的研究成果和实用系统已在 1991 年的海湾战争中得到了实战验证，取得了理想的效果。一般来讲，数据融合主要包含以下三个方面的内容：数据融合是对多源数据进行不同层次的处理，每个层次表示不同的数据抽象级别；数据融合的过程主要包括数据的检测、关联、相关、估计和组合；数据融合的结果包括低层次的状态和类型估计以及较高层次的整个环境态势评估。

简单说来，数据融合的基本目标就是通过组合获得比任何单个输入参数数据源更准确的信息。这是感应器之间最佳协调的结果，即通过多感应器之间的协调和性能互补的优势来提高整个感应器系统的有效性。图 8.20 给出了一个简单的分布式数据融合模型。

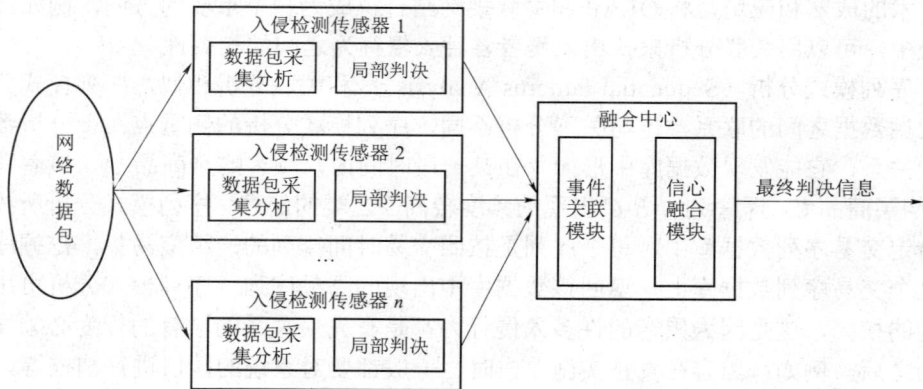

图 8.20　一个简单的分布式数据融合模型

随着系统的复杂性日益提高，依靠单个感应器对物理量进行监测显然限制颇多。信息融合技术的出现为故障诊断的发展和应用开辟了广阔的前景。数据融合是一种多层次、多方面的处理过程，该过程通过对多源数据进行检测、结合、相关和组合以达到精确的状态估计和身份估计，以及完整、及时的态势评估和威胁评估。目前，数据融合技术在入侵检测领域中的应用还没有涉及具体的技术方法，由 T.Bass 提出数据融合的概念，将分布式入侵检测理解为在层次化模型下对多感应器的数据综合问题。在这个层次化模型中，入侵检测的数据源经历了从数据（Data）到事件（Event）、再到元事件（Meta-Event）、最后到知识（Knowledge）的四个逻辑抽象层次，如图 8.21 所示。

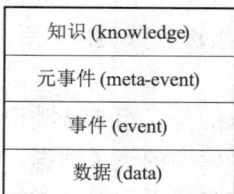

图 8.21　入侵检测系统数据融合层次模型

（1）数据（Data）：感应器收集到的原始信息称为数据。

（2）事件（Event）：数据经预处理后转化为事件，预处理工作包括数据的过滤、格式化、特征提取及分析。完成预处理后，感应器将事件信息上报给所属的分析器。

（3）元事件（Meta-Event）：分析器对事件进行聚合分析，包括对下属各个感应器上报的事件进行时间相关、来源相关、目标相关、协议（服务）相关，以及在需要时与其他分析器进行交互，以进行协同分析。分析器聚合分析结果产生对应的元事件。对于单点攻击行为，通常在事件级的信息抽象级别就可以体现出入侵或异常的特征；而对于分布式攻击行为，则可能需要在元事件级的信息抽象级别才能发现其迹象。

（4）知识（Knowledge）：最高层次的信息抽象称为知识，一般将知识定义为可以从元事件中发掘出的、用于检测未知入侵行为的信息。例如：某检测区域内有一台安装了 Linux 的主机，运行 WU-FTPD（Washington University FTP，华盛顿大学 FTP 服务器软件）对外提供 FTP 服务，在该检测区域内设置了两种类型的感应器，一种为主机型感应器 S_1，驻留在该 Linux 主机上，通过检查系统调用来检测重要守护程序的异常行为；另一种为网络型感应器 S_2，通过截获网络数据包并进行模式匹配来发现入侵行为。如图 8.22 所示，假设发生了某次针对 WU-FTPD 的缓冲区溢出（Buffer Overflow）攻击，S_1 通过当前 WU-FTPD 所产生的系统调用序列与历史序列的比较发现了异常，向分析器报告异常调用序列事件 E_1；同时，S_2 也在攻击者发送的数据包中检测到了对应该种类型缓冲区溢出攻击的特征代码，并向分析器报告溢出代码事件 E_2。分析器通过综合 E_1 和 E_2，针对事件发生的时间和目标进行相关分析，得出第 3 层的抽象级别信息——缓冲区溢出攻击元事件 M_1，就可以确认本次攻击的行为。

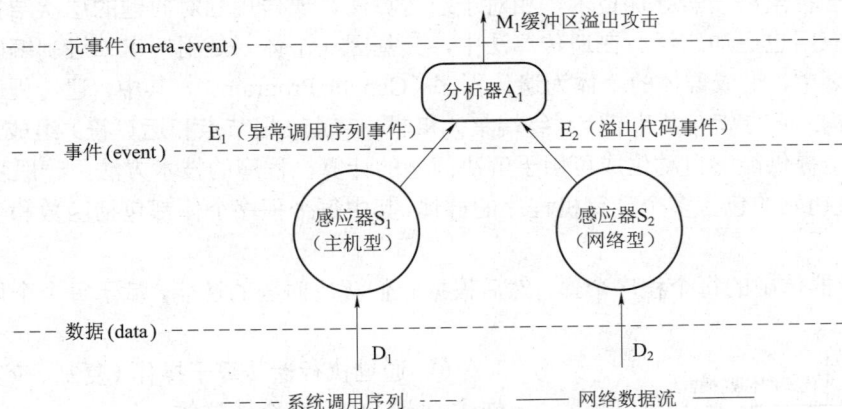

图 8.22　检测 WU-FTPD 缓冲区溢出攻击的信息抽象示意图

显然，上述多感应器数据融合技术能够把从多个异质分布式感应器处得到的各种数据和信息综合成一个统一的处理过程，从而可以用来评估整个网络环境的安全性能，为解决当前入侵检测系统所存在的若干缺陷与不足，提供了一条重要的新的技术途径。

5. 基于进化计算技术的网络入侵检测

进化计算（Evolutionary Computation）技术在本质上属于一种模仿某些自然规则的全局优化算法。进化计算主要算法有以下五种类型：遗传算法（Genetic Algorithm，GA）、进化规划

（Evolutionary Programming，EP）、进化策略（Evolutionary Strategies，ES）、分类器系统（Classifier Systems，CFS）和遗传规划（Genetic Programming，GP）。在目前，进化计算在入侵检测中的应用主要是遗传算法和遗传规划。

（1）基于遗传算法的网络入侵检测。遗传算法是基于"自然选择"在计算机上模拟生物进化机制的寻优搜索算法在自然界的演化过程中。生物体通过遗传、变异来适应外界环境，一代又一代地优胜劣汰、发展进化。遗传则模拟了上述进化现象，它把搜索空间映射为遗传空间，即把每一个可能的解编码为一个向量，称为一个染色体。向量的每一个元素称为基因，所有染色体组成群体，并且按预定的目标函数对每个染色体进行评价，根据其结果给出一个适应度的值。算法开始时先随机地产生一些染色体，计算其适应度，根据适应度对各染色体进行选择复制（Duplication）、交叉（Crossover）、变异（Mutation）等遗传操作，剔除适应度低的染色体，留下适应度高的染色体，从而得到新的群体。由于新群体的成员是上一代群体的优秀者，继承了上一代的优良性态，因而明显优于上一代。遗传算法就这样反复迭代，向着更优解的方向进化，直至满足某种预定的优化指标。遗传算法在入侵检测中的应用主要分为以下步骤：

◆ 首先，使用一组字符串或比特组对可能出现的检测结果进行编码。

◆ 然后，采用定义好的最适应性函数（Fittest Function），对所有的字符串或比特组个体进行测试，找出最优个体，并对所有的个体执行复制、交叉、变异等操作，不断产生新的字符串或比特组个体。

◆ 最后，不断重复上述的测试、选择、重组或变异等操作步骤，直到获得满意的结果。

（2）基于遗传规划的网络入侵检测。遗传规划是进化计算的分支之一，是从遗传算法中发展起来的一种全局搜索寻优技术，相对于遗传算法，遗传规划对问题的层次结构表示方法更加自然，应用也更加广泛。在遗传算法中，其基因（个体）是用一串二进制编码组成的，而在遗传规划中，组成群体的个体为遗传程序（Genetic Programs），其中，遗传程序是一种动态的树状结构，树的节点由叶节点（终端集）和非叶节点（根节点和运算符）组成。遗传规划的主要任务是提供能够自动生成可用于解决问题的计算机程序的技术方法，一般步骤如下：

① 生成初始的包含多个计算机程序的群体，其中每个程序个体都包括函数和变量集合的随机组合。

② 执行群体中的每个程序个体，然后根据它们解决问题的性能，赋予每个个体一个适应性度量值。

③ 通过执行遗传算子操作（复制、交叉、变异），创建一个新的程序个体群体。

④ 选择群体中的一个或多个最佳程序个体作为解决问题的方法。

遗传规划在入侵检测中的应用集中在提供学习能力这一点上。Crosbie 和 Spafford 在 1995 年提出早期基于代理的入侵检测架构时，对遗传规划在构造代理程序中的应用提供了一个基本架构，如图 8.23 所示，其中，每个代理代表一个程序个体，负责执行特定的检测任务。解析器（Evaluator）负责解释执行的代理程序。系统抽象层（System Abstraction Layer）负

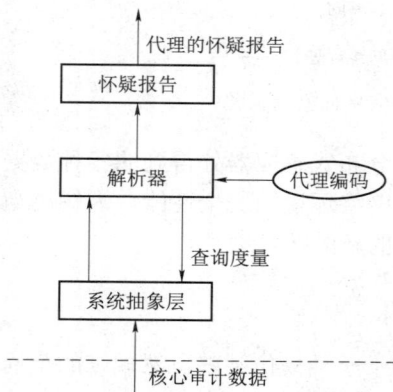

图 8.23　基于遗传规划的入侵检测系统架构

责提取审计记录中的字段信息，并计算出系统所需要的审计信息（例如：CPU 的使用情况、登录平均尝试次数等），步骤与上述的一般步骤相同。

进化算法的优点是对于多为系统的优化非常有效，同时可以提高对不同攻击类型的分辨力，降低系统的误报率。但进化算法在入侵检测中的应用研究，目前还处于起步阶段，还存在着不少的问题与缺陷，有待进一步的研究和解决。

8.9　本章小结

本章主要对计算机网络面临的安全问题以及传统密码加密技术、分组密码加密技术、公开密钥加密技术、信息认证技术、远程访问控制技术、防火墙技术以及网络入侵检测技术等目前常用的网络安全保障技术进行了详细介绍。通过本章的学习，需要了解目前计算机网络所面临的安全问题，需要熟悉上述目前常用的网络安全保障技术的基本功能与相关的术语及定义。

8.10　本章习题

1. 目前计算机网络所面临的安全问题主要包括哪些？
2. 传统密码加密技术的基本原理是什么？
3. 分组密码加密技术的基本原理是什么？
4. 公开密钥加密技术的基本原理是什么？
5. 信息认证技术的基本原理是什么？
6. 远程访问控制技术的基本原理是什么？
7. 防火墙技术的基本原理是什么？
8. 网络入侵检测技术的基本原理是什么？

致　　谢

　　首先，在本书的编写过程中，得到了加拿大 Lakehead 大学计算机科学系 Ruizhong Wei 教授、湘潭大学信息工程学院院长刘任任教授、湖南软件职业学院副院长符开耀教授、西安交通大学出版社的刘娟编辑等领导和专家们的大力支持与热心帮助，在此表示衷心感谢！

　　其次，本书的出版部分得到了湖南省高校创新平台开放基金项目（No.13K041）与湖南省自然科学基金项目（No.14JJ2070）资助；本书的部分内容参考了国内外有关单位和个人的研究成果，均已在参考文献中列出，在此也一并表示感谢！

　　另外，由于本书的编写定位于将计算机网络的基本概念与现代计算机网络与通信研究领域的热点和前沿课题及其代表性的研究方法相结合，力图让大专生、本科生与研究生在深入了解计算机网络的相关概念与关键技术的基础上，能尝试开展计算机网络领域的一些初步研究工作，因此，在本书的内容编写与结构组织上具有一定的难度，加之编著者水平有限，虽然几经修改，但书中仍然会难免存在一些疏漏与不足之处，敬请读者、专家以及同行朋友们批评指正，在此先行表示感谢！

编著者

参 考 文 献

［1］ Andrew S. Tanenbaum. Computer Network［M］. 4th Edition. Upper Saddle River: Prentice Hall, 2005.

［2］ 吴功宜. 计算机网络高级教程［M］. 北京：清华大学出版社，2007.

［3］ 谢希仁. 计算机网络［M］. 北京：电子工业出版社，2008.

［4］ 陈庆章，王子仁. 大学计算机网络基础［M］. 北京：机械工业出版社，2008.

［5］ 成先海. 计算机网络技术基础与应用［M］. 北京：机械工业出版社，2009.

［6］ 何莉，许林英，等. 计算机网络概论（第三版）［M］. 北京：高等教育出版社，2002.

［7］ 高阳，王坚强，高楚舒. 计算机网络原理与实用技术［M］. 北京：清华大学出版社，2009.

［8］ 桂海源，张碧玲. 软交换与 NGN［M］. 北京：人民邮电出版社，2009.

［9］ NGI 与 IPv6 编写组. NGI 与 IPv6［M］. 北京：人民邮电出版社，2008.

［10］ 黄叔武. 计算机网络教程［M］. 北京：清华大学出版社，2004.

［11］ 徐恪，吴建平，徐明伟. 高等计算机网络：体系结构、协议机制、算法设计与路由器技术［M］. 北京：机械工业出版社，2009.

［12］ 史忠植. 高级计算机网络［M］. 北京：电子工业出版社，2002.

［13］ 李丽芬，程晓荣，吴克河. 计算机网络体系结构［M］. 北京：中国电力出版社，2006.

［14］ 刘永华，解圣庆，等. 计算机网络体系结构［M］. 南京：南京大学出版社，2009.

［15］ 黄永峰，李星. 计算机网络教程［M］. 北京：清华大学出版社，2006.

［16］ 唐雄燕. 宽带无线接入技术及应用——WiMAX 与 WiFi［M］. 北京：电子工业出版社，2006.

［17］ 吴彦文，刘方，等. 固定宽带无线接入技术［M］. 北京：北京邮电大学出版社，2003.

［18］ 黎连业，郭春芳，向东明. 无线网络及其应用技术［M］. 北京：清华大学出版社，2004.

［19］ 戴维斯（Davies J）. 理解 IPv6［M］. 张晓彤，晏国晟，等，译. 北京：清华大学出版社，2004.

［20］ 蒋亮. 下一代网络移动 IPv6 技术［M］. 北京：机械工业出版社，2006.

［21］ 哈根（Hagen S）. IPv6 精髓［M］. 技桥，译. 北京：清华大学出版社，2004.

［22］ 龚倩. 智能光交换网络［M］. 北京：北京邮电大学出版社，2003.

［23］ 余重秀. 光交换技术［M］. 北京：人民邮电出版社，2008.

［24］ 王雷，冯湘. 高等计算机网络与安全［M］. 北京：清华大学出版社，2010.

［25］ 童晓渝. 软交换技术与实现［M］. 成都：西南交通大学出版社，2004.

［26］ 阮征，邹晨，鲍利剑.Web2.0 动态网站开发——Ajax 技术与应用［M］. 北京：清华大学出版社，2008.

［27］ 艾米（Shuen A）.Web2.0 策略指南［M］. 赵俐，盛海艳，译. 北京：机械工业出版社，2009.

［28］ 张文，赵子铭.P2P 网络技术原理与 C++开发案例［M］. 北京：人民邮电出版社，2008.

［29］ 徐恪，熊勇强，吴建平. 对等网络研究综述［EB/OL］. http://bigpc.net.pku.edu.cn:8080/paper/surveyP2P.pdf，2005.

［30］ 罗慧，吴国新.P2P 技术及其资源发现与定位［J］. 计算机与信息技术，2005，12:62-64.

［31］ Ion Stoica, Robert Morris, David Karger, M.Frans Kaashoek, Hari Balakrishnan, Chord A Scalable Peer-to-peer Lookup Service for Internet Applications [C]. In Proceeding of ACM SIGCOMM, San Diego, USA, 2001.

［32］ Sylvia Ratnasamy, Paul Francis, Mark Handley, Richard Karp, Scott Shenker. A Scalable Content-Addressable Network [C]. In Proceedings of ACM SIGCOMM, San Diego, USA. 2001.

［33］ Antony Rowstron, Peter Druschel. Pastry: Scalable, decentralized object location and routing for large-scale peer-to-peer systems [C]. IFIP/ACM International Conference on Distributed Systems Platforms, 2001.

［34］ M.Ripeanu. Peer-to-peer Architecture Case Study: Gnutella [C]. In Proceedings of International Conference on P2P Computing, 2001.

［35］ 万健，郑若艇，徐向华.P2P 网络中激励机制研究［J］. 计算机应用，2007，27(9): 2202-2205.

［36］ 朱娜斐，陈松乔，眭鸿飞，陈建二. 匿名通信概览［J］. 计算机应用，2005，25(11): 2475-2479.

［37］ 吴艳辉，王伟平,陈建二. 匿名通信研究综述［J］. 小型微型计算机系统，2007，28(4): 583-588.

［38］ 陆天波，程晓明，张冰.MIX 匿名通信技术研究［J］. 通信学报，2007，28(12): 108-115.

［39］ Wang Lei, Wei Ruizhong. Reputation Model based Pair-wise Key Establishment Scheme for Sensor Networks [J]. Ad Hoc & Sensor Wireless Networks, 2010, 9(3-4): 163-177.

［40］张威.GSM 网络优化——原理与工程［M］.北京：人民邮电出版社，2003.

［41］朱近康.CDMA 通信技术［M］.北京：人民邮电出版社，2001.

［42］杨大成，等.CDMA 2000 技术［M］.北京：北京邮电大学出版社，2000.

［43］孙宇彤，赵文伟，蒋文辉.CDMA 空中接口技术［M］.北京：人民邮电出版社，2004.

［44］王月清，柴远波，吴桂生.宽带 CDMA 移动通信原理［M］.北京：电子工业出版社，2001.

［45］万晓榆，万敏，李怡滨.CDMA 移动通信网络优化［M］.北京：人民邮电出版社，2003.

［46］林曙光.CDMA2000 分组域网络技术［M］.北京：北京邮电大学出版社，2006.

［47］曾春亮，张宁，王旭莹，俞一鸣.WiMAX/802.16 原理与应用［M］.北京：机械工业出版社，2007.

［48］石晶林.未来宽带移动通信网络技术发展的一些思考［J］.中国集成电路，2008，1:77-84.

［49］Wang Lei, Wei Ruizhong. A Clique based Node Scheduling Method for Wireless Sensor Networks [J]. Journal of Network and Computer Applications, 2010, 33(4): 383-396.

［50］Wang Lei, Wei Ruizhong, Tian Zihong. Cluster based Node Scheduling Method for Wireless Sensor Networks [J]. Science China：Information Science, 2012, 55(4): 755-764.

［51］王雷，林亚平，等.双环 Petersen 图互联网络及路由算法[J].软件学报，2006，17（5）：1115-1123.

［52］王雷，林亚平，等.超立方体系统中基于安全通路向量的容错路由[J].软件学报，2004，15（5）：783-790.

［53］王雷，林亚平，等.超立方体中基于极大安全通路矩阵的容错路由[J].软件学报，2004，15（7）：994-1004.

［54］王雷，林亚平，等.基于超立方体环连接的 Petersen 图互联网络及其路由算法研究［J］.计算机学报，2005，28（3）：409-413.

［55］王雷，林亚平，等.二维环/双环互连 Petersen 图网络及其路由算法［J］.计算机学报，2004，27（9）：1290-1296.

［56］王雷，林亚平，等.基于极大安全通路向量的超立方体容错路由［J］.通信学报，2004，16（4）：130-137.

［57］王雷，林亚平，等.基于 Petersen 图互连的超立方体网络及其路由算法［J］.系统仿真学报，2007，19（6）：1339-1344.

［58］ 王雷，林亚平，等. 具有混合故障的超立方体网络高效路由算法［J］. 系统仿真学报. 2005，17（11）：2828-2831.

［59］ 王雷，沈昊为，等. 传感器网络中基于 Voronoi 网格的快速覆盖判定算法［J］. 系统仿真学报，2008，20（14）：3858-3863.

［60］ 胡宇舟，王雷，顾学道，等. 传感器网络中对偶密钥的动态密钥路径建立机制及算法［J］. 通信学报，2008，20（2）：52-58.

［61］ 蔡立军，王雷，林亚平，等. 传感器网络中基于 DNA 模型的对偶密钥建立算法研究［J］. 电子学报，2008，36（1）：171-176.

［62］ 谢志军，王雷，陈红，等. 传感器网络中基于数据压缩的汇聚算法［J］. 软件学报，2006，17（4）：860-868.

［63］ 林亚平，王雷. 传感器网络中一种分布式数据汇聚层次路由算法［J］. 电子学报，2004，32（11）：1801-1805.

［64］ 谢志军，王雷，陈红. 传感器网络基于 Voronoi 网格的数据压缩算法［J］. 软件学报，2009，20（4）：1014-1022.

［65］ 王雷，Wei Ruizhong,田子红. 无线传感器网络中一种基于分簇的节点调度算法［J］. 中国科学：信息科学，2011，41(8):1013-1023.

［66］ 曾玮妮，林亚平，余建平，王雷. 传感器网络中基于随机混淆的组密钥管理机制［J］. 软件学报，2013，24(4):873-886.

［67］ Zeng Weini, Lin Yaping, Yu Jianping, He Shiming, Wang Lei. Privacy-preserving Data Aggregation Scheme Based on the P-Function Set in Wireless Sensor Networks [J]. Ad Hoc & Sensor Wireless Networks, 2014, 21(1-2): 21-58.

［68］ 姚焯善. 王雷，张大方. 基于正三角形剖分的传感器网络快速 k-覆盖判定算法［J］. 系统仿真学报，2007，19（10）：2366-2369.

［69］ Wang Lei. Anti-Monitoring Algorithm for Target Traversing through Anisotropic Sensory Networks [J]. Journal of Internet Technology, 2012, 13(1): 37-44.

［70］ 邹赛，王雷，张大方. 基于正态分布的无线传感器网络中低功耗路由协议研究［J］. 微处理机，2007，28（1）：39-42.

［71］ 孙利民，李建中，陈渝，朱红松. 无线传感器网络［M］. 北京：清华大学出版社，2005.

［72］ 任丰原，黄海宁，林闯. 无线传感器网络［J］. 软件学报，2003，14（2）：1148–5757.

［73］ 李建中，李金宝，石胜飞. 传感器网络及其数据管理的概念、问题与进展［J］. 软件学

报，2003，14（10）：1717-1727.

［74］ Agre J, Clare L. An Integrated Architecture for Cooperative Sensing Networks [J]. IEEE Transactions on Computer, 2000, 33 (5):106-108.

［75］ Estrin D, Govindan R, Heideman J, Kumar S. In: J. Heidemann, ed. Next century challenges: Scalable coordination in sensor networks [C]. In: Proc. of the 5th Annual ACM/IEEE Int'l Conf. on Mobile Computing and Networking. Seattle, Washington, USA, ACM Press, 1999: 263-270.

［76］ Seapahn Meguerdichian, et.al. Coverage Problems in Wireless Ad Hoc Sensor Networks [J]. IEEE INFORCOM, 2001, 5(3): 1380-1387.

［77］ Xiangyang Li, Pengjun Wan, Ophir Frieder. Coverage in Wireless Ad Hoc Sensor Networks. IEEE Transactions on Computers [J]. 2003, 52(6): 753- 763.

［78］ Chi Fu Huang, Yu Chee Tseng, Li Chu Lo, The Coverage Problem in Three Dimensional Wireless Sensor Networks, In: Shah R, ed. Proc. of the GLOBECOM [J]. Dallas: IEEE Press, 2004: 3182-3186.

［79］ Alok Aggarwal, Leonidas J, et.al. A Linear Time Algorithm for Computing the Voronoi Diagram of a Convex Polygon [J]. Discrete and Computational Geometry, 1989, 4(6): 591-604.

［80］ Megerian S, Koushanfar F, Potkonjak M, et al. Worst and best-case coverage in sensor networks [J]. IEEE Trans Mob Comput, 2005, 4(1): 84-92.

［81］ 崔莉，鞠海玲，苗勇，李天璞，刘巍，赵泽. 无线传感器网络研究进展 [J]. 计算机研究与发展，2005，42（1）：163-174.

［82］ Akyildiz IF, Su W, Sankarasubramaniam Y, Cayirci E. Wireless sensor networks: A survey [J]. Computer Networks, 2002, 38(4): 393-422.

［83］ 刘明，曹建农等. 无线传感器网络多重覆盖问题分析 [J]. 软件学报. 2007，18（1）：1289-1297.

［84］ Carbunar B, Grama A, Vitek J, et al. Redundancy and Coverage Detection in Sensor Networks [J]. ACM Transactions on Sensor Networks, 2006, 2(1): 94-128.

［85］ Di Tian, Nicolas D. Georganas. A coverage-preserving Node Scheduling Scheme for Large Wireless Sensor Networks [J]. Proceedings of 1st ACM International Conference on Wireless Sensor Networks and Applications, 2002: 32-41.

［86］ 朱敬华，李建中，刘勇，高宏. 传感器网络中数据驱动的睡眠调度机制［J］. 计算机研究与发展，2008，45（1）：172-179.

［87］ 周四望，林亚平，张建明，欧阳竞成，卢新国. 传感器网络中基于环模型的小波数据压缩算法［J］. 软件学报，2007，18（3）：669-680.

［88］ Ingrid Daubechies. 小波十讲［M］. 李建平，杨万年，译. 北京：国防工业出版社，2003.

［89］ 潘立强，李建中，骆吉洲. 无线传感器网络中基于模型拟合的可信近似查询处理算法［J］计算机研究与发展，2008，45（1）：73-82.

［90］ 潘群华，李明禄，张重庆，张文哲，伍民友. 无线传感器网络中的数据查询［J］. 小型微型计算机系统，2007，28（8）：1537-1361.

［91］ 罗卿，林亚平，王雷，尹波. 传感器网络中基于数据融合的栅栏覆盖控制研究［J］. 电子与信息学报，2012，34(4): 825-831

［92］ 刘艺. 无线传感器网络数据存储与查询技术研究［J］. 制造业自动化，2009，31（6）：34-36.

［93］ Ratnasamy S, Karp B, Yin L, et al. Data-centric Storage in Sensor nets with GHT, A Geographic Hash Table [J]. Mobile Networks and Applications. 2003, 8(4):427-442.

［94］ Yao Yong, Gehrke J. The Cougar Approach to In-network Query Processing in Sensor Networks [J]. SIGMOD Record, 2002, 31(3): 9-18.

［95］ Ganesan D, Estrin D. Dimensions: Why Do We Need a New Data Handling Architecture for Sensor Networks? [C]. In Proc. of the 1st Workshop on Hot Topics in Networks (Hotnets-I). Princeton, NJ: ACM Press, 2002: 143-148.

［96］ 熊永平，孙利民，牛建伟，刘燕. 机会网络［J］. 软件学报，2009，20（1）：124-137.

［97］ Pelusi L, Passarella A, Conti M. Opportunistic networking: data forwarding in disconnected mobile ad hoc networks [J]. Communications Magazine, 2006, 44(11): 134−141.

［98］ Mascolo C, Musolesi M, Pásztor B. Opportunistic mobile sensor data collection with SCAR. In: Proc. of the 4th Int'l Conf. on Embedded Networked Sensor Systems [J]. Boulder: ACM, 2006: 343−344.

［99］ Guidec F, Maheo Y. Opportunistic content-based dissemination in disconnected mobile Ad Hoc networks [C]. In: Proc. of the UBICOMM 2007 Int'l Conf. on Mobile Ubiquitous Computing, Systems, Services and Technologies, 2007: 49-54.

［100］ 肖明军，黄刘生. 容迟网络路由算法［J］. 计算机研究与发展，2009，46(7): 1065- 1073.

［101］Wang Lei, Ruizhong Wei. Reputation Model based Pair-wise Key Establishment Scheme for Sensor Networks [J]. Ad Hoc & Sensor Wireless Networks, 2010, 9(3-4): 163-177.

［102］唐勇，周明天，张欣. 无线传感器网络路由协议研究进展［J］. 软件学报,2006，17（3）：410-421.

［103］石丛军，任清华，郑博，刘芸江. MANET 节点移动模型仿真研究［J］. 计算机工程，2009，35（14）：101-103.

［104］张衡阳，许丹，刘云辉，蔡宣平. 一种平滑高斯半马尔可夫传感器网络移动模型［J］. 软件学报，2008，19（7）：1707-1715.

［105］彭辉，沈林成，卜彦龙，王林. 一种 Ad Hoc 网络群组移动模型［J］. 软件学报，2008，19（11）：2999-3010.

［106］Atul Kahate. 密码学与网络安全［M］. 邱仲潘，等，译. 北京：清华大学出版社，2005.